森林计测

EN LIN JI CE

王雪峰　陈珠琳　王　甜 ◎ 编著

中国林业出版社

内 容 简 介

本书是一本森林调查手册，由基础计测、林分计测、森林土壤调查、森林图像理解和常用森林计测仪器五章组成。第一章是胸径、树高、冠下高、树冠、年龄、材积、叶面积、生物量、生长量、碳储量等指标的计测方法；第二章首先介绍了林分各因子的计测方法，然后给出了直径结构、树高结构的表达以及角规测树、林分生长量和林内环境因子调查法，最后是红树林调查法；第三章介绍了土壤物理参数、土壤有机质与养分、土壤动物等计测法，以及土壤剖面挖掘方法，同时把衡量土壤承载某种植物所具有的潜在生产力的立地质量也放到本章中；第四章，首先介绍了图像、图像分割、频域分析、图像纹理等基本概念，然后讲述了基于图像的植物光水需求状态判定、植物体养分含量计测、植物病虫害诊断、林分碳储量计测等内容；第五章专门总结了激光测树仪、布鲁莱斯测高仪、超声波测高仪、激光测距仪、养分速测仪、全站仪、罗盘仪、GPS、RTK、光谱仪、土壤水分测定仪等常用森林计测仪器的用法。

本书适于有森林调查需求的人员使用，也可供林业院校在校大学生、科研人员及林业、生态、环保等领域树木测定或森林资源调查相关的人员参考。

前　言 / PREFACE

森林计测是一门实用性很强的技术，但是进行森林调查的人员并非都进行过专业的学习，也未必一直都需要进行森林调查。从我院十几年来的研究生生源情况看，有不少来自非林业院校的学生，他们没有学习过森林计测，但又需要快速掌握森林调查方法，以便尽早开展林业科研工作。本书就是基于这种需求，从实用的角度介绍树木、林分、森林土壤等各因子调查方法。为便于参考起见，在写作上我们采用先定义计测因子、后讲述测量步骤或方法。同时整理了书中主要计测因子所在页码，以利于读者检索。考虑到图像获取越来越容易，而目前的遥感技术又多侧重于对星载和机载影像的解读，而对地面或近地图像关注不足。二者对图像的处理方法、应用领域也不完全相同。为满足希望深度利用图像以从中提取森林参数的读者需求。本书汇总了近年来我们团队在林业图像理解中取得的一些成果，介绍给读者希望能起到抛砖引玉的作用。在实际调查中，我感触很深的另一个问题是不少调查员不熟悉仪器的使用方法，而森林计测大多需要借助仪器。所以本书最后一章介绍了常用森林计测仪器的用法，旨在使读者在森林调查中使用本书时能有更好的体验。

全书共5章，分别为基础计测、林分计测、森林土壤调查、森林图像理解和常用森林计测仪器，其中前3章由王雪峰撰写，第4章由王雪峰、陈珠琳共同完成，第5章由王甜、王雪峰执笔。

第1章介绍了单株树木的计测方法。同森林由一株株树木个体组成一样，计测单株树木是整个森林计测的基础，包括计测树木胸径、树高、冠下高、树冠、年龄、材积、生物量、生长量、树干解析等内容。近年来由于一些科研工作者逐渐关注树木叶片面积，及碳循环，所以本章也总结了叶面积和碳储量的计测方法。

第2章介绍以林分为单元的计测方法。除了林分的平均胸径、平均树高、林分密度、林分蓄积、林分起源、林层划分、树种组成、林分年龄的计测方法外，本章中还包括林分的直径结构、树高结构、林分生长量及角规测树等内容。2.6节主要介绍了部分农林业中常用的传感器及其布设方法等内容。2.7节是红树林计测法，包括调查内容与外业工具、样地设置、样地调查等。

森林生长在土壤之上，土壤环境直接决定了其上生长树木的种类、生长状况等，因此土壤调查一直是森林调查的重要组成部分。第3章介绍了土壤矿物质、土壤结构、土壤水分、土壤养分、土壤动物等的调查方法，并详细讲解了土壤有机碳的计算方法、土壤剖面的挖掘方法和土壤层次。“立地质量”虽然有“地”字，但讲述的并不是土壤，不过立地质量与土壤相互关联，所以仍把相关内容加到本章中。

林业遥感是森林经理的组成部分，其主要应用是计测。鉴于其一直侧重天和空基的影像处理，因此，第4章我们重点讨论了地基或低空图像的分析理解方法。本章前半部分是图像处理基础知识，包括图像概述、图像分割、频域分析、图像纹理等内容，后半部分介绍了几个林业图像应用实例。

第5章介绍了森林计测中常用测树仪器的用法，包括激光测树仪、布鲁莱斯测高仪、超声波测高仪、全站仪、罗盘仪、GPS、RTK、土壤水分测定仪、激光测距仪、光谱仪。考虑到近年来农林业数量化经营以及科研方面对测定土壤养分频次增加的需求，本书详细地介绍了一种土壤养分速测仪的使用方法。

目的不同，森林计测所采用的方法、范围、手段等也都会不同，写作之初设计了适合不同目的的计测方法的写作框架。但有同事认为这样不可能穷尽所有需求且过于繁琐。最终确定按单木、林分、土壤、图像这种次序撰写，总之，写作过程一波三折，本书也许并不完美，但如果能够给读者在实际的森林调查中带来帮助，我们将无比欣慰！

受限于作者的水平和能力，书中尚存一些不足和疏漏，恳请读者批评指正！如果读者有什么建议，也欢迎联系我们！

本书是在国家自然科学基金“林木健康状态机器自主诊断法研究(31670642)”项目支持下完成的。写作过程中，刘嘉政同学整理了部分表格与数据，袁莹同学对全文进行校稿，中国林业科学研究院森林经理研究室的各位老师提出了许多宝贵意见。对本书出版提供帮助的人员还有很多，这里不再一一列出，在此对本书出版过程中所有给予关心和帮助的各位朋友，表示衷心的感谢！

王雪峰　陈珠琳　王甜

2021 年 2 月

目　录 / CONTENTS

第 1 章　基础计测

森林是以单株树木为主体形成的一个生物群落，因此，森林计测的基础是单株树木信息的获取手段和方法。由于计测树木目的多种多样，有要了解单株木材积多少及质量的，也有欲掌握树木社会和生态效益的。因此，构筑单株树木信息的测树因子也会随着测定目的和任务的变化而不同。但是无论目的如何，树木自身的各种数据，如胸径、树高、年龄、冠幅、冠长、冠下高、形数、生长量、生长率等是单株树计测的核心，因此，本章将逐一介绍这些因子的计测方法。

1.1　胸径

胸径(dbh，diameter at breast height)是指乔木主干胸高距离处的树木直径，图 1-1(a)中的 d 值即为胸径，它在材积计算、决策分

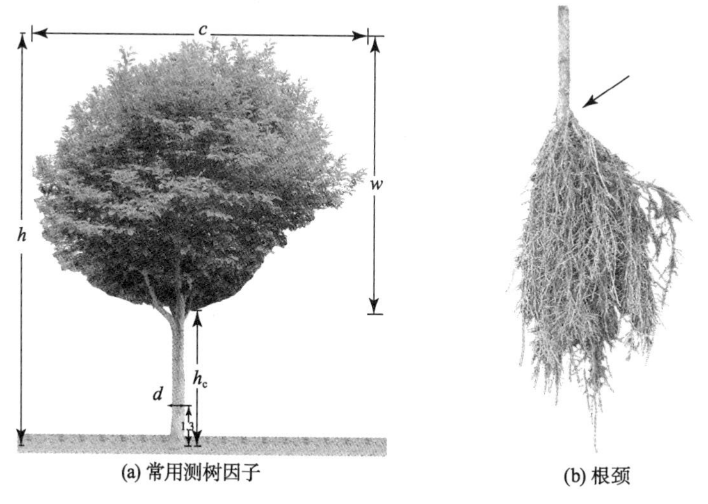

图 1-1　胸径、树高、冠幅、冠长及根颈位置

析等各种应用研究中都是最重要的测树因子。通常情况下，根系与树干的连接处有一个明显分界点叫做根颈，根颈处的直径叫做根径(dr, root diameter)[图 1-1(b)]，此位置不一定正好在地面上，特别是在沙区和海边，根系被深埋或严重冲刷，但是在进行野外测量时，为了简化外业工作，一般是从地面起算。胸高是指成人从地面到胸部的高度，各国标准并不一致，中国规定为 1.3m。因此，胸径通常是测量地面上 1.3m 处的树木直径。使用胸径主要是因为这一部位便于测量，且树干形状不会发生剧烈变形，此处趋于稳定。

胸径测定通常使用围尺、卡尺等测树仪器直接测量。近年来出现了内置垂直角传感器的激光测树器，在一个已知距离处能够采集到树干任何部位的直径，参见第 5 章 5.1 节。

1.1.1 卡尺测径

卡尺又叫轮尺，有金属和木质两种，尺子起始端与一固定脚相连保持不动，另外一脚不固定，可以在尺子上滑动(图 1-2)。测树时保持尺与两脚所成的平面与树干垂直，然后使尺子及两脚边缘与树干密接，读数精确到 mm。

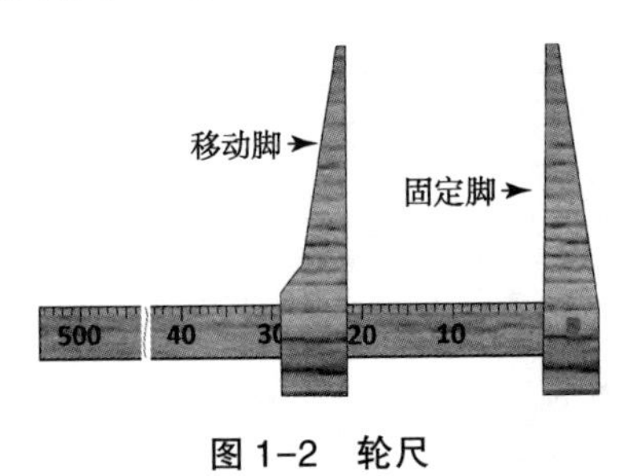

图 1-2 轮尺

使用卡尺测径一定要使尺子与树干垂直，同时要读数后再取下尺子。

1.1.2 围尺测径

围尺(图 1-3)又称作直径卷尺，优点是携带方便且测定值比较稳定。根据材料有布围尺、钢围尺等之分，采用单面上下(或双面)

刻划，下面刻普通米尺，上面刻与圆周长相对应的直径读数，围尺一般长 1~3m。测量时用围尺包围距离地面 1.3m 处树干，保证围尺平面与树干垂直拉紧，围尺上与 0 相重合的数字即为该树的胸径，读数精确到 mm，如图 1-3 树木胸径是 19.8mm。

由于在周长相等的平面中，以圆的面积为最大，而树干横断面很少是正圆，所以用围尺量树干直径换算的断面积一般稍偏大。

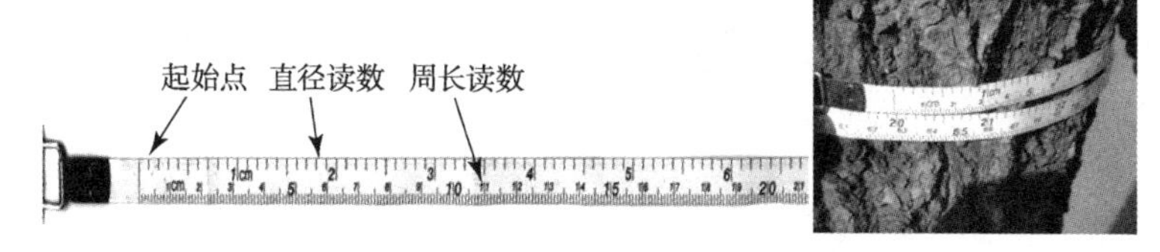

图 1-3 围尺

胸径计测解读

- 胸高处有节疤突出或长有瘤，应在节疤以上 20cm 处检尺，如果节疤>20cm，则继续向上延长距离进行检尺。或者，在胸径上下等距离处检尺取均值作为最终的胸径。节疤树胸径测量需要备注说明。
- 分叉树：如果主干的分叉部位在 1.3m 以上按 1 棵树处理［图 1-4(a)］，否则按 2 棵树处理［图 1-4(b)］；如果是树木簇，则视为多株树，各株单独计测，同样遵从 1.3m 以上不再处理的原则。

图 1-4 常见胸径计测方法

■ 如果地面不平，则站在坡上测量[图1-4(c)]。如果树木倾斜，以斜距为准[图1-4(d)]。当大部分根系裸露在地面上时，则测点取从根颈向上的1.3m处[图1-4(e)]。

■ 如果树干不圆，测量东西、南北两向胸径，取平均值作为该树最终胸径。

■ 样木处于陡岩等危险地段，无法直接测量，可以通过激光测树仪器测定。如果没有非接触性测定仪器，当能明确判定处于样地内者，可目测胸径，并在备注栏说明。

■ 采脂木：对于新设样地，仍在1.3m处检尺；对于复位样地，在1.3m处检尺时若大于前期胸径则认可，否则转抄前期胸径。凡是采脂木均应在备注栏说明。

1.1.3 游标卡尺测径

在苗木或幼树研究中，通常使用游标卡尺测量植物地径。为了更加精准地掌握树木生长状况以及经营措施时也会使用游标卡尺测径。

早期的游标卡尺[图1-5(a)]根据主尺和副尺刻度线得到测量数据。近年来带电子显示屏的游标卡尺[图1-5(b)]逐渐增多，测量数据直接在屏幕上显示和存储，方便使用。即使纽扣电池电量用尽，也可以作为读刻度线的游标卡尺使用。

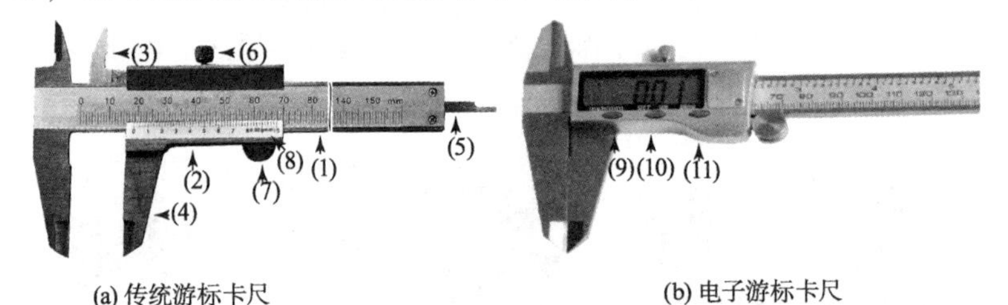

(a) 传统游标卡尺

(b) 电子游标卡尺

图1-5　两类常见的游标卡尺

(1)主尺　(2)游标尺　(3)内测量爪　(4)外测量爪　(5)深度尺　(6)紧固螺丝　(7)推手　(8)分度值　(9)「英寸/mm」转换钮　(10)「开关」　(11)「置零」

1.1.3.1　游标卡尺组成与测距方法

游标卡尺由主尺、副尺(游标尺)、内测量爪、外测量爪、深度尺和紧固螺丝组成。带电子显示屏的游标卡尺还有「英寸/mm」转换钮、「开关」、「置零」和一个电池仓，显示屏固定在副尺上。测量时首先松开紧固螺丝，右手拿尺身，大拇指按推手移动副尺到足够宽度，左手扶握待测植物，使待测植物位于外测量爪之间[图 1-6(a)]，回推副尺到测量爪密接植物，读数。通过拧紧紧固螺丝可以保持读数。

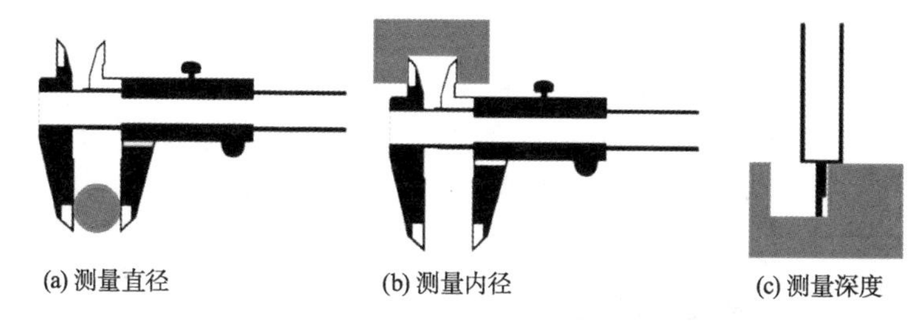

图 1-6　游标卡尺测直径、内径和深度示意图

由于测尺无测力装置，所以在使用时要防止用力过大，一般以量爪的测量面紧密接触树木即可。电子屏游标卡尺，使用完后按尺身上的 开/关 按钮关闭电子屏。另外，游标卡尺还可以测内径及深度[图 1-6(b)、(c)]。

1.1.3.2　游标卡尺读数方法

游标卡尺一般有 10 分度、20 分度和 50 分度三种，所谓分度就是在某长度单位内的刻度线数，显然分度越大，精度越高，则 1mm 的 10、20 和 50 分度下的精度分别为 0.1mm、0.05mm、0.02mm，此值通常在主尺刻度后或副尺右下[图 1-5(a)(8)]标注。

游标卡尺测量值=主尺读数+副尺读数×精度。

其中，主尺读数是副尺 0 刻度线对应的主尺左侧刻度线数。图 1-7 中主尺读数为 13mm，副尺读数为与主尺某刻度线最接近的副尺中的第 i 个刻度线数，图 1-7 中是 7。因此，如果此游标卡尺为 10 分度尺，则测量值为 13+7×0.1=13.7mm；如果为 20 分度尺，则测量值

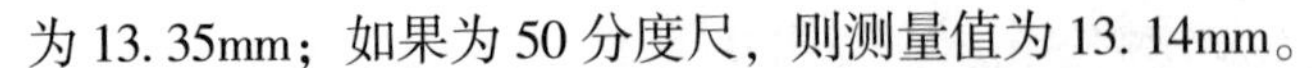
为 13. 35mm；如果为 50 分度尺，则测量值为 13. 14mm。

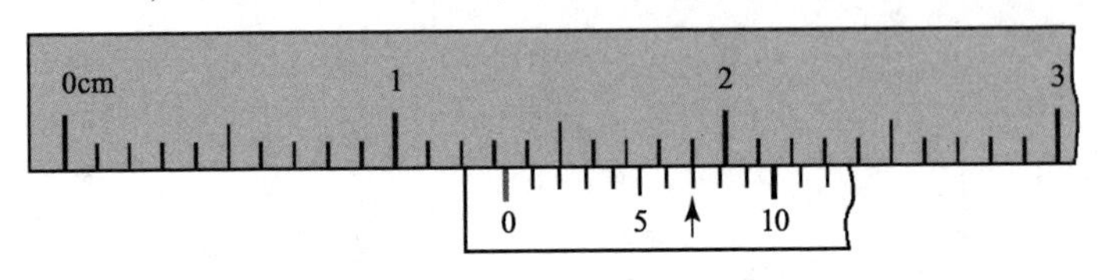

图 1-7　两类常见的游标卡尺

1.1.3.3　系统误差处理

两个测量爪合拢时，主副尺 0 刻度线成一条直线或者显示屏数字为 0 属于正常状态，否则存在系统误差。

(1)记录主、副尺 0 刻度线的长度差 δ，如果副尺 0 刻度线在主尺 0 刻度线左侧，δ 为“+”，否则 δ 为“-”，测量时，结果±δ。

(2)电子屏游标卡尺，如果存在系统误差，使用前按一次尺身上的 置零 按钮即可。

1.1.4　树木直径记录表

树木直径野外记录表，至少包括调查地点、样地号、日期、调查人、树种名、南北向胸径、东西向胸径、备注等信息。深度调查包含更为丰富的信息，如不同高度处直径等。表 1-1 给出一个样例，根据测定内容，表格内标题栏改为胸径或地径。

表 1-1　树木直径记录

调查地点：白云试验场　　样地号：58　　调查日期：2020-7-10

调查人：王大力、张倩

编号	树种名	…	南北向胸径（cm）	东西向胸径（cm）	平均胸径（cm）	备注
1	马尾松	…	22. 5	23. 7	23. 1	
2	格 木	…	35. 2	34. 8	35. 0	胸高处有节疤，此值为节疤以上 20cm 处直径
3	红 锥	…	d_1	d_2	$(d_1+d_2)/2$	

1.2　树高

树木高度简称树高(h, tree height)，是从树木根颈开始到树梢间的长度[图 1-1(a)中的 h]。在胸径计测中已经明确，根颈不一定恰好是地面位置，但是在野外测量中，如果根系未明显裸露于地面，多从地面开始按着地心的反方向测量树高，特殊情况需要从根颈起测[图 1-8(c)]。实际上，树高测量还包括伐倒树木后进行的长度量测，由于在地面上，可以用卷尺等长度测量工具直接量测。因此，本书中的树高测量指活立木的测量方法，不包括伐倒木。

树高测量，通常需要两个人配合完成，与测量胸径相比，测量树高工作量加大。对于相对矮小的树木可以通过直尺或者长杆直接测量或者比对树基到树梢的距离直接得出树高。但大多情况下，由于树木高大，测量树高都要使用专门的仪器，常用的有布鲁莱斯测高仪、超声波测高仪、激光测树仪等。

1.2.1　直接测量

顾名思义，就是用尺子直接测量树木的高度。通常的做法是一人在待测树木附近持尺[图 1-8(a)]，保证尺的一端与树根颈平齐，并听从在较远位置的另外一人(通常记录员担当)指挥，调整尺子使其另一端与树梢同高，报出尺子的读数，记录员记录(表 1-2)。

表 1-2　基本测树因子记录

调查地点：青山试验场　　样地号：2　　调查日期：2020-7-1

调查人：宿军、吴美丽

编号	树种名	胸径	树高	冠幅		冠下高	备注
		(cm)	(m)	南北(m)	东西(m)	(m)	
1	海南粗榧	50.2	29.8				
2	降香黄檀	38.2	22.1				树高〖↑〗型 10+12.1
3	小叶紫檀	12.6	10.5				树高〖↗〗型

(a) 计测树高　　(b) 塔尺　　(c) 测高起始位置

图 1-8　直接测高与塔尺示意图

由于树木通常较高大，因此直接测量方法需要的尺子也较长，还要能够直立起来，可以使用塔尺[图 1-8(b)]。塔尺为水准尺的一个类型，多采用铝合金等轻质高强材料制成，采用塔式收缩形式，存储及携带时收缩起来，使用时抽出到需要的高度。塔尺的测量范围一般为 0~5m，也有 0~8m 的，更长的不多见，因为尺身太长时重量增加且折叠次数增多，不便于野外使用。有一种更加轻便的测高杆，它与塔尺一样，是采用抽缩方式的圆柱形套筒，由玻璃钢材料制成，强度大且轻便，测高杆测量高度可以达到 18m。

林业测量中，测量员身体上的长度等信息也是常用的，比如身高 1.7m 的测量员举起手可以达到 2m，则举起 8m 的塔尺可以测量 10m 的树木。显然，这种测量方法是有限度的，如果树木很高大，则直接测高的方法就不适用了，只能采用仪器测高的方法。

1.2.2　仪器测定

很多乔木树高能达到 20~30m 乃至更高，如龙脑香科的擎天树高度可达 80m，甚至也有百米以上的树木，这些树木的高度测量只能通过间接途径进行。

1.2.2.1　三角测量法

三角测量法是基于几何原理，由已知边角求待测距离的一种方法。人类使用三角测量估测距离可追溯到公元前 600 多年，到公元 1000 年后得到大量应用，目前在大地测量、航海、天文、军事等诸多领域仍然是主要的支撑技术方法。

三角测量原理非常简单，如图 1-9 所示，待测树木高大无法直接测量或者直接测量工作量巨大，可以通过测量地面上树基(O)到测点(A)之间的距离(L)以及测点观测树梢的仰角(θ)，然后通过计算 $L \cdot \tan(\theta)$ 得到树高(h)。这是基本计算法则，其他复杂计算可以通过此法则按几何关系得到。树木计测中，布鲁莱斯测高仪、激光测距仪等都是基于该原理测高，方法可以参见第 5 章 5.2、5.4 节。

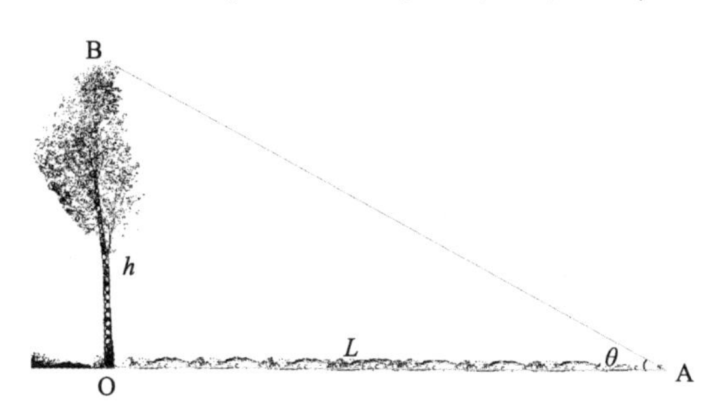

图 1-9　三角测量法几何图

三角测量法要求通视，但是在林内尤其是郁闭度高的林分中，寻找通视点很困难，因此，人们研发出了基于超声波的测树方法。

1.2.2.2　超声波法

人耳大致能感受频率从 20Hz 至 20000Hz 的声波，大于 20000Hz 的声波被称为超声波。虽然人耳已经无法听到，但是超声波具有良好的方向性及较高的能量，在医学、军事、工业等领域普遍应用。其中，超声波测距是其最广泛的应用，原理是发射器向某一方向发射超声波同时开始计时，超声波在介质中传播，途中碰到障碍物就立即返回，由接收器接收并停止计时，根据时间差与速度即可测距，据此人们制造了很多测距仪器。

超声波在不同介质中传播速度差别很大，即使在空气中传播速度也受到温度、湿度等影响。幸运的是，人类已经建立了较为准确的基于温湿度的超声波空气传播速度数学模型，在很多仪器中有温度和湿度传感器可以修正超声波传播速度。

如果林内存在较多障碍物，反射回来的声波较多，可能会出现较多的干扰。因此，超声波测距仪不能测量太远的距离，测点与树木之间一般控制在 80m 以内，这是与激光测距仪的重要差别之一。另外，超声波测距仪的测量精度通常也会低些，但价格总体上要优于激光测距仪。目前在林业上应用较多的是瑞典生产的 Vertex IV 超声波测高仪，在第 5 章 5.3 节中详细介绍了该仪器测量树高的方法。

1.2.3 目估树高

实测树高能够得到树木的实际高度，但是工作量巨大。如果对测高精度要求不高，或者本次野外测高数据仅仅是未来工作的辅助参考数据，可以采用目估法测高，即有经验的测量员站立在合适的位置观看树基和树梢，根据经验估计出树高。

实际上，目前很多生产单位都是采用目测方法获得树高，优点是简洁快速，缺点是精度较低。目估树高测量员上岗前必须经过严格培训。首先检查验收单位实测大小不同的若干株树木的实际树高，然后让调查员不断地进行树高目估练习，直到目估误差小于 5%后，方可上岗实际目估树高。

树高计测解读

■ 高度由细胞在树干方向上的生长累计而成，因此这也是计算树高的主方向。尽管绝大部分树木生长是反地心方向的[图 1-10(a)]，但是外力或某些特殊原因造成极少树木并非如此，所以遵从树干方向[图 1-10(b)]的测高方式是合理的。

■ 人类早期测量树木的主要目的是用材，树高是经营者了解材长的直接指标，使二者接近是测高时需要遵从的原则，如“⌐”型树木，树高为下上两段之和[图 1-10(c)]。如果一味按从地面到树梢的测算方法，经营者会蒙受损失，特别是珍贵树种。

■ 由于海水冲刷、滑坡或人类活动等原因，原本在土壤中的根系大部分裸露到外面[图 1-10(e)、图 1-10(d)]，树木被高高架起来。此时，树高测量不能从地面开始，而是要从根颈起测。

■ 实际测高会遇到多种情况，树高计测原则按“从根颈到树梢的长度+兼顾目的”来掌握，并在备注中加以说明。

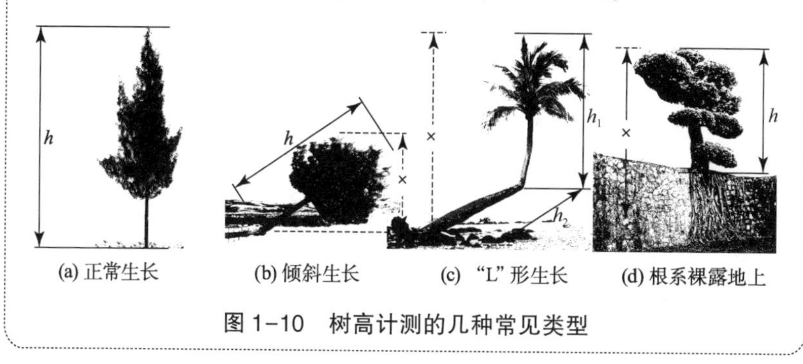

(a) 正常生长　(b) 倾斜生长　(c) “L” 形生长　(d) 根系裸露地上

图 1-10　树高计测的几种常见类型

1.3　树冠

1.3.1　冠下高

乔木地上部分包括主干和树冠两部分，我们把树干上方形如冠状部分的总体叫作树冠(c，crown of a tree)。从树冠结构上分，树冠由骨干枝和营养枝两部分组成。构成树冠骨架的永久性大枝叫骨干枝，包括中心干、主枝和侧枝三部分。对于高大的乔木，侧枝还可以细分为一级侧枝、二级侧枝、三级侧枝……。营养枝是侧枝上的各级细小分支，是叶片的载体，肩负光合作用，故称为营养枝。树冠在水平方向上的最大长度为冠幅(crown width)，

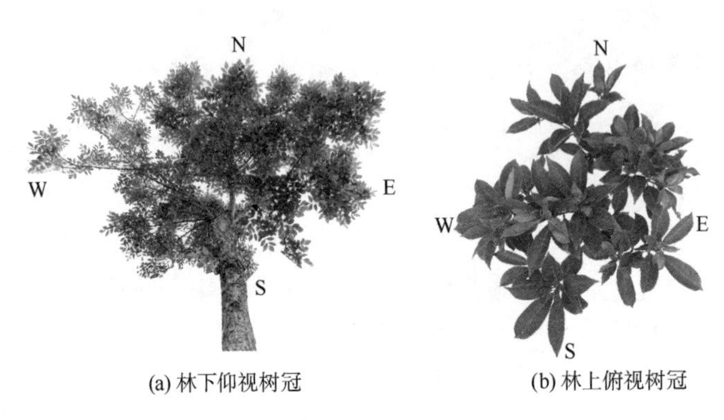

(a) 林下仰视树冠　　(b) 林上俯视树冠

图 1-11　树冠

在垂直方向上的最大长度为冠长(crown length)。即：冠长+冠下高=树高。

冠下高(h_c, height under crown)是指树冠以下的树干高度[图 1-12(a)]，它是树高的一部分，即：冠长+冠下高=树高。测定方法与测定树高方法一致，记录表可以使用表 1-2。冠下高常应用在城市林业中，比如公园中通过栽植冠下高不同的树木达到特定的景观效果，选择有较高冠下高的树木作行道树，以减少对车辆及行人视线的影响。该参数在林学与生态学上的重要作用是获取树冠长度，简称冠长。由于冠长对了解树木的生长状态及空间竞争力有重要意义，因此，对于冠长的测定越来越受到重视。如果直接测定冠长，工作量大、效率低，因此，人们基本上是通过测定冠下高的方式计算得到冠长。测定冠下高的难点是确定树木的哪一段是冠下高。

传统上，从地面开始到树冠层最下面存活树枝的高度叫作枝下高。冠下高与枝下高的区别在于冠下高需要考虑下层枝对树木整体的影响力，不以距离冠层较远且影响较弱的最下面活枝为准测量[图 1-12(c)]，考虑的原则是“从此向上是树冠”。当然，如果最下面枝虽然距离冠层较远，但对树木光合作用及生长影响较大，则应该以此枝为准计算冠下高。如图 1-12(b)的树木，由于左侧是岩体，树木侧枝只好向右生长以获取更多的光照等。最下面枝生活力

(a) 常见树木冠下高

(b) 起重要作用的侧枝

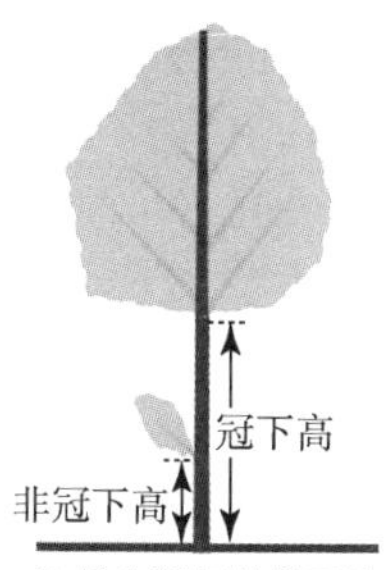

(c) 易生误解的枝下高

图 1-12　冠下高示例

旺盛，虽然距离上面的树冠层较远，但是对树木生长至关重要，因此，测量冠下高应该从 A 点开始，而非 B 点。

1.3.2　冠幅测定

树冠从下向上看和从上向下看是不同的(图 1-11)，大体为近圆形。如果没有其他影响，圆形是树木利用空间的最佳状态，这也是树木计测中树冠通常按圆形处理的原因。首先测定树冠东西向、南北向或者更多方向的水平投影距离，然后把所有测量值的算数平均值为直径形成的虚拟圆作为待测树木的冠幅，通常有两种测定方法。

1.3.2.1　考虑竞争空间的树冠测定法

测定需要 2 人完成。如果树冠的西、东、南、北四个方向上最长边缘在地面的垂直投影点分别为 W、E、S、N，甲站在树基 O 点拉尺的起始端，使尺的起始端与树木根颈密接，乙拉尺到 W 点记录距离 l_1，然后依照同样的方法测量 O 点到 E、S、N 间距离得到 l_2、l_3、l_4，即 l_1、l_2、l_3、l_4 分别是树木中心点到树冠西、东、南、北边缘在地平面垂直投影的距离[图 1-13(a)]。

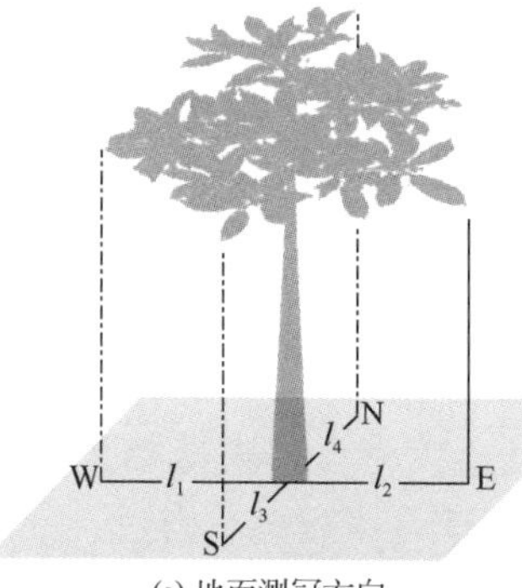

(a) 地面测冠方向

图 1-13　树冠计测

各方向数据分别单独记录于表 1-3。注意由于 O 点实际在树木内部中心位置，因此测量时要酌情考虑，特别是大树。由这些数据可得到树冠的平均大小(c)，计算公式如下：

$$c = \frac{\sum_{i=1}^{4} l_i}{2} \tag{1-1}$$

此法得到的冠幅平均值抹去了树冠在各方向上的大小信息，等于浪费了野外工作量。因此，如果不考虑竞争或空间信息等，可以采用如下的测量方法。

表 1-3　含竞争方向的冠幅记录

调查地点：　　　　　　样地号：　　　　　　调查人：

调查日期：　年　月　日

编号	树种名	位置坐标		胸径	冠下高	树高	距树基的冠幅长(m)				备注
		x	y	(cm)	(m)	(m)	东	西	南	北	

1.3.2.2　不考虑竞争空间的树冠测定法

对于地势平坦，林木个体在空间分布均匀的树木，可以直接测量几个方向上的树冠边缘投影，取平均值作为最终的树冠大小。比如调查员甲把尺子的起始点对准地面的 W，调查员乙拉尺到 E 读数，得到东西向距离 L_{ew}($L_{ew}=l_1+l_2$)；同样方法测量得南北向距离 L_{sn}($L_{sn}=l_3+l_4$)。测量结果记入表 1-3(去除东西和南北之间的虚线)，于是树冠大小为：

$$c = \frac{L_{ew} + L_{sn}}{2} \tag{1-2}$$

与第一种方法相比，不考虑竞争空间的树冠测定法由于少测量 2 次距离和 1 次根颈大小，因此，在效率上明显提高。

如果不考虑树冠的空间位置，只想尽可能准确测定树冠大小，可以增加测量西北-东南、东北-西南的树冠长度，然后将这 4 个值的平均值作为该树的冠幅大小。

冠幅计测解读 A

- 冠幅通常取树冠东西向和南北向在水平方向上最大长度的平均值，如果树冠是圆形，它相当于圆的直径。由于客观上树冠很难为圆形，因此把相互垂直两方向均值作为冠幅。计测角度，追求简易高精度水平全方向上的冠幅甚至树冠枝叶三维空间位置，但目前很难做到简易。
- 野外计测在寻找树冠外缘测量点时，应选择树冠在东西南北方向上的最外层枝，然后用目视法确定其在地面的投影点。为保证地面点恰是树缘投影点，可用反射光线成 90° 的小棱镜［图 1-13(b)］。
- 测量树冠大小时，须保持皮尺在水平面上，可以用目视判断通过拉直调整测尺使之水平。当然，如果测量的是斜边长 L 及测量方向上的坡度 θ，则 $L\cos(\theta)$ 是需要的冠幅值。

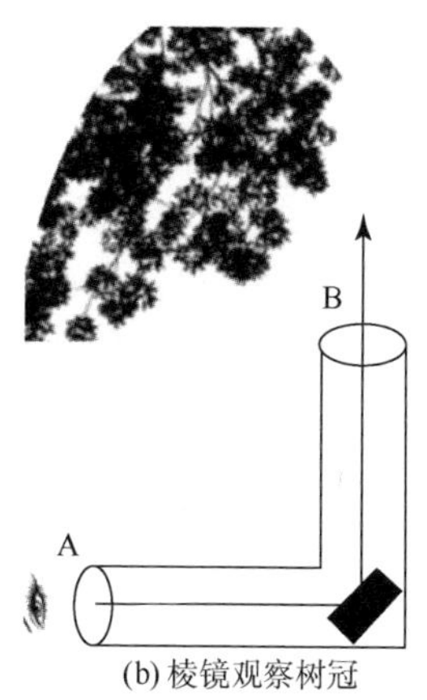

(b) 棱镜观察树冠

图 1-13　树冠计测

1.3.3　树冠测量发展方向

从前面的介绍可以看到，到目前为止树冠测量是非常粗放的，很难测量准确。造成难以准确测量树冠的主要原因有三方面：

① 选出的树冠最外层边缘位置不准确；

② 树冠在地面的垂直投影不好把握；

③ 调查员保持水平拉尺状态困难。

因此，为提高测量树冠大小的精度，必须尽可能减少常规测量中的误差。

1.3.3.1 地面三维激光扫描仪测定冠幅

地面三维激光扫描仪可以获得树木的 3d 点云数据 x_i，$i=1,\cdots,n$。理论上，水平方向上最外侧树冠正反向两边缘点向量差的 2 范数就是冠幅。但实际上，基于点云数据获取冠幅还存在诸多困难，下面给出 5 个方向交互式的冠幅求解参考算法。

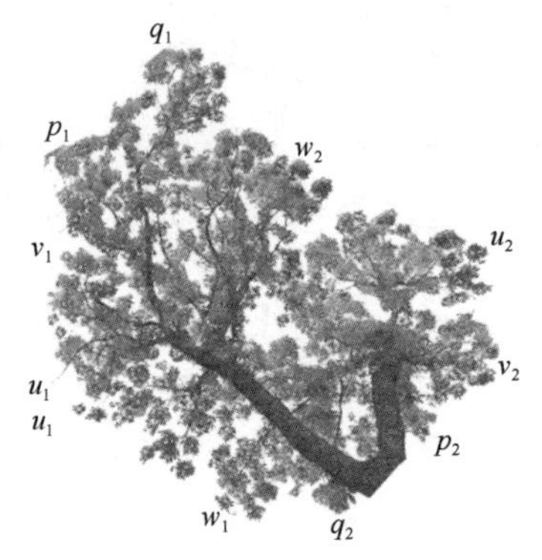

图 1–14 三维激光扫描仪计测冠幅

经过树冠中心 O 点把树冠分成东西两部分，西侧的树冠边缘点如 p_1、q_1、u_1、v_1、w_1 由人为给出。对侧边缘点由算法按从给定点到中心连线的延长线方向去寻找，得到 p_2、q_2、u_2、v_2、w_2，然后就可以计算对应向量间的水平距。由于三维激光扫描仪使用相对坐标，点间距离与坐标系无关，为便于理解，定义过 O 点东西向为 x 轴、南北向为 y 轴、垂直上下为 z 轴，比如 $p_1=(x_{p_1}\quad y_{p_1}\quad z_{p_1})'$，$p_2=(x_{p_2}\quad y_{p_2}\quad z_{p_2})'$，则 p_1p_2 之间的水平距离 c_p 可直接由式(1–3)计算：

$$c_p=\sqrt{(x_{p_1}-x_{p_2})^2+(y_{p_1}-y_{p_2})^2} \tag{1-3}$$

同样可以得到其他水平长度 c_q、c_u、c_v、c_w，最后计算平均值

得到该树的冠幅 c。我们也可以把树冠 n 等分，然后按着同样的方法求解冠幅。

冠幅计测解读 B

- 林木空间分割不宜太细，如果分割太小，可能造成某方向的投影坐标为 0，从而影响估计精度。一种解决策略是首先根据各个方向树木枝条外缘投影点构建连续封闭曲线，然后，基于此曲线求解树冠大小。
- 实际冠幅计测由于很难确定树冠中心，常把相互垂直两个方向上最外侧树冠的水平距离的均值作为冠幅，但这两条线段都未见得过树冠中心。根据点云和图像数据可以得到质心，把以该点为中心水平 360°方向上到各边缘点的距离均值的两倍作为冠幅，更具有唯一性。

1.3.3.2　由高分辨率图像重建冠幅

使用高分辨率图像，通过分割出单株树冠边界或者重建出各方向上的最外缘树冠空间点，然后确定树冠大小。图像采集可以用无人机从树冠上方获取或者调查员在地面上直接摄取。

无人机价格已经和普通测树仪器相差不大，可以作为一个普通测树工具来使用。当然廉价的无人机载荷也不会太大，有重建目的时，可以通过加密重叠率(图 1-15)的办法来获得像对，另外，摄

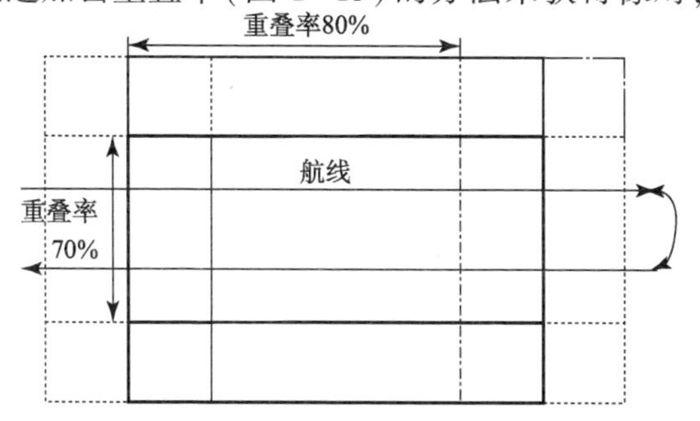

图 1-15　三维重建目的的无人机图像重叠率

影时最好选择在晴天、无风、10：00~14：00 进行。

图像重建冠幅的工作重点和难点包括：单株树冠边界提取、摄像机定标、图像匹配等内容，有兴趣的读者可以参考相关文献。

1.4 年龄

树木年龄(a, tree age)是指从种子出芽或者无性繁殖出苗开始到现在的年数。简便起见，把出芽或者出苗开始到当年的 12 月 31 日定为 1 岁，以后每经过一个自然年树木年龄增长 1 岁。这里有两个问题需要明确：①按照该定义树木在第一年的生长时间基本不足 1 年。②树木年龄包含了苗木出圃前所经过的年数，把无性繁殖与有性繁殖的树木年龄等同看待是遵从了一种简单的经营策略。实际上，无性繁殖树木年龄如何计算很复杂，比如有性繁殖木麻黄寿命普遍比无性繁殖木麻黄偏长，很明显这是由年龄定义偏差引起的。很多树种都存在类似问题，因此，需要就无性繁殖树木的年龄进行详细的研究。但是本书对此问题不进行深入探讨，仅遵从人们传统认识来讨论树木年龄的确定方法。

确定树木年龄有破坏、微创和无损三类方法，各有其局限性，实际使用时需要视具体情况选择合适的方法。

1.4.1 年轮测龄法

树木伴随季节交替更迭会出现生长速度的周期性变化，形成层层包裹的树干结构，截面则表现出许多同心圆环，这就是年轮(annual ring)(图 1-16)。年轮是由于树木材质疏密差异造成色泽质地不同进而形成的视觉环纹。通常情况下，树木每年形成一个年轮，这是年轮测龄法的依据，即将树木根颈位置的年轮数作为树木的年龄。但是，由于气候条件变化或

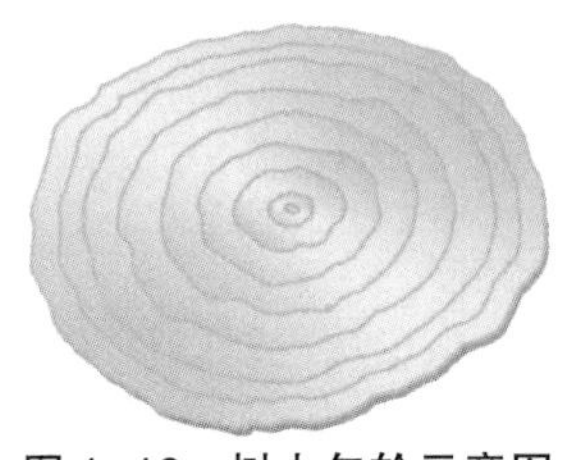

图 1-16 树木年轮示意图

者其他外界因素影响可能造成伪年轮或断轮现象。因此，在查数年轮时要认真判断。通常情况下，伪年轮边界不如正常年轮明显，宽度较窄且不一致，多不是全周并且有部分重合现象，不像真正的年轮一样贯穿全树干。

查数年轮时要由髓心向外，分别从四个方向计数。对于年轮识别困难的圆盘，可以通过刨平、水浸圆盘表面后用放大镜观察，或者用靛蓝等化学染色剂染色后查数，也可以用浓硫酸浸泡 5~10min 后查数。后两种方法的原理是利用春、秋材着色和受腐程度不同增大圆盘对比度，更加利于查数树木年轮。

树干任何高度横断面上的年轮数是该高度以上部分的生长年数，因此，如果查数年轮的断面高于根颈位置，则必须将查得的年轮数加上树木长到此断面高所需的年数才是树木的总年龄。

年轮法确定树木年龄简单易行，但是该方法获取树木年龄后，活体树木将不复存在，因此，我们把此法叫作确定树木年龄的破坏性方法。同时，这种方法也并不总是有效，比如棕榈、竹子等没有明显年轮标志的树木用此方法无法确定年龄。

1.4.1.1　轮生枝

松属、云冷杉属的某些针叶树种每年在树的顶端生长一轮侧枝，称为轮生枝(whorled branch)，这些树种可以直接查数轮生枝的环数确定年龄，而且具有无损性。轮生枝法确定具有轮生属性的幼小树木的年龄比较准确，但是对老树则精度相对较差。这主要是由于相互竞争，老树树干下部侧枝脱落甚至节子完全闭合，造成轮枝及轮枝痕不明显。这种情况可用对比附近相同树种小树枝节树木的方法近似确定年龄。图 1-17 是具有清晰轮生枝的油松。

需要注意的是，大部分热带区域的松树在温度和水分因子波动的交互作用下常常出现一年生长形成二胎轮枝的现象，所以，此方法一般不用于热带区域松类年龄的估计。

图 1-17　轮生枝

1.4.1.2　生长锥枝

生长锥是外业进行树木年龄计测、生长量调查时广泛使用的仪器，它通过钻取树木木芯样本，在微创情况下获取树木年龄等信息。

生长锥由套筒、锥体、抽芯器三部分组成[图 1-18(a)]。使用时拧开套筒侧面的盖子，取出锥体置于套筒中部的方孔内[图 1-18(b)]，然后右手握套筒中间，左手扶住椎体以防摇晃，把锥尖对准待测树木部位，垂直于树干将锥体先端压入树皮，然后用力按顺时针方向旋转，直到钻过髓心为止。最后，将探取杆插入锥体的圆筒中稍许逆转再取出木条，查数木条上的年轮数，即为钻点以上树木的年龄，加上由根颈长至钻点高度所需的年数，得到树木的年龄。

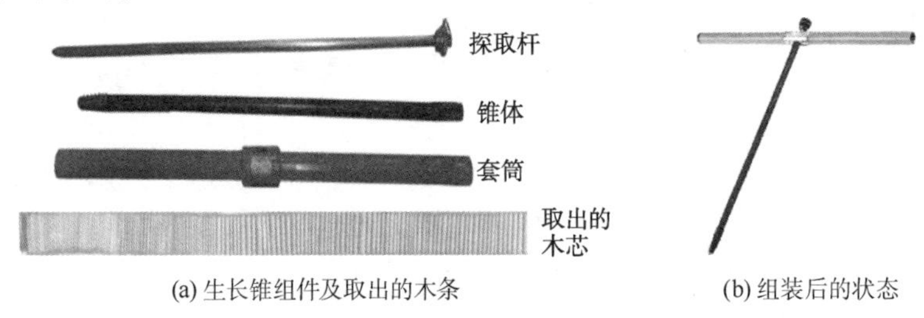

(a) 生长锥组件及取出的木条　　(b) 组装后的状态

图 1-18　生长锥以及钻取的木条

温馨提示

- 取出的木芯不仅用于查数年轮，实际上，它还包含各年度的直径生长量等多种信息，因此，最好将木芯放入专用木芯盒带回，以备后用。
- 由于生长锥取木芯时直接钻到树木髓心，对树木生长存在一定的影响，比如增加虫害入侵的风险，因此，对于濒危及珍贵树种要慎重使用。

1.4.1.3　针刺仪法

由于生长锥钻孔直径较大，对树木生长有一定影响，因此，人们试图研究损伤更小的年轮计测仪器，针刺仪就是在这种背景下研发出的一种年轮计测仪器。它是采用较细的钻针钻入树木，通过所受阻力的周期性变化来探测树木年轮或者内部腐烂、空洞等材质信息的一种仪器。从获取树木年龄角度而言它是生长锥的升级版，由人为查数年轮改为软件分析。

针测仪(图 1-19)由探刺针、管、外围设施(电池、数据贮存交换、打印输出)组成。使用时将探刺针垂直接触树干，用肩部抵住仪器，然后按住开关匀速向树干中部用力，直到探刺针穿透树干，如果树木较大探刺针插到髓心即可。

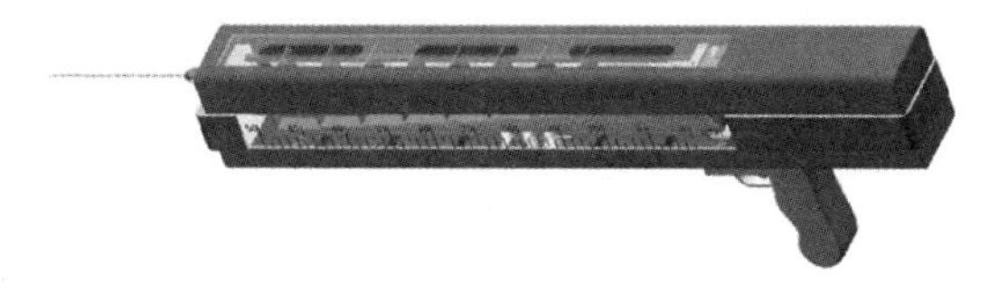

图 1-19　针测仪

针测仪法获取树木年龄的误差，与探刺时用力均匀与否及工作人员的经验等有关。针测仪重量较大且需要电力驱动，增加了野外工作量，且年龄测定精度目前还很难超过生长锥法，但它具有测量速度快、对树木损伤小、不需要查数年轮等优点，是很有发展潜力的一种年轮测量工具。

1.4.2 检索档案法

根据《中国林业统计年鉴》，1998 年至 2017 年期间的造林面积总数达到 11585 万 hm^2，占全部疆域的 12%；根据第九次全国森林资源清查成果，中国森林覆盖率 22.96%，就是说中国森林覆盖率的 50%以上是人工造林贡献的。按规程，造林是有档案记录的，特别是集约经营的林分均有详细记录，从经营档案中获取树木年龄，准确可靠，对树木无伤害，避免了去野外调查。

检索档案法适用于有记录的树木，对于无记录林分或天然林，只能采取其他方法计测树龄。

1.4.3 目测法

根据树木大小、树皮外观、树冠形状、林分状态以及树木生长位置的坡向、坡位、海拔等估计树木年龄，或者参考其他树估计树龄。很多松杉类树木可以根据轮生枝在主干的轮数加苗龄确定林木的年龄，竹龄可以根据竹干色泽等判断。

目测法主要针对有经验的工作人员，且需要进行估测前训练。

1.4.4 模型推演法

对于无法通过年轮、轮生枝等确定年龄的树种，可以考虑用模型来推演树木年龄。

树木胸径或树高越大，其年龄也应该越大，因此，可以首先分树种、地区等测定各年龄树木的胸径或树高等数据，建立以胸径等易测因子为自变量的树龄估计模型。然后，根据此模型来估计树木年龄。比如某树种年龄 a、胸径 d 的预测模型为三次多项式：

$$a = \alpha_0 + \alpha_1 d + \alpha_2 d^2 + \alpha_3 d^3 \tag{1-4}$$

模型参数 α_0、α_1、α_2、α_3 已知后，就可以通过实测胸径来估计树龄 a。

这是某树种平均年龄的计算方法，很明显，胸径一样的树木年龄可能是不同的，而此模型推演结果是相同的。因此，为了能更加准确地得到个体树木年龄，需要考虑树木在不同发育期的生长速度、树种耐阴性、树种组成、被压情况、作业方式以及所处的纬度、海拔、坡度、坡向、土壤厚度等环境条件。为了得到更为准确的树龄，需要更多的数据来支撑。但是，获取到大量全生命周期的更加精细的数据后，也会带来模型形式难以确定、参数求解困难等问题，此时可以考虑利用深度学习的方法来推演树木年龄。

1.4.5　其他方法

树龄计测还有很多方法，下面再介绍两种方法。

1.4.5.1　放射衰变法

放射衰变所用元素通常使用 C^{14} 同位素，最早应用于考古学中的年代测定，后来结合古树年轮辅助性交叉定位来测定树木的年龄。

C^{14} 是碳的同位素，它在自然界含量很少且半衰期很长，通过测定 C^{14} 与不具放射性的 C^{12} 含量比例，然后按 C^{14} 的放射性衰变公式进行计算，修正之后便可推出待测树木年龄，这是 C^{14} 测年龄的基本原理。操作上首先用专业仪器在古树上取样，之后需要进行修正才能得到年龄，因其过程繁琐，需要专业机构操作且误差较大，因此，实际很少使用，仅偶见于古树年龄测定。

1.4.5.2　CT 扫描法

CT(computed tomography)扫描法是基于 X 射线穿透由密度不同的春秋材包裹的树干时产生不同能量衰减的现象，在感光材料上表现出明暗相间的条纹恰好与树木年轮表象相对应，据此得到年轮数及宽度。扫描不同高度树干可以得到解析树干的效果。

由于该方法设备昂贵，测定成本高，实际应用不多。

1.5　立木材积

主干根系相连为一整体并自然竖立于地面上的树木叫作立木

(standing tree)。其中，存活状态的立木叫活立木(living tree)，死亡的立木叫枯立木(snag)，也称为站干。采伐后的立木主干部分叫伐倒木(felled tree)。人为以外因素致使树木死亡倒伏在地出现枯损状态的树木叫枯倒木(fallen dead wood)。立木主干的体积叫作立木材积(standing volume)。

早期的森林计测最主要的内容就是对材积的测算，由于树干形状复杂，直到现在，准确计测材积仍然是一个重要的研究主题。

1.5.1 形数法

直观上，单木材积可以由材积三要素——断面积、树高、形数相乘得到。形数是衡量树干饱满程度的一个参数，形数越大时，干形越饱满。所谓形数(f, form factor)是立木材积与虚拟圆柱体的比值。为了便于立木材积计算，人们定义了众多形数，或者说定了不同的虚拟圆柱体。比如虚拟圆柱体高是树高、断面直径为树干某相对高位置的树木直径[图 1-20(a)]，由此计算的形数叫标准形数(f_n, normal form factor)；由高度为树高、断面直径为胸径的虚拟圆

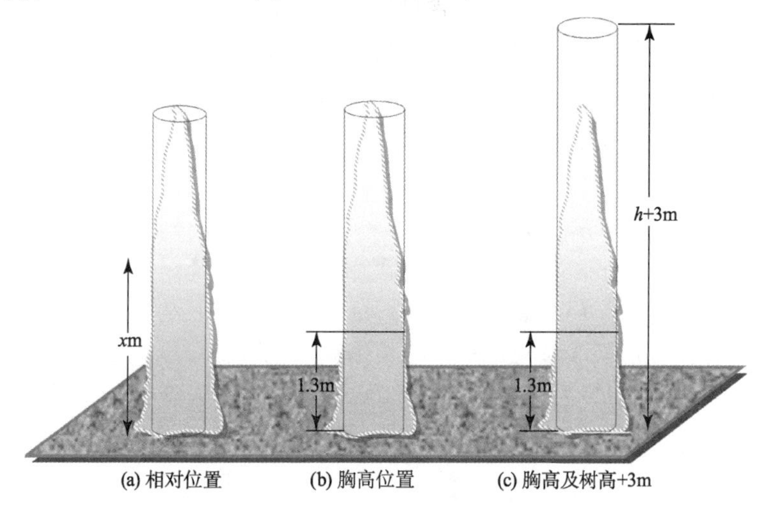

图 1-20　虚拟圆柱体

柱体[图 1-20(b)]计算的形数定义为胸高形数(f_b，breast height form factor)；由高度为树高+3m、断面直径为胸径[图 1-20(c)]的虚拟圆柱体计算的形数是实验形数(f_e，experimental form factor)。

从形数的概念可以看到，如果用某位置的树木直径和虚拟圆柱体直径之比即形率(q_x，form quotient)来表达树干饱满度更直观。比如，树干中央直径与胸径之比叫胸高形率(q_b)，树干中央直径与1/10 处直径之比叫正形率($q_{1/10}$)等。学者们对形数和形率关系做了大量研究，并得到一些有用的结论(表 1-4)。

表 1-4 胸高形数 f_b 与形率 q_b 的经验模型

经验模型	出处与参数值	适用范围
$f_b = q_b^2$	孟宪宇《测树学》p35	把树干假想为抛物线时导出
$f_b = q_b - \alpha$	孔兹(1890)给出的 α 值：松树 0.2，云杉、椴树 0.21，水青冈、山杨、黑桤木 0.22，落叶松 0.205	树干接近抛物线时 $c \approx 0.2$，树高>18m 误差多在±5%内，树干低矮时不宜用此式
$f_b = \alpha_0 + \alpha_1 q_b^2 + \dfrac{\alpha_2}{q_b h}$	希费尔(1899)给出的结果为：$\alpha_0 = 0.14$，$\alpha_1 = 0.66$，$\alpha_2 = 0.32$	适用于多树种，误差通常在±5%之内
$f_b = \alpha_1 q_b + \dfrac{\alpha_2}{q_b h}$	书斯托夫(1911)给出的参数值：$\alpha_1 = 0.60$，$\alpha_2 = 1.04$	适用于多树种

温馨提示

■ 表 1-4 中所列的经验式历史久远，且所用树种也非中国本土，如果使用，建议验证后再用。

1.5.1.1 胸高形数法

根据胸高形数的定义：

$$f_b = \frac{v}{g_b h} = \frac{4v}{\pi d_b^2 h} \tag{1-5}$$

$$v = \frac{\pi}{4} f_b d_b^2 h \tag{1-6}$$

可以看到，已知胸高形数 f_b、胸径 d_b、树高 h，式(1-6)给出了立木材积 v 的计算方法。胸高形数法计测立木材积步骤如下：

① 首先测量立木的中央直径为 $d_{1/2}$、胸径 d_b、树高 h，由下式计算胸高形率 q_b：

$$q_b = \frac{d_{1/2}}{d_b} \tag{1-7}$$

② 根据表 1-4，选择一种方法计算胸高形数 f_b；

③ 把胸高形数 f_b、胸径 d_b、树高 h 代入式(1-6)得到立木材积 v。

1.5.1.2 实验形数法

结合胸高形数易测及标准形数不受树高影响的优点，林昌庚(1961)设计了实验形数，式(1-8)(1-9)中“h+3”的“3”是他根据云杉、松树、白桦、杨树求得的一个经验常数，并给出了一些中国乔木树种的实验形数值(表 1-5)。

表 1-5 部分乔木树种的实验形数值(来源：孟宪宇《测树学》p32)

树种及分类	实验形数
云南松、冷杉及一般强耐阴针叶树种	0.45
实生杉木、云杉及一般耐阴针叶树种	0.43
杉木(不分起源)、红松、华山松、黄山松及一般中性针叶树种	0.43
插条杉木、天山云杉、柳杉、兴安落叶松、新疆落叶松、樟子松、赤松、黑松、油松及一般喜光针叶树种	0.41
杨、桦、柳、椴、水曲柳、蒙古栎、栎、青冈、刺槐、榆、樟、桉及其他一般阔叶树种，海南、云南等地混交阔叶林	0.40
马尾松及一般强喜光针叶树种	0.39

根据实验形数的定义：

$$f_e = \frac{v}{g_b(h + 3)} = \frac{4v}{\pi d_b^2(h + 3)} \tag{1-8}$$

$$v = \frac{\pi}{4} f_e d_b^2(h + 3) \tag{1-9}$$

可以看到，测量胸径 d_b、树高 h 后，查找对应的实验形数 f_e，利用上式就得到了立木材积 v。

1.5.2 普莱斯勒法

1855 年，德国普莱斯勒提出了参照高的概念，并假想树木干形遵从孔兹干曲线，进而推导出的一种计测立木材积的方法，中文文献中多叫作望高法(pressler method)。

普莱斯勒把树干上部直径等于胸径 1/2 处的直径点叫作参照点(reference point)，该点至地面的高度叫作参照高(h_r，reference height)(图 1-21)。测量参照高和胸径 d_b 后，即可根据下式计算该立木材积 v：

$$v = 0.34034 + 0.52360 d_b^2 h_r \tag{1-10}$$

普莱斯勒用 80 株云杉验证此式，最大误差绝对值是 8.7%，平均误差是-0.89%。之后其他一些林学家也做了验证，平均误差为±(4%~5%)。

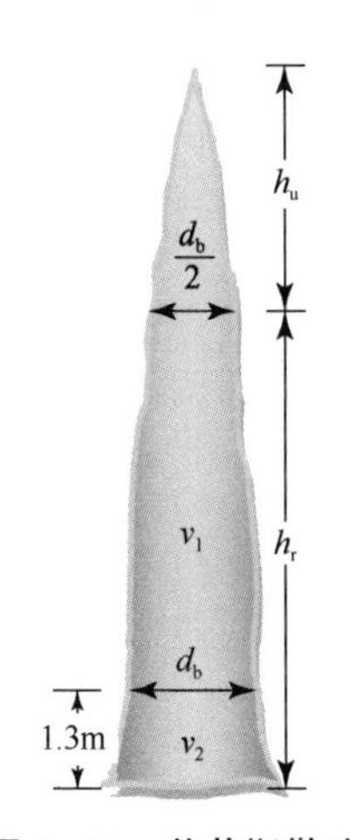

图 1-21 普莱斯勒法

该方法适用于主干明显、树冠较高的树木。如果参照点处的直径因树冠或枝条遮挡等原因难以测量，应用本方法困难。

1.5.3 区分求积法

树干曲线(stem curve)简称干曲线，是指过干轴的平面与树干表面相交形成的曲线。如果已知干曲线方程，通过积分的办法可以求算立木材积；如果树干形状不规则，可利用微积分的思想通过区分求积法来求解材积。本节先介绍经典的孔兹干曲线，然后给出基于多点测径的立木材积区分求积方法。

1.5.3.1 孔兹干曲线

很多学者研究了干曲线，认为树干从下向上分别接近凹曲线体、圆柱体、截顶抛物线体、圆锥体4种几何体(图1-22)。孔兹(1873)用式(1-11)把这几种干曲线集中到一个模型中：

$$y^2 = px^r \tag{1-11}$$

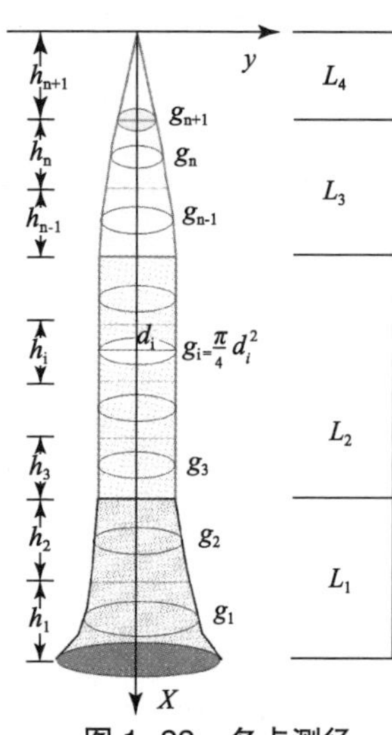

图1-22 多点测径

式中：y为树干横断面半径；x为树干梢头至横断面的长度；p为系数；r为形状指数。这就是孔兹干曲线(Kunze trunk curve)。

形状指数r取2、1、0、3时，式(1-11)分别对应的干曲线类型为：相交于x轴的直线、抛物线、平行于x轴的直线、凹曲线，此干曲线绕x轴旋转分别与树干从上到下的圆锥体、截顶抛物线体、圆柱体、凹曲线体4种类型对应。

如果x_1、y_1、x_2、y_2分别是树干上不同两点距离树梢的长度与半径，分别代入式(1-11)对应相除，得到下式：

$$r = 2\ln\left(\frac{y_1}{y_2}\right)/\ln\left(\frac{x_1}{x_2}\right) \tag{1-12}$$

式(1-12)可以计算树干上不同部位的形状指数。

1.5.3.2 区分求积法计测立木材积

如果测定了树木从根颈到树梢每隔一定高度的直径的一个完备直径系，则可以通过区分求积法(sectional measurement)获取立木材积。

假设从树基到树梢把立木分成了$n+1$段，d_i、h_i，$i=1$，…，n是各段中间部位的直径与段长，d_{n+1}和h_{n+1}是梢头的底直径与长度(图1-22)，则梢头近似圆锥体、其他各段与圆柱体近似的立木材积v为：

$$v=\frac{\pi}{4}\sum_{i=1}^{n}h_i d_i^2+\frac{\pi}{12}h_{n+1}d_{n+1}^2 \tag{1-13}$$

如果区分的各段等长 $h_1=\cdots=h_n=l$，则：

$$v=\frac{\pi}{4}l\sum_{i=1}^{n}d_i^2+\frac{\pi}{12}h_{n+1}d_{n+1}^2 \tag{1-14}$$

这是中央区分求积法。当然，也可以把各部分近似为其他更接近的几何体(如圆台)，逐一计算各分割体的体积，然后求和得到树干总材积。如果树木分割的足够细，其结果是接近的。

区分求积的难点是测定树木任意部位直径，由于树木高大，所以基本是通过仪器来完成的(参见第 5 章 5.1 节)。由于多点测径工作量巨大，因此，该法在立木材积计测中很少使用，它主要应用在伐倒木的材积计测中。

1.5.4　材积式法

材积式法(method of volume aquation)是通过预先建立某地区目标树种材积与易测变量的统计模型，应用时实测该区待估树木的易测变量然后代入模型计算材积 v 的一种方法。易测变量只有一个胸径 d 的材积式叫一元材积式(one-way volume aquation)，易测变量包含胸径 d、树高 h 两个因子的材积式叫二元材积式(standard volume aquation)。早期，由于计算机不普及，模型计算困难，人们事先根据材积式编制好的表格叫作材积表(tree volume table)，以备日后查找使用。

材积式形式众多，表 1-6 列出了几个常见的形式。其中以一元材积式<1>和二元材积式≪1≫应用最为广泛。

求解材积式参数时，需要有能够充分代表应用区域树种各种情况下的建模数据，树种分布范围、直径与树高大小、树种起源、坡度、坡向等都是建模须考虑的重要因素。前人做了大量工作，目前全国各地基本都建立了自己的地方材积式，本书整理了其中一部分，见表 1-7、表 1-8。

表 1-6　常用材积式

类别	模型号	材积模型	来源
一元材积式	<1>	$v=c_0d^{c_1}$	伯克霍特
	<2>	$v=c_0+c_1d+c_2d^2$	二次多项式
	<3>	$v=c_0\dfrac{d^3}{1+d}$	芦泽
	<4>	$v=c_0d^{c_1}c_2^d$	中岛広吉
	<5>	$v=c_0(c_1+c_2d)^{c_3}\left[c_4+\dfrac{c_5}{(c_6+c_7d)}\right]^{c_8}$	江西省
	<6>	$v=c_0d^{c_1}\left[c_2+\dfrac{c_3}{(c_4+d)}\right]^{c_5}$	辽宁省
二元材积式	≪1≫	$v=c_0d^{c_1}h^{c_2}$	山本和藏(1918)
	≪2≫	$v=c_0+c_1d+c_2d^2+c_3dh+c_4d^2h$	迈耶(1949)
	≪3≫	$v=\dfrac{d^2h}{c_0+c_1d}$	高田和彦(1958)
	≪4≫	$v=c_0d^2h$	斯泊尔
	≪5≫	$v=c_0d^{(c_1+c_2d)}h^{\left(c_3+\frac{c_4}{d}+\frac{c_5}{dh}\right)}$	福建省
	≪6≫	$v=c_0d^{[c_1+c_2(d+h)]}h^{[c_3+c_4(d+h)]}$	中国林业科学研究院热带林业实验中心
	≪7≫	$v=c_0+c_1d+c_2d^2+c_3dh+c_4d^2h+c_5h$	
	≪8≫	$v=c_0d^{[c_1+c_2^{(d+c_3h)}]}h^{[c_4+c_5(d+c_6h)]}$	
	≪9≫	$v=c_0(c_1+c_2d)^{c_3}h^{c_4}$	辽宁省

表 1-7　常用树种材积模型参数

模型号	模型参数			适用区域	适用树种
	c_0	c_1	c_2		
<1>	1. 5097E-4	2. 4328		内蒙古大兴安岭	人工落叶松、人工云杉
<1>	1. 9538E-4	2. 2478			人工樟子松

（续）

模型号	模型参数			适用区域	适用树种
	c_0	c_1	c_2		
<1>	1.8200E-4	2.3188		黑龙江省丹青河	黄波罗
<1>	1.2554E-4	2.5302			冷杉
<1>	1.2089E-4	2.3385			人工红松
<1>	1.3885E-4	2.4357			人工落叶松
<1>	1.6511E-4	2.2206			人工樟子松
<1>	1.6018E-4	2.3775			色树
<1>	1.3344E-4	2.4490			榆树
<1>	9.7559E-5	2.6082			云杉
<1>	2.5462E-4	2.1935			柞树
<1>	2.3808E-4	2.3888			樟子松
<1>	1.6773E-4	2.2856			赤松
<1>	1.0339E-4	2.5551			红松
≪1≫	5.1935E-5	1.8587	1.0039		白桦
≪1≫	4.1961E-5	1.9095	1.0414		椴树
≪1≫	4.1961E-5	1.9095	1.0414		枫桦
≪1≫	5.2786E-5	1.7947	1.0713		黑桦
≪1≫	4.1961E-5	1.9095	1.0414		胡桃楸
≪1≫	5.3474E-5	1.8779	9.9983E-1		山杨
≪1≫	4.1961E-5	1.9095	1.0414		水曲柳
≪1≫	5.8062E-5	1.9553	8.9403E-1	福建省	天然杉木
≪1≫	6.2342E-5	1.8551	9.5682E-1		天然马尾松
≪1≫	5.2764E-5	1.8822	1.0093		天然阔叶树
≪1≫	8.7200E-5	1.7854	9.3139E-1		人工杉木
≪1≫	9.4294E-5	1.8322	8.1973E-1		人工马尾松
≪1≫	5.2764E-5	1.8822	1.0093		人工阔叶树
≪1≫	5.2023E-5	1.7445	1.1679	四川省洪雅县	柳杉
≪1≫	6.8768E-5	1.8671	9.3931E-1		杉木

注：模型号<1>：$v = c_0 d^{c_1}$；模型号≪1≫：$v = c_0 d^{c_1} h^{c_2}$

（续）

模型号	模型参数			适用区域	适用树种
	c_0	c_1	c_2		
≪1≫	5.8062E-5	1.9559	8.9409E-1	江西赣南	杉木
≪1≫	6.2342E-5	1.8551	9.5682E-1		马尾松
≪1≫	5.0479E-5	1.9085	9.9077E-1		阔叶树
≪1≫	6.8330E-5	1.9263	8.8406E-1		杉小原条
≪1≫	7.1427E-5	1.8570	9.0146E-1	广西壮族自治区	米老排
≪1≫	7.1427E-5	1.8570	9.0146E-1		马尾松
≪1≫	7.8374E-5	1.7228	9.9798E-1		巨尾桉
≪1≫	6.2877E-5	1.8216	9.6436E-1		尾叶桉
≪1≫	5.9398E-5	2.1600	6.6783E-1		湿地松
≪1≫	6.8010E-5	1.8656	9.1813E-1		荷木
≪1≫	7.4954E-5	1.8847	8.8151E-1		火力楠
≪1≫	6.2969E-5	1.8130	1.0155		红椎(藜蒴)
≪1≫	4.8942E-5	2.0173	8.8581E-1		西南桦
≪1≫	4.8347E-5	1.8906	1.0769		大叶栎(高山栎)
≪1≫	5.9600E-5	1.8564	9.8056E-1		其他栎(栎类)
≪1≫	5.7174E-5	1.8813	9.9569E-1		柏树(柏杉类)
≪1≫	5.2751E-5	1.9450	9.3885E-1		阔叶树
≪1≫	6.7429E-5	1.8766	9.2888E-1		软阔
≪1≫	6.0123E-5	1.8755	9.8496E-1		硬阔
<2>	7.3510E-3	-1.8750E-3	2.9100E-4		竹材
≪1≫	5.7860E-5	1.8892	9.8755E-1	吉林省汪清林业局	针叶树
≪1≫	5.3309E-5	1.8845	9.9834E-1		除色、杂和柞木外阔叶
≪1≫	4.8841E-5	1.8405	1.0525		色木、杂木
≪1≫	6.1126E-5	1.8810	9.4463E-1		柞树
≪1≫	7.6160E-5	1.8995	8.6117E-1		人工红松
≪1≫	5.2280E-5	1.5756	1.3686		人工樟子松
≪1≫	8.4720E-5	1.9742	7.4562E-1		人工落叶松
≪1≫	7.1700E-5	1.6914	1.0807		人工杨树

注：模型号≪1≫：$v = c_0 d^{c_1} h^{c_2}$；模型号 < 2 >：$v = c_0 + c_1 d + c_2 d^2$

表 1-8　内蒙古大兴安岭天然林立木材积式 $v=c_0(c_3+c_4d)^{c_1}\left(c_5+\frac{c_6}{c_7+c_4d}\right)^{c_2}$ 参数

c_0($\times10^{-5}$)	c_1	c_2	c_3	c_4	c_5	c_6	c_7	区域	适用树种
5. 0168	1. 7583	1. 1497	−0. 1775	1. 0103	31. 318	−486. 01	11. 7915	Ⅰ	落叶松、云杉
5. 0168	1. 7583	1. 1497	−0. 5704	1. 0009	29. 830	−420. 85	11. 3986	Ⅱ	
5. 0168	1. 7583	1. 1497	0. 0610	0. 9794	33. 080	−459. 06	10. 0300	Ⅲ	
5. 0168	1. 7583	1. 1497	0. 1130	0. 9961	29. 695	−412. 37	12. 0820	Ⅳ	
5. 0168	1. 7583	1. 1497	0. 0444	1. 0005	29. 615	−394. 52	10. 0134	Ⅴ	
5. 1935	1. 8587	1. 0039	0. 0978	0. 9804	25. 660	−251. 29	7. 3678	Ⅰ	白桦、赤杨
5. 1935	1. 8587	1. 0039	−0. 3903	1. 0068	22. 578	−191. 58	5. 6277	Ⅱ	
5. 1935	1. 8587	1. 0039	−0. 4875	0. 9885	28. 640	−396. 93	9. 4815	Ⅲ	
5. 1935	1. 8587	1. 0039	0. 1427	0. 9951	24. 197	−254. 26	9. 5827	Ⅳ	
5. 1935	1. 8587	1. 0039	−0. 0444	1. 0043	26. 329	−323. 10	9. 9254	Ⅴ	
5. 4586	1. 9705	0. 9142	0. 0851	0. 9945	28. 740	−429. 77	12. 0541	A	樟子松
6. 1126	1. 8810	0. 9446	0. 2486	0. 9818	15. 736	−189. 27	11. 2756	A	柞树、枫桦
5. 2786	1. 7947	1. 0713	−0. 0041	0. 9929	17. 101	−142. 94	6. 8959	A	黑桦
5. 3474	1. 8779	0. 9998	−0. 0352	0. 9895	31. 094	−459. 60	11. 9338	A	山杨
4. 1961	1. 9095	1. 0414	−0. 1859	0. 9879	31. 496	−424. 06	9. 7811	A	甜杨、柳、榆、其他软阔、椴、黄波罗

注：北部Ⅰ{莫尔道嘎、得耳布尔、根河、金河、阿龙山、满归、奇乾、乌玛、永安山、汗马、吉拉林、杜博威}，中部Ⅱ{乌尔旗汉、库都尔、图里河、伊图里河}，东部Ⅲ{克一河、甘河、吉文、阿里河、诺敏}，东南部Ⅳ{大杨树、毕拉河、北大河}，南部Ⅴ{绰尔、绰源、阿尔山}，A{内蒙古大兴安岭全区}

1.6　枝条与薪材材积

为便于运输或销售，树木伐倒后通常要进行打枝。枝条的去向因树种类型、枝条大小、经营策略等存在差异，有的会堆积到现场任其自然腐烂，有的需要计测材积或重量进行销售。

1.6.1　枝条材积

较大的枝条，可以测量距离枝条底端不同长度部位的直径，采用区分求积法计测材积。较小的枝条可以通过把枝条堆积成规则几何体形状的办法测量。

如果现场有规则的几何体，比如卡车的车厢、水槽等[图 1-23(a)]，可以把枝条规整后装入，然后用几何体长宽高乘积换算枝条材积(branch volume)。如果现场无合适的容器可用，可以按图 1-23(b)的形式，在现场取几根小径材埋入测量好位置的土中，制作一个规整枝条的临时装置，然后把枝条整齐的装入，测量体积 v_m。

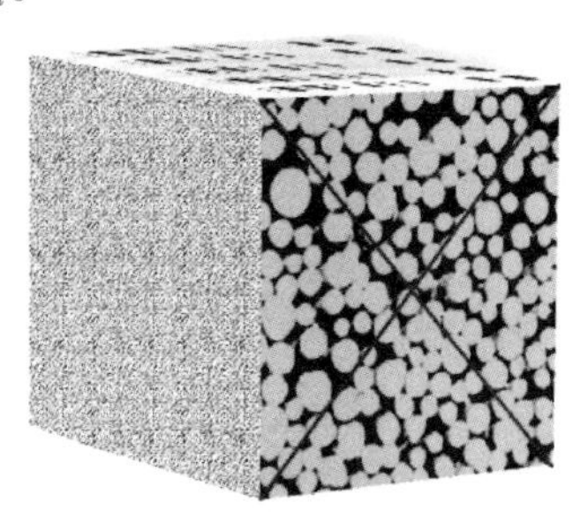

(a) 利用现有物体

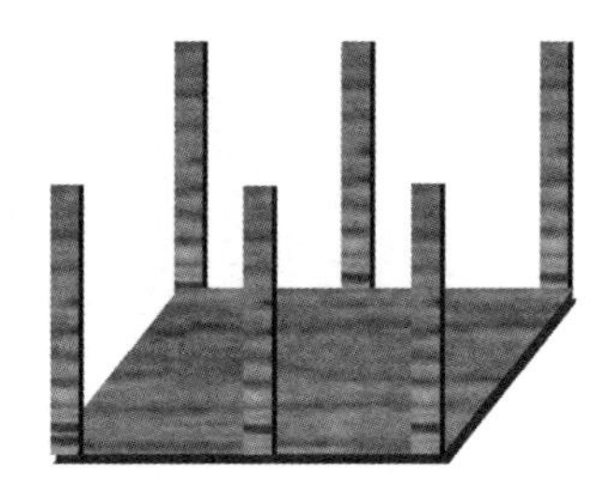

(b) 使用现场小径材制作

图 1-23　堆积枝条成规则几何体

由于不可能完全使枝条密接，按着这种办法测量的体积需要再乘以一个实积系数 δ 才是最终的材积 v：

$$v = \delta v_m \tag{1-15}$$

实积系数 δ 可以通过在截面两条对角线上[图 1-23(a)]，量测枝条长度 l_b 占对角线总长度 l 的比值得到：

$$\delta = \frac{l_b}{l} \tag{1-16}$$

也可以取某一截面的图像，然后用图像分割的方法计算枝条部分占有的像素数 n_b 占有效范围总像素数 n 的比值得到：

$$\delta = \frac{n_b}{n} \tag{1-17}$$

1.6.2　薪材材积

薪材（firewood，fuelwood），到目前为止还没有统一的标准，一般是指枝条、梢头或直立主干长度小于 2m 不进行培养的萌蘖株等作为燃料或木炭原料使用的木材材种。薪材材积计测可以使用前节介绍的枝条材积的计测方法，也可以采用称重的方法得到。

如果称量薪材的总重量为 w 千克，从中取出 w_p 千克将其规整压实成几何体的体积为 v_p，实积系数 δ，则薪材材积为：

$$v = \delta v_p \frac{w}{w_p} \tag{1-18}$$

1.7　叶面积

树体上叶片面积的总和称为叶面积（leaf area），它是衡量树木生长状态的重要指标，以此计算的叶面积指数在生态、遥感等领域有广泛应用。从生理角度，叶片是为光合作用而生的，叶片背面也可以接收光子，因此阔叶树叶片正反两面均计入叶面积是合理的，这样也便于与针叶树统一。

叶片数量庞大，不同树种叶片形状各异（图 1-24），准确获取

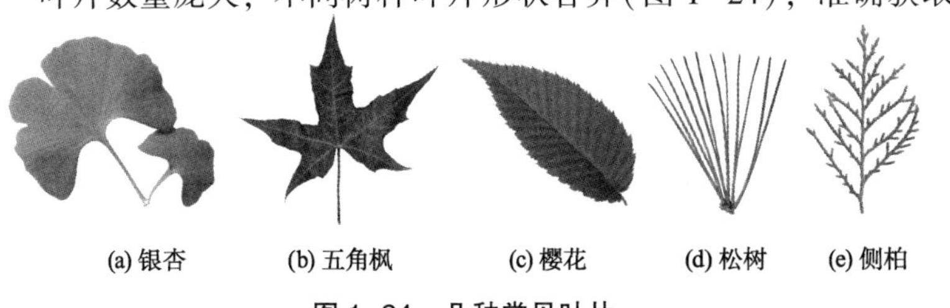

图 1-24　几种常见叶片

叶面积工作量较大，并且采摘立木叶片具有破坏性。因此，实际计测叶面积基本是通过取样，由局部推算全树或间接计算的方法进行的。

1.7.1 扫描法

在计算机不普及的时候，为了得到不规则图形的面积，人们通过查数图形覆盖的方格纸的格子数来获取面积值(图 1-25)。

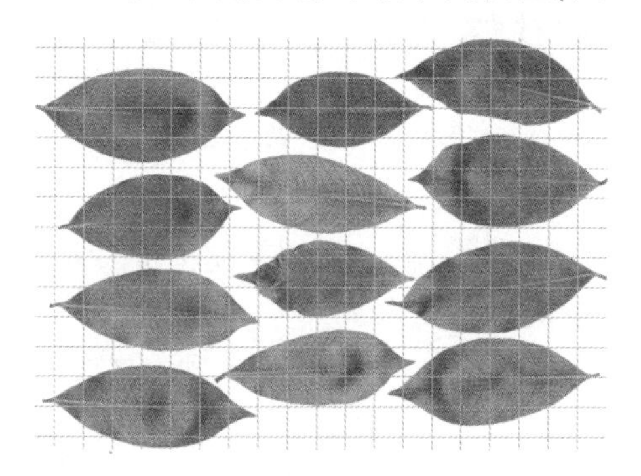

图 1-25 在扫描仪上摆放叶片

这也是扫描法的原理，不同的是“格子”，即像素(pixel)更小，比如原来是 1mm² 的格子，现在可以细分成 100 份，就是说现在每个“格子”可以是原来的 1/100，精度更高，查数工作也由计算机来完成了。

扫描法的步骤如下：

① 摘取叶片；

② 把叶片摆放到扫描板上；

③ 扫描叶片，将图像传输到计算机中；

④ 计算机判断叶片区域，查数该区域内(叶片)的像素数；

⑤ 计算叶片面积。

步骤③，扫描仪连接到计算机上，扫描图像时会自动上传到计算机上。

步骤④，由于扫描板颜色单一，只要判断为非扫描板就是叶片。

步骤⑤，叶片面积 s 的计算式如下：

$$s = n_p s_l \tag{1-19}$$

式中：n_p 为叶片像素数；s_l 为单个像素所代表的实际面积。

s_l 可以事前确定，比如扫描一个已知面积 s_c 的平板，然后除以该平板的像素数 n_c 得到。假如大小 $s_c = 210 \times 297 = 62370\text{mm}^2$，A4 纸的像素数为 $n_c = 2480 \times 3720 = 9225600$ 像素，则该扫描分辨率下，单个像素的面积是 $s_l = s_c / n_c = 6760.536 \mu\text{m}^2$/像素。

该方法结果可靠，但仅适用于叶片不多的阔叶树。

温馨提示

- 扫描叶片分辨率一定要与确定像素大小时的分辨率一致。
- 摆放叶片时不要重叠，也不要超出扫描界限。

1.7.2　几何体近似法

针叶树种的名称来自其叶片呈针状，因此可以考虑将其看作与针状相似的几何体来近似估算叶面积。尽管叫作针叶树，但是针叶树叶片很少有标准的圆锥体，不同针叶树种的叶片呈现不同的几何体形状，这也是植物分类的依据。在实际树种叶面积计测中，可以根据叶片的具体形状用标准几何体来近似估算叶面积。

比如油松是 2 针 1 束，横切面半圆形，长 10～15cm，直径约 1.5mm。1 束整体形状类似于由底端圆柱体和顶端圆锥体合成，每 1 针近似于过轴心切开的几何体的一部分(图 1-26)。

图 1-26　半圆柱体针叶

由此，1 针的表面积为：

$$s = \left(\frac{\pi + 2}{2}\right) dl + \frac{d^2}{8}\pi + \frac{\pi}{4} d\left(h^2 + \frac{1}{4}d^2\right)^{\frac{1}{2}} + \frac{1}{2}dh \tag{1-20}$$

如果叶长为 $L(L=l+h)$，叶尖占叶长的 1/10，则该针叶表面积为：

$$s = \left(\frac{9\pi + 19}{20}\right)dL + \frac{\pi}{8}d^2 + \frac{\pi}{4}d\left[\frac{L^2}{100} + \frac{1}{4}d^2\right]^{\frac{1}{2}} \tag{1-21}$$

进一步，如果把针长均值 12.5cm 和直径均值 1.5mm 代入式(1-21)，得到每针叶面积为 4.5883cm²，或者说每束的叶面积是 9.1767cm²。这样，直接查数束后乘以每束的叶面积即得到全部针叶面积。

几何体近似法较适用于针叶树叶。

1.7.3 重量换算法

基本思想是，称量全树叶片的重量得到 w，从中取出重量为 w_p 的叶片准确测量其叶片面积 s_p，则全树的叶面积 s 为：

$$s = \frac{w}{w_p}s_p \tag{1-22}$$

阔叶树叶可以用环刀或者裁纸刀等切割一定数量的叶片，则这部分叶片的重量和面积是已知的，然后进行换算即可。针叶树不规则，可以按照上一节的方法测量。由于重量换算法是基于所有叶片含水率及厚度等相同的前提测算的，但新老叶、树体不同部位存在含水率不同的情况，此时可以把树体分成 n 个部分，每部分单独称重、取样测面积，最后由式(1-23)求和即可。

$$s = \sum_{i=1}^{n} \frac{w_i}{w_{pi}}s_{pi} \tag{1-23}$$

式中：w_i、w_{pi}、s_{pi}，$i=1, \cdots, n$，分别是各部分的总重量、抽取样本重量及抽取样本叶片面积。

1.7.4 叶面积指数法

叶面积指数(LAI，leaf area index)是定量分析植物群体和群落生长的一个参数，但其概念并不统一，比如植物叶片总面积与土地面积的比值，单位面积上植物叶片的垂直投影面积的总和，单位林地面积上林冠中绿叶的单面面积之和，但基本宗旨是指植物叶片面积与土地面积的比值。

叶面积指数的测量方法很多，其中有一类是基于辐射的测量仪器，可以直接测量叶面积指数。如CI-110、LAI-2000、AccuPAR、Sunscan、TRAC(tracing radiation and architecture of canopies)等都是通过传感器获取太阳辐射透过率、冠层空隙率、冠层空隙大小或分布等参数来计算叶面积指数。

图 1-27　LAI 法计算叶面积示意图

根据定义，叶面积指数乘以土地面积就是叶片面积，那么，土地面积是多少？最易近似的是冠幅 c 为直径的圆面积，如图 1-27。如果测得的叶面积指数是 LAI，则叶面积 s 由式(1-24)计算得到。

$$s = \frac{\pi}{4}c^2 \cdot LAI \tag{1-24}$$

这是用树木叶片的垂直投影面积换算的叶面积。

另外一种土地面积获取是根据林木的株行距计算，也可以理解为林木的潜在土地使用面积。显然，这种方法当树木很小时得到的土地面积偏大。

方法探析

- 基于辐射测量仪器获取 LAI 的优点是简便快速，缺点是容易受天气影响，测定通常需要在晴天进行。
- 由于仪器测得的 LAI 数值及树木叶片的垂直投影面积均存在误差，因此用该方法获取的叶面积仅仅具有参考意义。
- 如果树木完全郁闭，用株行距代替树木使用的土地面积是合理且简单易行的，因为此时单株树木只能拥有这么大的空间。

1.7.5 模型预估法

前文介绍的叶面积测量方法，要么具有破坏性、工作量巨大，要么精度不高，如果能有简洁的间接估算方法，自然是森林计测追求的目标。本节提出一种模型预估法，如果能建立起叶面积预估模型，则求解叶面积将不再困难。

树叶主体集中在树冠中，树冠大小必然与叶面积大小成正相关。衡量树冠大小的指标主要有冠长 c_l、冠幅 c_w 两个因子，理论上，叶面积 s 与这两个变量存在关系：

$$s = f(c_w,\ c_l)$$

很显然，具有同样冠长和冠幅的树木，叶面积也会有很大差别，其中，枝叶疏密程度可能是重要的影响因子。图 1-28 中(a)和(b)是冠长与冠幅相同的 2 株檀香树，显然这 2 株树叶面积不同。枝叶疏密程度用到某一级的侧枝根数表示，但是在实际计测中很难把握。因此，本书提出用树冠密闭度来表示树冠枝叶的疏密程度。所谓树冠密闭度(c_t，crown tightness)，是指枝叶占树冠最小外接圆面积的比例，定义其计算方法是东西南北四方向树木前景图像占树冠外接圆图像比例的均值。因此，叶面积由下面函数计算得到。

$$s = f(c_w,\ c_l,\ c_t)$$

(a) 健康檀香

(b) 生长不良的檀香

图 1-28　树冠密闭度特征提取

这仅仅是函数的表达方法，可以积累数据，建立统计模型，然后基于此模型间接估计叶面积。关于模型形式，如果不能从理论推导，可以尝试一下常用的模型，比如：

$$s = \alpha c_w^{\beta} c_l^{\gamma} c_t^{\mu} \tag{1-25}$$

$$s = \alpha + \beta c_w + \gamma c_l + \mu c_t \tag{1-26}$$

求解树冠密闭度用的图像获取并不困难，但是求解 c_t 需要准确提取出树冠所占有的前景部分及最小外接圆大小。

1.8　生物量

生物量是生态系统的主要特征之一，生态系统通过生产者固定太阳能和生产有机物质，为生产者本身和系统的其他成分所利用，以维持生态系统的正常运转。一定时间内树木通过光合作用积累有机物质的总量或固定的总能量是总初级生产量(GPP，gross primary production)，又通过呼吸作用分解和消耗掉其中一部分，剩余部分才用于积累形成各种组织和器官，这部分叫净初级生产量(NPP，net primary production)。在某一调查时刻，单位面积上净初级生产量所剩余的干物质量叫生物量(biomass)，可见，某一时刻的生物量就是此时刻以前树木在单位面积上所累积下来的有机质总量。由于净初级生产量可能被其他动物或自然因素等消耗一部分，我们测量的仅仅是这部分有机物质的现存量(standing crop)，它比实际产生的生物量小。由于人们很难得到树木积累的生物量，因此，通常对生物量和现存量并不进行区分。

生物量可以分为个体生物量和总体生物量两大类，本节所说的生物量是指树木个体生物量，即到调查时存活的树木个体所积累的全部干物质总重量，包括根、茎(干)、枝、叶、果等。

1.8.1　全株测定法

全株测定法就是把树木全部挖出，计测其生物量。由于工作量大，本方法较适合于矮小树木生物量调查。步骤如下：

① 选择标准木。标准木选取原则要看计测生物量的目的，如果想了解林分平均水平，则标准木选择胸径、树高、树冠等处于平均水平的树木；如果想知道优势木生物量，则标准木需要在优势木中选取。

② 伐倒，把地上部分按茎(干)、枝、叶分类称重，如果也需要树皮的生物量则要从树干上剥下树皮，然后再分别烘干至恒重称重。如果全部烘干工作量过大，可以选取合适长度、大小、数量且有代表性的茎(干)、枝、叶、皮烘干后再分别称重计算各器官的含水率，最后推算各器官总干重，填入表1-9。

③ 挖出全部伐根，清除土壤后称重，然后烘干至恒重再称重，填表1-9。如果根系过多也可以取1/2或者1/4烘干称重，再推算总根重。

表1-9 全部称重法生物量记录

树种： 标准木位置： 标准木标号： 其他信息：

项目	根	茎(干)	皮	枝	叶	合计
鲜重(g)		、				
干重(g)						

表1-9的干重部分分别是该树木根、茎(干)、枝、叶的生物量，各器官的干重合计就是树木的整体生物量。

需要注意的是，在野外取样时细小的根系一定要拣净，去除土壤工作可以用筛子筛掉；另外，整个根系部分一定要把土壤清理干净，如果不考虑含水率，可以水洗阴干至自然状态后烘干。

1.8.2 局部推演法

部分称重法是分别测量树木的根、茎(干)、枝、叶等器官的部分生物量然后放大到全树的一种方法，由于树木通常较大，所以部分称重法在生物量计测中最常采用的方法。

1.8.2.1 根生物量

如果根系很大，可以把根系分割成几部分(如2，4，8，…)，取其中 1 部分根系测量其生物量，然后以此推算全部根系生物量。

(1) 分区根系

① 以根系为中心做同心圆，最里层圆半径可以是 1m(可以视具体情况加减距离)，以后每个同心圆半径可以按同样的增幅向外扩大，编号从里向外分别是 1，2，…，n，确定同心圆个数的基本原则是最大圆要包含根系所能够延伸到的最远点(图 1-29)。

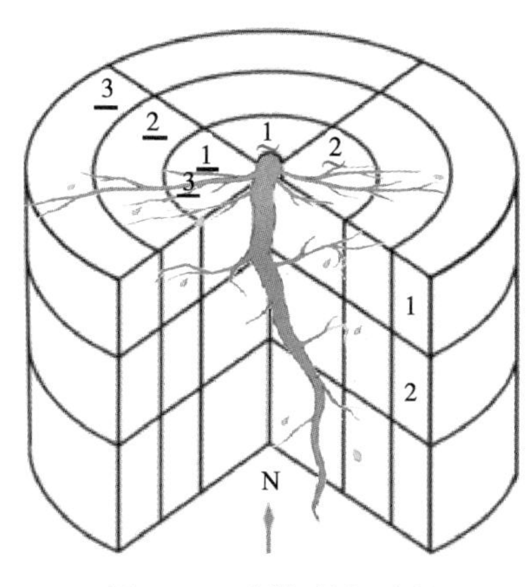

图 1-29　树根挖掘分割

② 把圆分成几部分，磁北向所在扇区为 1 号，沿顺时针分别编号为 1，2，…，m。

③ 对垂直土壤部分进行水平切割，从上到下分别编号 1，2，…，k，各层厚度可以不同，接近地面部分由于根系多切面薄一些，比如 0.2m，然后增加厚度如 0.3m、0.4m、0.5m。图 1-29 是通过第 3 扇区根系来估计全部生物量的示意图。

(2) 挖掘、取根去土称重、记录。根据目的不同，根系挖掘采用两种方式进行。

① 如果要研究根系分布规律，则需要分层进行挖掘，逐层登记根系重量；便于统计起见，登记时可以按着同心圆-扇区-层次序进行。

② 如果仅仅关注根系生物量本身，则可以不考虑分层直接挖

掘到没有根出现为止，就是说直接把选择的扇区挖掘到底取其根系称量记录即可。

根系生物量 w_{dr} 计算公式如下：

$$w_{dr} = m\sum_{i=1}^{n}\sum_{l=1}^{k} w_{jli} \tag{1-27}$$

式中：w_{ijl} 为第 j 扇区、l 层、第 i 层同心圆的根系干重(g)；m 为扇区数。

1.8.2.2 枝和叶生物量

常采用标准枝法，有平均标准枝和分级标准枝两种方法。

树木伐倒后测量所有枝(共 N 枝)的基径 d_{bi} 和枝长 l_{bi}，计算其算数平均值 $d_b\left(=\sum_{i=1}^{n} d_{bi}/N\right)$，$lb\left(=\sum_{i=1}^{n} l_{bi/N}\right)$，然后以平均基径和平均枝长为基准，选择叶量适中的枝 n 枝，摘取全部叶后分别称量枝、叶得到鲜重，最后分别烘干称量枝、叶干重。全树枝(或者叶)的鲜重 $w_{(\mathrm{b.or.l})}$ 计算式如下：

$$w_{(\mathrm{b.or.l})} = \frac{N}{n}\sum_{i=1}^{n} w_{(\mathrm{b.or.l})i} \tag{1-28}$$

式中：$w_{(\mathrm{b.or.l})i}$ 为第 i 标准枝(或叶)的鲜重(g)；n 为标准枝数；N 为树木的全部枝数。

以上是平均标准枝法。分级标准枝是平均标准枝法的细化，就是把树冠分成上、中、下三部分，分别在每部分采用平均标准枝法获取枝和叶的生物量，最后累计这三部分生物量得到整株树生物量。这种做法的主要考量是树冠上下层枝大小、叶量等都有很大变化，分层处理有助于提高枝叶生物量测量精度。

1.8.2.3 树干生物量

树木伐倒去除枝叶后，要立刻称量全部树干获得鲜重 w_{fc}，然后截取部分样品到室内烘干求解树干含水率。考虑到树干各部位含水率存在差异，因此，取样时要从基部到树梢的不同部位取样品。如果烘干设备允许，则截取各高度圆盘做样品；如果树干巨大则在每一个高度处取心材、边材、树皮等几部分。样品选好后立即称重，再烘干获得干重。

树干生物量 w_{dc} 的计算式如下：

$$w_{dc} = \frac{w_{dcs}}{w_{fcs}} \cdot w_{fc} \tag{1-29}$$

式中：w_{dcs} 为样品干重(g)；w_{fcs} 为样品鲜重(g)；w_{dcs}/w_{fcs} 为树干干重占鲜重的百分率。

得到根、茎(干)、枝、叶的相关数据后，填写表 1-10，就可以计算整株生物量。表中无底纹的单元格填写测定的记录，有底纹单元格填写计算出的结果。

表 1-10　部分称重法生物量记录

树种：　　　　标准木位置：　　　　标准木标号：　　　　其他信息：

器官	根	茎(干)	枝	叶	合计
总鲜重(g)					
取样鲜重(g)					
样品干重(g)					
树木干重(g)					

从上面的介绍可以看到，得到不同器官鲜重方法并不相同，树干是全部称重、全根是根据切割的土壤体积比例计算、枝叶是根据枝数来推算，不同做法的目的是便于野外操作。

1.8.3　生物量模型法

该法在满足精度范围条件下具有相对小的外业工作量，因此，模型法在生物量调查中应用最为广泛。下面列出了几个应用较多的树木生物量估计式。

$$b = c_0 d^{c_1} \tag{1-30}$$

$$b = c_0 d^{c_1} h^{c_2} \tag{1-31}$$

$$b = c_0 (d^{c_1} h)^{c_2} \tag{1-32}$$

$$\ln(b) = c_0 + c_1\ln(d^2h) \tag{1-33}$$

$$b = c_0vd^{c_1} \tag{1-34}$$

$$b = c_0vd^{c_1}h^{c_2} \tag{1-35}$$

式中：b 为单株树木生物量(g)；d 为树木胸径(cm)；h 为树高(m)；v 为立木材积(m^3)；c_0、c_1、c_2 为模型参数。

这几个生物量模型中，式(1-34)、(1-35)的自变量中有单株材积，由于材积与生物量有更直接的关系，所以如果能够测得较准确的材积，则预估的生物量应该更加准确，其难点是准确获取树木材积并非易事。

模型法的应用次序是：

① 建立生物量与测树因子的统计模型，即需要准确获取一些建模用的树木生物量和测树因子对应数据，之后用统计方法等求解出模型参数。如同材积式，目前有一些树种的地方生物量式(表 1-11)。

② 测量待估树种生物量模型中的自变量，然后根据模型计算该树生物量。

表 1-11　几个树种的生物量模型参数(以下模型参数来自蔡会德，2018)

模型号	模型参数			适用树种
	c_0	c_1	c_2	
1-30	0.0580	2.478		杉木
1-31	0.0384	1.8654	0.8318	杉木
1-30	0.1352	2.2688		马尾松
1-31	0.0567	1.866	0.8116	马尾松
1-30	0.0547	2.7086		桉树
1-31	0.0561	2.0727	0.6148	桉树
1-30	0.0649	2.6746		栎类
1-31	0.0534	2.1670	0.6375	栎类
1-30	0.1691	2.2694		其他阔叶
1-31	0.0435	1.8981	0.9414	其他阔叶

1.9　生长量

树木经一定时间生长后某因子的变化量称为树木生长量(tree increment)，如树木在某期间的胸径、树高、材积的变化量分别称为树木在该期间的胸径生长量、树高生长量和材积生长量。一般认为，树木在一生中的生长速度表现为慢、快、慢的规律，从慢→快和快→慢有两个拐点时刻 t_u 和 t_v，t_u 前的阶段是幼(Ⅰ)龄阶段，t_u 和 t_v 之间是中(Ⅱ)、壮(Ⅲ)龄阶段，t_v 以后进入近(Ⅳ)、成(Ⅴ)熟龄阶段[图 1-30(*a*)]。树木在幼龄阶段生长缓慢，中、壮龄阶段表现为生长迅速，而进入近、成熟龄阶段生长又开始变得缓慢，最后生长量不再增加甚至下降称为过熟林(Ⅵ)。

图 1-30 (a)是我们在文献中见到的类型，由于测定间隔过长，我们很难了解植物生长的微观变化，只能看到全局状况。当测定时间很密集时，我们会发现植物生长是遵循图 1-30 (b)的螺旋上升曲线，每一天生长量都有一个小的高峰和低谷，而每一年又有一个稍大的高峰和低谷过程，植物整个生命周期内总的趋势表现为图 1-30 (a)的曲线形式。

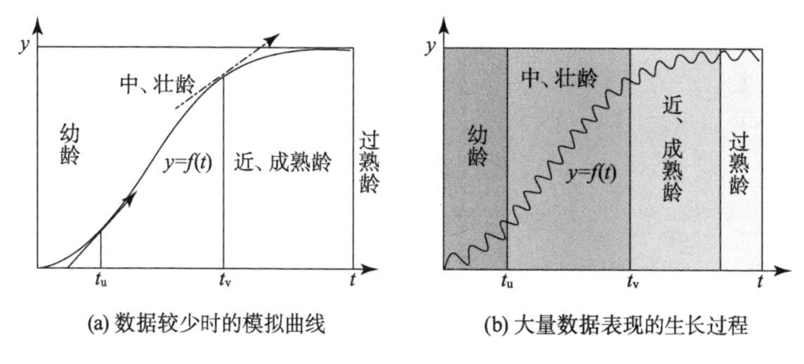

(a) 数据较少时的模拟曲线　　(b) 大量数据表现的生长过程

图 1-30　树木生长过程示意图

为了解树木生长规律，人们习惯用树木生长方程来描述树木的生长过程。所谓树木生长方程(tree growth equation)是指描述树种(组)某测树因子生长量 y 随年龄 t 变化的一个(组)数学模型:

$$y=f(t,\ a)$$

式中:a 是模型参数,由生长方程绘制的曲线叫生长曲线(growth curve)。生长方程是用来表述树木某因子的平均生长过程,也就是说,它表现的是均值意义。由于树木生长受遗传、立地、气候、人为经营措施等多种因子的影响,因此同一树种的个体生长过程往往不尽相同。如果想描述树木微生长过程,需要从光合与呼吸作用、细胞增殖与死亡及环境影响等多角度来研建模型。

1.9.1 树木的生长量与生长率

1.9.1.1 树木生长量

(1) 总生长量 树木自发芽伊始至某时刻内的累积生长总量即树木到该时刻的总生长量(total increment, gross increment),它是树木生长信息中的基本量。直观上,t 时刻某树木大小(材积、树高、胸径等)是 ${}^{t}G$,则 ${}^{t}G$ 就是该时刻此树木的总生长量。

(2) 总平均生长量 总平均生长量简称平均生长量(average increment),是树木生长到 t 时刻总生长量的算术平均值。如果 t 时刻总生长量为 ${}^{t}G$,则到 t 时刻的平均生长量 ${}^{t}\overline{G}$ 为:

$${}^{t}\overline{G}={}^{t}G/t \tag{1-36}$$

(3) 定期生长量 树木在某指定期间内的生长量为定期生长量(periodic increment)。如果树木在 t_1、t_2($t_1<t_2$)时刻的总生长量分别为 ${}^{t_1}G$、${}^{t_2}G$,则树木由 t_1 时刻生长到 t_2 时刻的定期生长量 ${}^{t_2}_{t_1}G$ 为:

$${}^{t_2}_{t_1}G={}^{t_2}G-{}^{t_1}G \tag{1-37}$$

(4) 定期平均生长量 定期平均生长量(${}^{t_2}_{t_1}\overline{G}$, periodic annual increment)是定期生长量与此期间时间间隔的比值。

$${}^{t_2}_{t_1}\overline{G}=\frac{{}^{t_2}G-{}^{t_1}G}{t_2-t_1} \tag{1-38}$$

(5) 连年生长量 树木在一年间的生长量为连年生长量(${}^{t}_{t-1}G$, current annual increment)。

$$
{}_{t-1}^{\ \ t}G = {}^{t}G - {}^{t-1}G \tag{1-39}
$$

由于测树工具的局限性以及测量方法、误差的影响，生长在温带、寒温带的大多树木，由于连年生长量较小，其数值很难精准测定，因此，常用定期平均生长量代替；但对于生长很快的泡桐、桉树等速生树种的连年生长量非常大，一般是直接测定。

（6）进界生长量　首先说一下径阶的概念。整化树木直径值的等距直径序列称为径阶(diameter class，diameter grade)，常用的整化距离有 1、2、4cm，规定径阶名是直径的中心值，且采用上限排外法进行整化。如按 2cm 宽度整化，则径阶名有：6 径阶、8 径阶、10 径阶……，整化规则是：直径是[5，7)∈6、直径是[7，9)∈8、直径是[9，11)∈10…。图 1-31 是按 1、2、4cm 整化的示例。

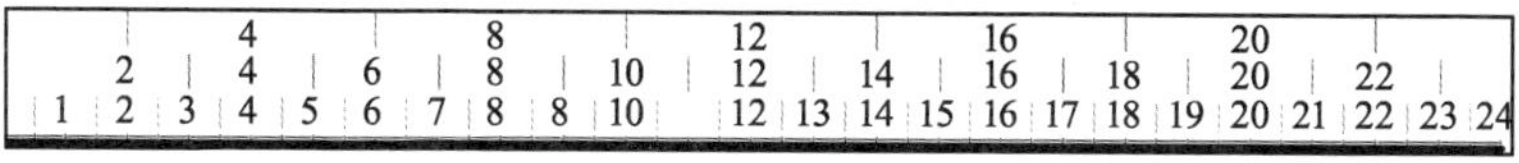

4　8　12　16　20
2　4　6　8　10　12　14　16　18　20　22
1　2　3　4　5　6　7　8　8　10　12　13　14　15　16　17　18　19　20　21　22　23　24

图 1-31　直径整化示例图

径阶是早期的森林调查中为简化野外测量工作所使用的约化规则，并且国家规定了最小开始测量的径阶大小即起测径阶。当前次调查时未达到起测径阶，而本次调查时已进入起测径阶时树木的生长量叫作进界生长量(ingrowth)。随着精准经营的提出，已经逐渐不再使用径阶记录直径，而是登记实测直径值，起测径阶也变为起测直径。

（7）进阶生长量　由小径阶生长到大径阶的量。

（8）枯损量　由于自然枯损如风倒、雪压、病虫等自然灾害而减少的林木数量叫作枯损量(mortality)。森林计测中，枯损量多指林木的材积损失量。

1.9.1.2　树木生长率

各种调查因子的生长率应用很广，它可以描述树木生长过程中某一期间的相对速度，可用于同一树种在不同立地条件下或不同树种在相同立地条件下生长速度的比较及未来生长量的预估等，因此，这里简要介绍一下树木生长率。

(1) 树木生长率概念　所谓的树木生长率(tree growth rate)是指树木某调查因子的连年生长量与其总生长量的百分比。即：

$$ {}^{t}r = {}_{t-1}^{\ \ t}G / {}^{t}G \tag{1-40} $$

式中：${}^{t}r$、${}_{t-1}^{\ \ t}G$、${}^{t}G$ 分别是树木在 t 年时的生长率、连年生长量和总生长量。

大多数树种的连年生长量较小，所以，在实际计算中常用 t 年和 $t-n$ 年期平均生长量来代替连年生长量，此时，计算树木生长率是使用 t 时刻的总生长量${}^{t}G$ 还是使用 $t-n$ 时刻的总生长量${}^{t-n}G$？目前林业计测中多采用二者的平均值作为树木生长率计算中的总生长量，即普雷斯勒式：

$$ {}^{t}r = 100 \times \frac{{}^{t}G - {}_{t-n}^{\ \ t}G}{n} \bigg/ \frac{{}^{t}G + {}_{t-n}^{\ \ t}G}{2} $$

$$ {}^{t}r = \frac{200({}^{t}G - {}_{t-n}^{\ \ t}G)}{n({}^{t}G + {}_{t-n}^{\ \ t}G)} \tag{1-41} $$

(2) 各调查因子生长率之间的关系　除胸径生长率外，其他测树因子生长率直接测定和计算都比较困难，因此，通常根据它们与胸径生长率的关系间接推定。了解各种生长率之间的关系在实际工作中非常有用。在以下的讨论中，都是先假设胸径与其他因子满足某种关系，然后进行推论，因此，所得结果均为近似式。

① 断面积生长率(${}_{g}^{t}r$)与胸径生长率(${}_{d}^{t}r$)

由于胸高断面积 g 与胸径 d 均为年龄 t 的函数，假设树干截面为圆形，则有 $g=\pi d^2/4$，对等式两边求偏微分得到：

$$ \frac{\partial g}{\partial t} = \frac{\pi}{2} d \frac{\partial d}{\partial t} \tag{1-42} $$

用 $g=\pi d^2/4$ 同除式(1-42)等式的两边，得：

$$ \frac{\partial g}{g} = 2 \frac{\partial d}{d} \tag{1-43} $$

$$ {}_{g}^{t}r = 2{}_{d}^{t}r \tag{1-44} $$

可见，胸径生长率的 2 倍等于断面积生长率。

② 树高生长率(${}_{h}^{t}r$)与胸径生长率(${}_{d}^{t}r$)

如果树高与胸径之间满足关系：

$$ h = \alpha d^{\beta} $$

其中 α、β 是方程系数，等式两边取对数：

$$ \ln(h) = \ln(\alpha) + \beta\ln(d) $$

继续对等式两边求偏微分：

$$ \frac{1}{h}\frac{\partial h}{\partial t} = \frac{\beta}{d}\frac{\partial d}{\partial t} $$

即，

$$ \frac{\partial h}{h} = \beta\frac{\partial d}{d} $$

$$ {}_{h}^{t}r = \beta{}_{d}^{t}r \tag{1-45} $$

可见，树高生长率近似地等于胸径生长率的 β 倍，β 是反映树高生长能力的一个参数。

③ 材积生长率(${}_{v}^{t}r$)与胸径生长率(${}_{d}^{t}$r)、树高生长率(${}_{h}^{t}r$)与形数生长率(${}_{f}^{t}r$)

立木材积公式 $v=ghf$，两边取对数后求偏微分可得：

$$ \frac{\partial v}{v} = \frac{\partial g}{g} + \frac{\partial h}{h} + \frac{\partial f}{f} $$

因此，

$$ {}_{v}^{t}r = {}_{g}^{t}r + {}_{h}^{t}r + {}_{f}^{t}r \tag{1-46} $$

$$ {}_{v}^{t}r = 2{}_{d}^{t}r + {}_{h}^{t}r + {}_{f}^{t}r \tag{1-47} $$

如果在短期间内形数变化较小(即${}_{f}^{t}r=0$)，则材积生长率近似等于：

$$ {}_{v}^{t}r = 2{}_{d}^{t}r + {}_{h}^{t}r \tag{1-48} $$

将式(1-45)带入式(1-48)得到：

$$ {}_{v}^{t}r = (2+\beta){}_{d}^{t}r \tag{1-49} $$

可见，材积生长率等于直径生长率的$(2+\beta)$倍。

1.9.2 树木生长量计测

树木生长量测定可以通过伐倒后测量各项数据，显然这是破坏性的，以下所述测定均指立木状态下的测定。

1.9.2.1 多期实测法

根据树木生长过程中不同时期计测的胸径、树高等测树因子计算树木生长量的一种方法。每一期的数据获取，有两类办法：

① 到现场用测树工具直接测量树高、胸径、冠幅等因子。

② 传感器跟踪记录法。现场设定测定传感器，由传感器自动回传数据。因为目前还不具备全部测树因子传感器，因此，这种方法有局限性。

例如，测得某树木 10 年时的胸径是 20cm，则该树木生长到 10 年时的胸径总生长量$^{10}G=20$cm；如果某树在 t 年 1 月 1 日的树高是 15m，12 月 31 日的树高是 16.2m，则该树在本年度的树高连年生长量 ${}_{t-1}^{\ t}G=16.2-15.0=1.2$m。

方法探析

■ 树木的寿命较长，如果想通过多期实测法获取树木全生命周期的数据需要几代人甚至几十代人的共同工作，显然这是不现实的，因此在森林计测中常用“空间代时间”的做法，或者是用生长模型的方法来进行生长量估测。

1.9.2.2 生长模型法

随着计算机的普及，树木生长模型法被普遍使用，实际上它是一种间接的计算法。一个理想的树木生长模型应满足通用性强、准确度高等条件，且最好能对模型的参数给出生物学解释。但是到目前为止，因为人类还不完全了解树木的生命机理，即便是从某种假设推导出的几个模型，也只能说停留在假设阶段。表 1-12 是几个常见的树木生长模型。

表 1-12 几个常用树木生长模型

模型	表达式	模型	表达式
理查德	$y = c_0(1 - e^{-c_1 t})^{c_2}$	修正威布尔	$y = c_0(1 - e^{-c_1 t^{c_2}})$
逻辑斯蒂	$y = \dfrac{c_0}{1 + c_1 e^{-c_2 t}}$	姚西达	$y = \dfrac{c_0}{1 + c_1 t^{-c_2}} + c_3$
单分子式	$y = c_0(1 - e^{-c_1 t})$	斯洛波达	$y = c_0 e^{-c_1 e^{-c_2 t^{c_3}}}$
坎派兹	$y = c_0 e^{-c_1 e^{-c_2 t}}$	幂函数型	$y = c_0 t^{c_2}$
考尔夫	$y = c_0 e^{-c_1 t^{c_2}}$	对数型	$y = c_0 + c_1 \ln(t)$
舒马切尔	$y = c_0 e^{-\frac{c_1}{t}}$	双曲线型	$y = c_0 - \dfrac{c_1}{t + c_2}$
柯列尔	$y = c_0 t^{c_1} e^{-c_2 t}$	莱瓦科威克	$y = \dfrac{c_0}{(1 + c_1 t^{-c_2})^{c_3}}$
豪斯费尔德	$y = \dfrac{c_0}{1 + c_1 t^{-c_2}}$	混合型	$y = \dfrac{1}{c_0 + c_1 t^{-c_2}}$

注：表 1-12 各模型中，y 是调查因子，t 是年龄，c_0、c_1、c_2、c_3 是待定参数，e 是自然对数。

生长模型法应用范围广泛，在难于测定或者不便直接测定的情况下，一般是通过易测量用模型的形式对其进行估测。

例如，已知米老排的树高曲线为下式：

$$h = \frac{29.723502}{1 + 3.476872e^{-0.089211d}} \tag{1-50}$$

如果已知第 12、14 年某米老排的胸径分别是 20cm 和 25cm，则 12~14 年间此树树高的定期平均生长量 $_{12}^{14}\overline{G}$ 为：

$$_{12}^{14}\overline{G} = ({}^{14}h - {}^{12}h)/(14 - 12) = (21.637-18.766)/2 = 1.435\text{m/a}。$$

1.9.3 平均生长量与连年生长量的关系

利用连年生长量与平均生长量的关系可以确定数量成熟龄。以材积生长为例，树木从生长伊始，连年生长量与平均生长量都逐年增加，但是，前者的增长速度要快于后者。经过一定年龄的生长

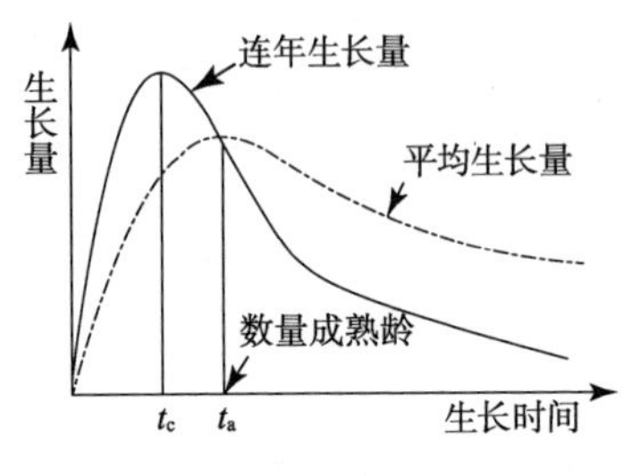

图 1-32　连年生长量与平均生长量关系

后，连年生长量达到高峰，以后将逐年减少。再经过一定的时间生长后，连年生长量等于平均生长量(图 1-32)，而此时恰是平均生长量达到峰值的时刻，以后平均生长量会逐年减少，但是其减少的速度低于连年生长量。在森林计测中，把到达连年生长量曲线和平均生长量曲线相交时树木生长所需要的年数叫作数量成熟龄(quantitative mature age)，它是树木成熟的一个重要指标。

1.10　碳储量

碳储量(carbon stock)是碳元素在树木中的储备量。大量的碳释放到空中，将给地球生态带来巨大影响，而森林的固碳作用能够使人类处于安全的生存环境中。随着近年来全球变暖趋势的出现，树木固碳量或碳储量成为人们关注的焦点，有关碳储量的测定方法也多种多样，有基于遥感的，有基于空气中二氧化碳含量的，但在精度和实用性上，生物量换算法和碳储量模型法显示出优势。

1.10.1　生物量换算法

顾名思义，生物量换算法就是先计测树木生物量，然后按一定规则换算成碳储量。大多数换算过程很简单，用树木的生物量直接乘以含碳率就得到了碳储量。所谓含碳率(carbon content rate)是生物量中有机碳占有机质总量的比例，其常用测定方法有干烧法和湿烧法。干烧法包括树木样品采集、在 85℃ 的烘箱中烘至恒重、粉碎及仪器检测等步骤；湿烧法是利用有机碳容易被氧化的特点，采用重铬酸钾—浓硫酸氧化法测定。

含碳率与木材密度有关，常见树木含碳率大多在 0.45~0.55 之间。由于树木的根、茎(干)、叶、皮等器官的木材密度是不同的，因此，含碳率与树木各器官存在着关系，如表 1–13 是广西几个主要树种不同器官含碳率及平均值，可以看到各器官间还是存在较大的差异。因此，为提高碳储量计测精度，可采用各器官生物量分别乘以各自的含碳率最后求和得到树木碳储量的方法。

表 1–13　广西主要树种不同器官含碳率(蔡会德等，2018)

树种名	干	皮	枝	叶	平均值
枫 香	0.4888	0.4484	0.4360	0.4260	0.4498
尾叶桉	0.4847	0.4433	0.4671	0.4771	0.4681
栓皮栎	0.4962	0.4459	0.4696	0.4632	0.4687
毛 竹	0.4819	–	0.478	0.4567	0.4722
荷 木	0.4974	0.4636	0.4731	0.4827	0.4792
马占相思	0.485	0.4899	0.4673	0.4813	0.4809
火力楠	0.4927	0.4648	0.4767	0.4943	0.4821
青冈栎	0.4923	0.4697	0.4847	0.4841	0.4827
杉 木	0.5000	0.4958	0.474	0.4904	0.4901
马尾松	0.5066	0.5007	0.4866	0.4958	0.4974
平均值	0.4752	0.4713	0.4691	0.4926	0.4770

生物量换算碳储量方法的难点在于获取生物量。在本章的 1.8 节中介绍了几种生物量计测方法。由于根系生物量获取时要挖掘树木根系，工作量较大，所以在精度要求不高时，也常采用只获取地上部分生物量，然后乘以根茎比(rsr，root stem ratio)推算根系生物量的方法。根茎比的定义如下：

$$rsr = \frac{b_{\forall}}{b_{A}} \tag{1-51}$$

式中：$b_{\forall}$ 为树木的地下部分生物量；b_{A} 为地上部分生物量。实际应用中，根茎比有取常数的，也有基于胸径及树高建立模型的，可以参考具体树种的相关文献或标准。

1.10.2 碳储量模型法

从前节的生物量换算法中可以看到，生物量和碳储量仅仅相差一个常数倍，因此，把生物量模型中的因变量替换成碳储量，并估计模型参数后就成为碳储量估算模型。本节再补充 2 个问题，当然它不限于碳储量模型，其思考方法也适用于生物量模型等。

对于人工林等能够准确得到年龄的树木，把该参数加到解释变量中，会提高估计精度，比如 t 年生胸径为 d 的树木碳储量 cs 可以采用如下的模型：

$$cs = c_0 t^{c_1} d^{c_2} \tag{1-52}$$

实际上，年龄更多的是与遗传相关的一个因子，考虑年龄因素往往会提高估计精度。当然，即使相同年龄、胸径的树木，碳储量也会存在差异，这可能与树种、环境条件等有关，加入这些影响因素采用哑变量或混合模型方法会进一步提高模型精度。

根、茎(干)、叶等器官求算碳储量后累计成全株的总量与以整株为单位求算的碳储量结果不等，即模型不相容，这在生物统计模型中是一个普遍问题，最简单的解决策略是通过联立方程组的方式求解。

1.11 树干解析

树干解析(stem analysis)是按一定的间距截取树干圆盘，然后根据各圆盘年轮、直径及到地面的高度进行树木生长过程分析的一种方法。

1.11.1 圆盘获取

获取圆盘是树干解析的外业工作，包括选择解析木、记录解析木的生长环境、截取圆盘等工作。

1.11.1.1 解析木选取

根据目的，解析木选择可以是平均木、优势木、被压木等符合研究类型的树木，多选择其中干形通直、无断梢的树木，这样便于后续工作进行。

1.11.1.2　伐前工作

伐倒解析木前，详细记载树木坡向、坡位、土壤等生长环境信息，实测与邻近树木的距离、角度，测量胸径以及东南西北四向的冠幅、冠下高，标记根颈、胸高位置及树干南北向。

1.11.1.3　圆盘截取

所有在立木状态下需要测定和记录的信息采集完毕后，就进入伐树取盘步骤。树木伐倒后，测定由根颈至第一个死枝和活枝在树干上的高度，然后打去枝丫，在树干上用粉笔标明北向，测量树高和树高 1/4、2/4、3/4 处的带皮和去皮直径。

(1) 圆盘数与截面位置　接下来进入截取圆盘步骤。截取圆盘的数量和位置根据具体情况分析确定，根颈和胸高位置要获取圆盘，前者用于确定树木年龄，后者是林业科研生产中常用的数据。其他圆盘位置的确定与解析精细程度和伐倒木区分求积方法相关，如果采用中央断面区分求积法[①]则在每个区分段的中点位置截取圆盘，则圆盘数与截面位置可以见表 1-14。比如树高 11.2m，用 2m 区分段，则截取的圆盘数为 $m+3=int(11.2/2)+3=8$ 个，截面位置除了 0.0m、1.3m 外，还有 $2/2+2(i-1)$ m 位置，其中，$i=1, \cdots, 5$，即 1.0、3.0、5.0、7.0、9.0m，梢头位置是 $5\times2=10.0$m。如果某截面高接近 1.3m，为减少工作量，可只截取胸高位置圆盘，并作说明，此时圆盘数少 1。

表 1-14　圆盘数与截面位置计算

树高(m)	区分段长(m)	整区分段数 m(段)	圆盘数 m(个)	梢头长度 l(m)
h	x	$m=int(h/x)$	$n=m+3$	$l=h-mx$

① 参见孟宪宇《测树学》(第 3 版)24 页。

（续）

各圆盘截面位置距离地面的高度(m)			
0号(根径)盘	胸径盘	梢头	其他截面
0.0	1.3	$h-l=mx$	$\frac{x}{2}+(i-1)x$，$(i=1，\cdots，m)$

(2) 截取圆盘　截取圆盘时，从根颈位置开始向上依次截盘，编号0、1、2、……。切面尽量与干轴垂直，以恰好在区分段的中点位置上的圆盘面为工作面，用于内业的年轮查数和直径量测。圆盘厚度视树干直径大小而定，一般为2～5cm，不宜太薄也不宜太厚。每截下来一个圆盘，马上在圆盘的非工作面上标明南北向，并以分式形式记录信息。分子为样地号和解析木号，分母为圆盘号和截面高；另外，0号圆盘上还要加注树种、采伐地点和时间等(图1-33)。标注好收起圆盘后，再切下一个圆盘，标记后收好圆盘……，直到截取全部圆盘完毕为止。

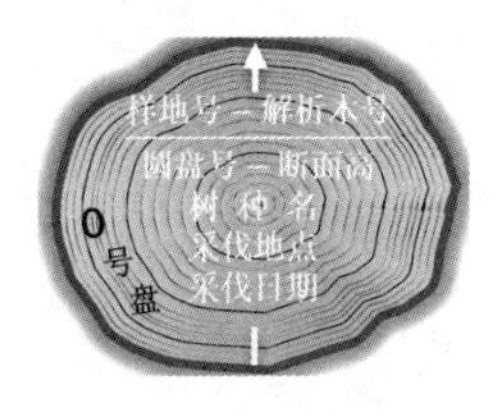

图1-33　圆盘标注

需要注意的是，不要忘记截取梢头底端盘，并切记不要丢掉梢头！

1.11.2　圆盘解析

由于树木失水等原因可能会影响计测结果，因此，把获取的圆盘带回到室内后，要尽快开始树干解析的内业查数与量测工作。

1.11.2.1　查数年轮、量测直径

(1) 计测准备　在查数年轮和量测直径之前，通常还要做一些准备工作。

① 如果年轮不清晰，在查数年轮前把圆盘工作面刨光，年轮

清晰时可以不做这步工作。

② 过髓心划出东西、南北两条直径线(图 1-34)，后续测量都是基于这两条线进行的。

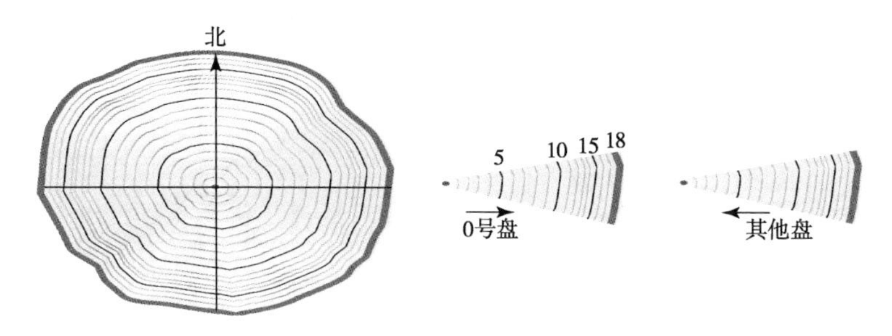

图 1-34　圆盘计测

③ 在 0 号盘的两条直线上，由髓心向外按龄阶大小(如 3、5 或 10 年等)标出各龄阶的位置，最后如果年轮个数不足一个龄阶时，则作为一个不完整的龄阶(图 1-34 0 号盘)。

④ 其余圆盘要由圆盘外侧向髓心方向查数并标定各龄阶的位置，需要注意的是，与 0 号盘不同，其他盘要从外开始首先标出不完整的龄阶(即 0 号盘最外侧的不完整龄阶)，然后按完整的龄阶向内标出(图 1-34 其他盘)。

(2) 数年轮、测直径　查数各圆盘年轮数，计入表 1-15 的第二列，第一列填写圆盘非工作面标明的距离地面高度。然后用直尺量测每个圆盘在东西、南北两条直径线上的各龄阶直径，填入表 1-15对应的单元格中。最终把东西、南北两向的直径均值作为该龄阶的直径。如 0 号盘∀年南北和东西带皮直径分别为 d_{sn}、d_{ew}，则最终的直径为$(d_{sn}+d_{ew})/2$。直到查数、量测全部圆盘完毕为止。

而梢头底直径和梢长的数据，从野外带回的梢头是∀年树木的，直接测量即可。其他龄阶梢长数据，待表格中填入各龄阶树高(方法见 1. 11. 2. 2 节)之后，根据表 1-14 计算得到。各龄阶梢头底直径有三种方法可以得到：①根据圆盘各龄阶直径的量测记录用

表 1-15　解析木圆盘内业量测记录

圆盘截面距地面高度(m)	圆盘面上的年轮数	生长到截面位置树木需要的年数(年)	圆盘量测直径(cm)						…				
			∀年(树木年龄)				最大整龄阶 $u\delta$(年)		…	Ⅱ龄阶 2δ(年)		Ⅰ龄阶 δ(年)	
			带皮		去皮		南北	东西	…	南北	东西	南北	东西
			南北	东西	南北	东西							
(1)	(2)	(3)	(4)	(5)	(6)	(7)	(8)	(9)	…	(10)	(11)	(12)	(13)
0.0(根径)	∀	0	d_{sn}	d_{ew}					…				
1.3(胸径)	$\forall_{1.3}$	$\forall-\forall_{1.3x}$											
0.5x	$\forall_{0.5x}$	$\forall-\forall_{0.5x}$							…				
1.5x	$\forall_{1.5x}$	$\forall-\forall_{1.5x}$							…				
2.5x	$\forall_{2.5x}$	$\forall-\forall_{2.5x}$							…				
…	…	…	…	…	…	…	…	…	…	…	…	…	…
$(m+0.5)x$	$\forall_{(m+0.5)x}$	$\forall-\forall_{(m+0.5)x}$							…				
mx(梢面)	$\forall_{mx}$	$\forall-\forall_{mx}$											
梢头	底径								…				
	梢长								…				
各龄阶树高			$h_{\forall\delta}$				$h_{u\delta}$			$h_{2\delta}$		h_{δ}	

注：x 是区分段长，m 是全树整分出的段数(表 1-14)，δ 多取 3 或 5 年，∀是树木采伐时的年龄。

插值法按比例算出；②以横轴为直径、纵轴为树高按比例绘制解析木纵剖面图，然后用直尺量测各龄阶梢头直径乘以绘图比例尺得到(图 1-35)；③建立以树高为自变量、直径为因变量的统计模型，然后把梢头位置树高代入模型求出梢头底直径。模型可用二次或三次多项式，方法参见 1.11.2.2 节。

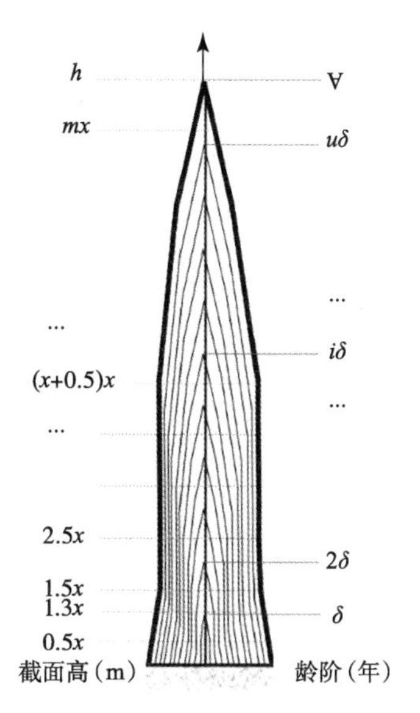

图 1-35　解析木纵剖面

(3) 树木生长到圆盘截面高度所需的年数　根径盘的年轮数 ∀ 就是该树木的年龄，所以表 1-15 的第三列 0 号盘的年龄是 0 年。由于每一个圆盘上的年轮数都代表从此截面开始长到树梢所需要的年数，所以生长到本截面所需要的年数是 0 号盘年轮数 ∀ -本圆盘的年轮数 $\forall_i$。填写完第二列后，第三列求差即可得到。

1.11.2.2　各龄阶树高求算

年轮和直径计测后，由于树木生长到圆盘截面高 h_i 所需要的年数 $a_i(i=1,\ \cdots,\ n)$ 已经得到，据此可以通过差值的方法得到表 1-15中最后行的各龄阶的树高。

为便于计算起见，这里给出一种基于最小二乘法的树高估计方法。设树高与年龄之间满足三次多项式：

$$h = \sum_{i=0}^{3} c_i a^i \tag{1-53}$$

求解参数 c_i 后就可以根据此式计算各年龄 a 的树高 h。定义：

$$\boldsymbol{H} = \begin{pmatrix} h_1 \\ \cdots \\ h_n \end{pmatrix},\ \boldsymbol{A} = \begin{pmatrix} 1 & a_1 & a_1^2 & a_1^3 \\ \cdots & \cdots & \cdots & \cdots \\ 1 & a_n & a_n^2 & a_n^3 \end{pmatrix},\ \boldsymbol{C} = \begin{pmatrix} c_0 \\ c_1 \\ c_2 \\ c_3 \end{pmatrix}$$

于是有 $AC=H$，其最小二乘解 $C=(A'A)^{-1}A'H$，这样，把表 1–15中各龄阶数据 δ、2δ、…、$u\delta$、$\forall$ 带入式(1–53)后，就得到本表最后行的各龄阶树高。

1.11.2.3　各龄阶材积计算

1.5.3.2 节中，介绍了“区分求积法计测立木材积”，如果有各区分段中央直径、段长与梢长及梢底直径，代入式(1–13)能够计算材积。

观察表 1–15 中数据，从 δ 年、2δ 年、…、到 $u\delta$ 年、$\forall$ 年，每一组都相当于 1 个龄阶的树木，可以视为将 $\forall$ 年树木整个生长过程都恢复出来了，这正是树干解析的魅力所在。此时，把每一个龄阶的数据带入式(1–13)就得到了各龄阶树木的材积。

需要注意的是，只有树木当前状态才具有树皮信息，其他龄阶数据均是无皮树干数据，这从用材角度是满足要求的。

1.11.2.4　树干生长过程

测量得到树木各龄阶的胸径、树高和材积后，利用这些数据，很容易绘制各因子随年龄的变化曲线，也可以计算出树木的总生长量、平均生长量、连年生长量、生长率(表 1–16)。

人类很早以前就认识到木材有重要作用，而材积是衡量木材多少的重要指标，因此，树木生长率默认是树木的材积生长率。从生长率本身角度，材积生长率也是全面衡量树木生长速度的一个指标。当然，如果关注树木各龄阶在横向和纵向的生长速度，可以按同样的办法计算胸径生长率和树高生长率。

建议

■ 树木采伐后除做树干解析外，再增加一些工作量，就可以获得生物量、含碳率等信息。这些数据有树干解析的支撑，对于研究树木生长过程等更显得弥足珍贵，比如按各龄阶材积比例可以换算出当年的碳汇数，因此，不要丢掉这些数据为宜。

表 1-16　树干生长过程

年龄	胸径(cm)			树高(m)			材积(m^3)			
	立木总生长量	平均生长量	连年生长量	立木总生长量	平均生长量	连年生长量	立木总生长量	平均生长量	连年生长量	生长率
(1)	(2)	(3)	(4)	(5)	(6)	(7)	(8)	(9)	(10)	(11)
δ	d_{δ}	$\frac{d_{\delta}}{\delta}$	$\frac{d_{\delta}}{\delta}$	h_{δ}	$\frac{h_{\delta}}{\delta}$	$\frac{h_{\delta}}{\delta}$	v_{δ}	$\frac{v_{\delta}}{\delta}$	$\frac{v_{\delta}}{\delta}$	$\frac{200}{\delta}$
2δ	$d_{2\delta}$	$\frac{d_{2\delta}}{2\delta}$	$\frac{d_{2\delta}-d_{\delta}}{\delta}$	$h_{2\delta}$	$\frac{h_{2\delta}}{2\delta}$	$\frac{h_{2\delta}-h_{\delta}}{\delta}$	$v_{2\delta}$	$\frac{v_{2\delta}}{2\delta}$	$\frac{v_{2\delta}-v_{\delta}}{\delta}$	$\frac{v_{2\delta}-v_{\delta}}{v_{2\delta}+v_{\delta}}\frac{200}{\delta}$
…	…	…	…	…	…	…	…	…	…	…
$u\delta$	$d_{u\delta}$	$\frac{d_{u\delta}}{u\delta}$	$\frac{d_{u\delta}-d_{(u-1)\delta}}{\delta}$	$h_{u\delta}$	$\frac{h_{u\delta}}{u\delta}$	$\frac{h_{u\delta}-h_{(u-1)\delta}}{\delta}$	$v_{u\delta}$	$\frac{v_{u\delta}}{u\delta}$	$\frac{v_{u\delta}-v_{(u-1)\delta}}{\delta}$	$\frac{v_{u\delta}-v_{(u)-1}\delta}{v_{u\delta}+v_{(u-1)\delta}}\frac{200}{\delta}$
$\forall$	$d_{\forall\delta}$	$\frac{d_{\forall\delta}}{\forall}$	$\frac{d_{\forall\delta}-d_{u\delta}}{\forall-u\delta}$	$h_{\forall\delta}$	$\frac{h_{\forall\delta}}{\forall}$	$\frac{h_{\forall\delta}-h_{u\delta}}{\forall-u\delta}$	$v_{\forall\delta}$	$\frac{v_{\forall\delta}}{\forall}$	$\frac{v_{\forall\delta}-v_{u\delta}}{\forall-u\delta}$	$\frac{v_{\forall\delta}-v_{u\delta}}{v_{\forall\delta}+v_{u\delta}}\frac{200}{\forall-u\delta}$

第 2 章 林分计测

依次计测单株树木，然后把结果累积到林分或者某一地域是可行的，但是其工作量巨大。为了减少工作量，人们发明出了整体计测多株树木的方法。在森林计测中常以林分为单位进行整体计测，林分(stand)是内部特征基本一致而与邻近地段有明显区别的一块地域上树木的集合，也是区分森林的最小单位，可以根据平均胸径、平均树高、林木起源、树种组成、林龄、密度、林层等划分林分，这些划分指标叫作林分调查因子。

本章节重点阐述林分的计测方法，有些方法是更大地域上林木组合的计测方法。

2.1 林分调查因子

2.1.1 平均胸径

森林计测中，常用的林分平均胸径(average diameter at breast height)有算术平均直径和断面积平均直径两种，如果没有特别说明，默认是后者。

2.1.1.1 算术平均直径

量测记录林分内全部树木胸径的工作，称为每木检尺或每木调查(tally)。如果每木检尺后林分内 n 株树木的胸径是 d_i，$i=1$，2，…，n，则该林分的算术平均直径($\bar{d}$，arithmetic mean diameter)定义如下：

$$\bar{d} = \frac{1}{n}\sum_{i=1}^{n} d_i \tag{2-1}$$

2.1.1.2 断面积平均直径

断面积平均直径也叫平方平均直径(d_g，quadratic mean DBH of

stand)，它是林分平均断面积 $\left\{\bar{g}=\left(\pi\sum_{i=1}^{n}d_i^2\right)/(4n)\right\}$ 所对应的直径。如果林分内 n 株树木的胸径是 d_i，$i=1, 2, \cdots, n$，则断面积平均直径定义如下：

$$d_g=\sqrt{\frac{4}{\pi}\bar{g}}=\sqrt{\frac{1}{n}\sum_{i=1}^{n}d_i^2} \tag{2-2}$$

2.1.1.3　算术平均直径与断面积平均直径的关系

如果林分内树木直径的方差是 σ^2，即

$$\sigma^2=\frac{1}{n}\sum_{i=1}^{n}(d_i-\bar{d})^2$$

展开得到：

$$\bar{d}^2+\sigma^2=d_g^2 \tag{2-3}$$

由于林分内几乎不会出现所有林木胸径都相等情况，方差 $\sigma^2>0$ 是常态，所以算术平均直径 $\bar{d}$ 小于断面积平均直径 d_g。

2.1.1.4　相对直径

林分内树木胸径 d 与林分平均胸径 d_g 的比值称为该树木的相对直径($d_r=d/d_g$)，显然，具有林分平均直径树木的相对直径是 1.0。经验表明，林分内最粗树木相对直径是 1.7～1.8，最细树木的相对直径是 0.4～0.5。因此，根据林内最粗或最细树木可以大体估计该林分的平均直径。

2.1.2　平均树高

平均树高，简称平均高(average height)是反应树木生长状况和评价立地质量的指标，本节介绍几个不同平均高的定义。

2.1.2.1　算术平均高

如果林分内有 n 株树木，各株树木的树高分别为 h_i，$i=1, 2, \cdots, n$，则算术平均高($\bar{h}$，arithmetic mean height)定义如下：

$$\bar{h}=\frac{1}{n}\sum_{i=1}^{n}h_i \tag{2-4}$$

在林分测定实践中，如果对精度要求不高，一般选择与平均直径接近的平均木 3～5 株，实际测定树高，并把这几株树的平均高作为林分平均高。

2.1.2.2　优势木平均高

林木中优势木和亚优势木的算术平均高叫做优势木平均高(average dominant height)。测算时，通常是选择林分中最高的 3～5 株树计算；如果不好确定树高，也有用胸径从大到小排序中前 3～5 株树的树高来计算。

优势木平均高表示了立木的最大潜在生长量，它可以表示立地质量的高低，也可以避免“非生长性增长”的情况。比如，抚育间伐伐除小树后林分的算术平均高会增加，但是优势木平均高不变。

2.1.2.3　条件平均高

条件平均高是林学中常用的一个树高指标。为了说明条件平均高，首先介绍树高曲线。

(1) 树高曲线　描述树高随胸径变化的曲线叫作树高曲线(height diameter curve)，它是在数学期望水平上的树高变化情况。

树高曲线的研究历史悠久，人们提出了数量众多的树高曲线模型，根据实测的树高-胸径数据拟合出模型参数，然后在实际中应用。表 2-1 列出了几个常见的树高曲线。

表 2-1　常用树高曲线模型

编号	树高曲线	来 源
<1>	$h=1.3+c_0 d^{c_1} e^{-c_2 d}$	柯列尔，1878
<2>	$h=1.3+c_0 e^{-\frac{c_1}{d}}$	Schumacher，1939
<3>	$h=1.3+d^2/(c_0+c_1 d)^2$	Loetsh，1973
<4>	$h=1.3+c_0 e^{-c_1 d^{c_2}}$	Korf，1939
<5>	$h=1.3+c_0/(1+c_1 e^{-c_2 d})$	Logistic，1838

（续）

编号	树高曲线	来 源
<6>	$h=1.3+c_0(1-c_1e^{-c_2d})$	Mitscherlich, 1919
<7>	$h=1.3+c_0e^{-c_1e^{-c_2d}}$	Gompertz, 1825
<8>	$h=1.3+c_0(1-e^{-c_1d})^{c_2}$	Richards, 1959
<9>	$h=1.3+c_0/(1+c_1d^{-c_2})+c_3$	Yoshida, 1928

注：c_0、c_1、c_2、c_3 是参数，h 是树高，d 是胸径。

（2）条件平均高　树高曲线上，与断面积平均直径相对应的树高，称为林分条件平均高（h_d，condition average height）。求解条件平均高常用图解法或模型法。

如图2-1所示，把散点（d_i，h_i），$i=1$，2，…，n 按适当的比例绘于方格纸上，然后在各点的中间位置画一条圆滑的曲线，最后查找与横轴断面积平均直径 d_g 所对应纵轴的树高 h_d 位置，读取该数值即为该林分的条件平均高，这就是图解法。图解法的优点是仅利用方格纸、直尺、铅笔即可完成，简单直观，缺点是不便于计算机自动执行，如果林分众多，则工作量较大。

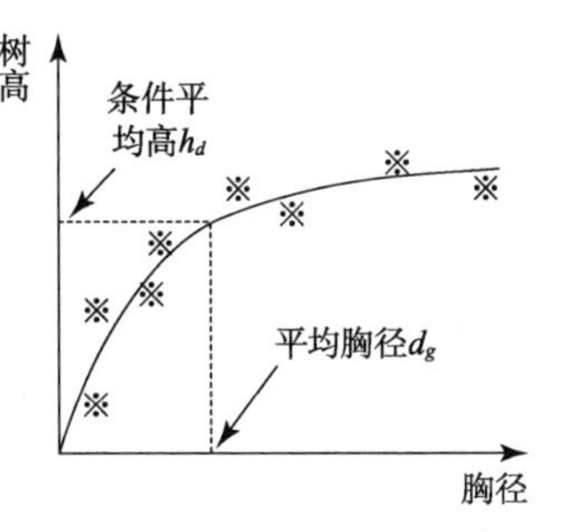

图 2-1　求解条件平均高示意图

模型法也叫数式法，是利用计算机自动对给定散点拟合出待用模型参数，然后把断面积平均直径带入模型求解条件平均高的方法。优点是适于自动化作业，缺点是构造树高曲线模型以及参数求解需要一定的数理基础，甚至可能遇到难于求解参数的情况。

（3）径阶平均高　在树高曲线上，径阶中值所对应的树高叫做径阶平均高（mean height of diameter class），可以从树高曲线图上读取。如果已经构建了树高曲线模型，则可以根据树高曲线模型直接计算各径阶平均高，后者更加便利。

2.1.2.4 加权平均高

按径阶、树种、林层等林木的算术平均高与其对应的径阶、树种、林层等的林木胸高断面积加权计算出的平均数，称为林分的加权平均高(weighted average height)，此时得到的平均高更加精确。

令，$\bar{h}_w$ 为加权平均高，$\bar{h}_i$ 为 i 径阶(树种或林层)等的算术平均高，g_i 为 i 径阶(树种或林层)等的胸高断面积，$g_i=\pi d_i^2/4$，共有 n 个径阶(树种或林层)，即 $i=1, 2, \cdots, n$，则加权平均高定义为：

$$\bar{h}_w = \frac{\sum_{i=1}^{n} g_i h_i}{\sum_{i=1}^{n} g_i} = \frac{\sum_{i=1}^{n} d_i^2 h_i}{\sum_{i=1}^{n} d_i^2} \tag{2-5}$$

2.1.3 林分密度

林分密度(stand density)是林木所占空间的程度。依评定密度的标准或尺度不同，有多种密度指标，如造林中常用的株数密度，衡量是否成林常用的郁闭度等。接下来介绍几个常用的林分密度指标。

2.1.3.1 株数密度

株数密度(number density)是指单位面积上的林木株数，单位常用“株/hm^2”或者“株/亩”。从定义上容易知道，查数某地块上的林木株数 n 并通过 GPS 或其他方法测量了面积 s，即可得到该地块上的株数密度(n/s)。如果林分有规则的株行距，可以通过量测平均株行距(如 uv，m)后计算得到[10000/(uv)，株/hm^2]。

造林过程中，为了保证每株树木都得到均衡的养分、光照，人们都是按着一定的株行距进行栽植[图 2-2(a)、(b)]，此时株数密度是一个非常有效的密度指标。之后随着树木生长，竞争加剧，部分树木出现死亡，株数密度会不断减少，然后趋于稳定，呈现“乚”变化趋势。株数密度的局限性在于无法表示树木在林地上分布不均的

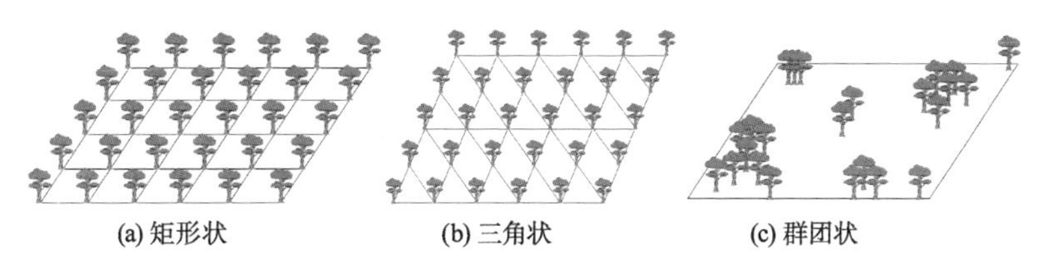

图 2-2　株数密度

情况[图 2-2(c)]，另外，林龄、立地条件等与株数密度有间接关系。

2.1.3.2　疏密度

疏密度计算需要已知标准林分的信息，因此，本节首先介绍标准林分的概念，再给出疏密度计算方法。

(1) 标准林分与标准表　在一定年龄和立地条件下，最大限度地利用了空间的林分叫作标准林分，也叫模式林分(model stand)。标准林分具有单位面积上的最大蓄积量或最大胸高断面积，是衡量林分生长好坏的标准之一，在林木经营管理上具有意义。在林业实践中，为了便于使用，常把基于标准林分每公顷断面积(或蓄积量)随林分平均高变化的数据编制成标准表(standard table)以备后用，如表 2-2。原则上，标准表要区分不同的立地条件进行编制，步骤如下：

表 2-2　标准表示例

林分平均高(m)	断面积(m^2/hm^2)	蓄积量(m^3/hm^2)
3	♡	♡
4	♡	♡
…	…	…
m	♡	♡

① 在待应用地区，选择某立地条件下林木生长最好的纯林标准地 30 块，标准地要包括不同龄阶，各龄阶株数要大于 50 株。如

果确实难以寻找到纯林，优势树种至少也要占八成以上。

② 实测标准地内全部树木的树高、胸径、材积，如果需要更为准确的材积，可以采用完备直径系列的测定方法。

③ 选择模型，建立基于林分平均高 H 的每公顷断面积 G 模型，简单起见，比如使用二次多项式：

$$G = c_0 + c_1H + c_2H^2 \tag{2-6}$$

④ 由于现实中林分很难达到疏密度 1.0，所以常将 $G_s = qG$ 作为标准林分的公顷断面积。其中，q 是提升系数，如果 G_{i1}、G_{i2} 分别是第 i 标准地的实际断面积与对应平均疏密度的理论断面积，则：

$$q = \frac{n}{n - \sum_{i=1}^{n}(1 - G_{i2}/G_{i1})} \tag{2-7}$$

⑤ 由标准地数据 $\{HF_{i(=M_i/G_i)},\ H_i\}$ 构建形高预测模型 $HF = a+bH$，然后由 $M_s = G_s(HF)$ 计算得到每公顷蓄积量。

⑥ 按林分平均高 1m 间距，计算各平均高所对应的每公顷断面积和每公顷蓄积量，按顺序列成表格，即完成该树种的标准表编制。

标准表编制提示

- 标准表编好后，要用编标外标准地数据进行检验，误差<±5%。
- 如有生长过程表，可根据平均高对应的公顷断面积和公顷蓄积，按 1m 间距插值法，整理出标准表。
- 生物学特性相近的树种可合并编制。

（2）疏密度　林分疏密度（density of storking）是指单位林地面积上的林木胸高断面积（或蓄积量）与同立地条件下等林地面积的标准林分的胸高断面积（或蓄积量）的比值。

$$d_{os} = \frac{M_n}{M_m} \tag{2-8}$$

式中：d_{os}为疏密度；M_n 为现实林分的公顷断面积或蓄积量；M_m 为标准林分的公顷断面积或蓄积量。

根据定义，标准林分的疏密度是 1.0，现实林分的疏密度<1.0。

最后，疏密度计算步骤如下：

① 调查实际林分，确定林分平均高；

② 从标准表上查出林分平均高对应的每公顷胸高断面积(或蓄积量)；

③ 计算该现实林分的疏密度。

(3) 非整数树高标准表中的断面积或蓄积计算　标准表是按整数树高段来编排的，有些时候，我们可能需要非整数树高的断面积或蓄积量。

标准表编制基本都是基于模型计算得到的，如果有计算模型，把林分平均高代入模型中就可以直接求得断面积或蓄积量。但若不知道该计算模型，则可以通过插值方法得到。

如果林分平均高是 h_x，且 $h_1<h_x<h_2$，其中，h_1、h_2 是距离 h_x 最近的下限和上限整米林分平均高，g_1、g_2 和 m_1、m_2 分别是与 h_1、h_2 对应的公顷断面积和公顷蓄积量，则林分平均高 h_x 对应的公顷断面积 g_x 和公顷蓄积量 m_x 见表 2-3。

表 2-3　标准表非整米树高插值

林分平均高(m)	断面积(m^2/hm^2)	蓄积量(m^3/hm^2)
h_1	g_1	m_1
$h_x\left[\alpha: =\dfrac{h_x-h_1}{h_2-h_1}\right]$	$g_x=g_1+\alpha(g_2-g_1)$	$m_x=m_1+\alpha(m_2-m_1)$
h_2	g_2	m_2

注：如果按 1m 编制的标准表，$h_2-h_1=1$，此时，$\alpha=h_x-h_1$。

2.1.3.3　密闭度

在防护林效果评价中有一个指标——疏透度(porosity)，又称透光度，定义为林带纵断面的透光面积与总纵断面的比值。通常是通过站在距林带 30~40m 处目测林带纵断面的透光面积所占比例估测得到，它表示了林木在垂直方向上的漏空程度，与之相反，则是林木在垂直方向上的衔接程度，用密闭度来表示。

林分密闭度（stand tightness）是林木在垂直方向上的 360°范围内其纵断面积占总纵断面积的比值。它代表了该林分的空间利用程度，密闭度概念把感官上的“密集”“高大”表示成了一个数量指标。可以这样理解密闭度：假设在某空间点周围存在虚拟环幕，外围林木投影到环幕上，则环幕上林木的投影点面积与整个环幕的比值就是密闭度，显然其区间是[0，1]。图 2-3(b)是原图(a)只留下树木的二值图，树木像元占整张图像的 47.09%，即该图代表的林分密闭度是 0.4709。

(a) 原图

(b) 二值化后图像

图 2-3　密闭度计算示意图

密闭度可以通过目测方法得到，显然这受主观因素影响较大。接下来我们介绍一种准确的基于图像的密闭度计测方法。

① 获取图像。用照相机、手机等图像采集设备，在林内沿着与地面平行方向环周摄影，得到 n 帧图像。准确起见，可以在样地中心及其他位置，取几组这样的图像，最后用这几组的均值来代表该林分的密闭度。

② 确定抽取树木阈值。如果找到图像中一个灰度值 t_s，通过如下方法把图像变为只有前景和背景两个灰度级的新图像 I_{new}：

$$I_{new} = \begin{cases} a & \text{if } g \leqslant t_s \\ b & \text{other} \end{cases} \tag{2-9}$$

且新旧图像间满足约束条件：

$$\left.\begin{aligned} & g_i \in \{a, b\} \\ & \sum_{g \leqslant t_s} g h_g = \sum_{g \leqslant t_s} a \\ & \sum_{g > t_s} g h_g = \sum_{g > t_s} a \end{aligned}\right\} \tag{2-10}$$

显然，h_g是灰度为 g 的像素数即灰度直方图、a 是 $g \leqslant t_s$的灰度平均值、b 是 $g>t_s$的灰度平均值时，容易满足此约束条件。其中，

$$\left.\begin{aligned} a &= \sum_{g \leqslant t_s} g h_g \Big/ \sum_{g \leqslant t_s} h_g \\ b &= \sum_{g > t_s} g h_g \Big/ \sum_{g > t_s} h_g \end{aligned}\right\} \tag{2-11}$$

Brink (1996) 认为，使下式值 d_t达到最小的 t_s，就能够把图像分割成只有前景和背景两大类的新图像(I_{new})。

$$d_t = \sum_{g=0}^{t_s} a h_g \log \frac{a}{g} + \sum_{g=t_s+1}^{255} b h_g \log \frac{b}{g} \tag{2-12}$$

③ 计算树木占有的前景像素比例。按以上的阈值，把图像分成树木和背景两部分，统计树体像素所占比例就得到该张图像所代表的林分密闭度。进一步，计算全部图像的密闭度，取均值作为林分的密闭度。

2.1.3.4 立木度

与疏密度概念接近，立木度(stocking)是现实林分单位面积上的立木株数与相同条件下理想林分的立木株数的比值。立木度也可以是蓄积量或者胸高断面积的比值，株数越多立木度越大。理想林分是满足经营目标的林分，它所具有的立木度称为完满立木度，在确定立木度前需要编制理想林分的株数表。

经营目标是经营者的愿望，它可能随着市场需求、经营者的主观判断等发生变化，因此，理想林分是动态的，立木度更多的反映

了经营者的主观意志。

2.1.3.5 林分密度指数

林分密度指数(stand density index)是指现实林分的株数换算到标准平均直径时所具有的单位面积林木株数。

未间伐完满立木度的同龄林，单位面积株数 n_0 与林分平均胸径 d_0 之间满足幂函数关系：

$$n_0 = c_0 d_0^{c_1} \tag{2-13}$$

单位面积上，相同经营措施的同一林分，只要完满立木度相同，则在相同平均直径时，应具有基本一样的林木株数，且这一规律受林龄和立地影响较小。多个树种的实验数据表明，c_1 是近于恒定的，取常数 1.605。完满立木度的林分 $c_0 = n_0/d_0^{c_1}$ 近于常数。因此，如果平均胸径为 d 的某现实林分单位面积上的株数是 n，则 $n = c_0 d^{c_1}$，与式(2-13)等号两边对应相除，有：

$$n_0 = n\left(\frac{d_0}{d}\right)^{c_1} \tag{2-14}$$

这是林分密度指数的计算式，通常取 $d_0 = 10\text{cm}$。

2.1.3.6 树冠竞争因子

树冠竞争因子(ccf，crown competition factor)指林分中所有树木可能拥有的潜在最大树冠面积之和与林地面积的比值。

生长在林中空地的树叫作自由树(open growing tree)，研究表明，自由树的树冠 cw_i 和胸径 d_i 之间线性关系明显，且二者的线性关系不随年龄和立地条件而改变，即：

$$cw_i = a + bd_i \tag{2-15}$$

其中，a，b 是模型参数。如果单位面积(1hm^2)上有 n 株树，$i = 1$，…，n，则这 n 株树的潜在最大树冠面积之和为：

$$\sum_{i=1}^{n}\left(\frac{cw_i}{2}\right)^2 \pi = \frac{\pi}{4}\sum_{i=1}^{n}(a + bd_i)^2 = \frac{\pi}{4}\left(na^2 + b^2\sum_{i=1}^{n}d_i^2 + 2ab\sum_{i=1}^{n}d_i\right)$$

于是，树冠竞争因子 ccf 为：

$$ccf = \frac{\pi}{40000}(na^2 + b^2 \sum_{i=1}^{n} d_i^2 + 2ab \sum_{i=1}^{n} d_i) \qquad (2-16)$$

2.1.3.7　郁闭度

郁闭度(canopy density)是乔木树冠垂直投影面积与林地面积之比，它是小班区划、确定抚育采伐强度、进行森林景观建设等的重要因子。特别是随着无人机的发展，基于郁闭度的森林结构表达、森林内部参数预测越来越普遍，如何准确计测郁闭度，受到越来越广泛的关注。

郁闭度还是判断成林与否的重要指标。一般认为，郁闭度在[0.0, 0.2)、[0.2, 0.4)、[0.4, 0.7)、[0.7, 1.0]区间时分别定义为无林、疏林、中密度林分和密林。特别地，郁闭度大于 0.7 也是间伐的标准。

郁闭度的计测方法很多，下面给出几种常用方法。

(1) 机械布点法　在一般情况下常采用一种简单易行的样点测定法，即在林分调查中，机械布设 N 个样点。在各样点位置上抬头垂直昂视，判断该样点是否被树冠覆盖，被遮盖计数，否则不计数，最终统计被覆盖的样点数 n，然后利用下列公式计算林分的郁闭度 $\aleph$。

$$\aleph = \frac{n}{N} \qquad (2-17)$$

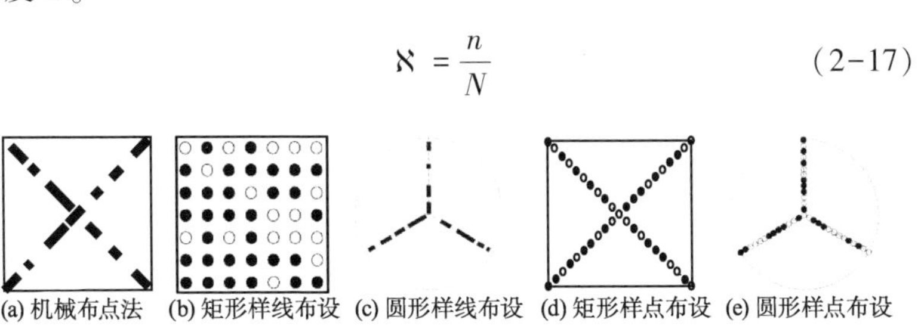

图 2-4　几种郁闭度调查布设

例如，图 2-4(b)是在样地内机械布点的一个样例，其中被树冠遮挡的点●有 32 个，没有被遮挡的点○17 个，该样地的郁闭度：

$$\aleph = \frac{32}{49} = 0.65$$

需要注意的是，对于规则分布的人工林，机械布点法可能会出现重大偏差。由于树冠与林冠空隙的空间自相关特征，布点时要使样点间的距离大于林中树冠、空隙、林中空地等主要空间特征的大小。

(2) 样线法　样线法是在样地内设线然后计算树冠累计长度所占有样线长度的比例，即：

$$\aleph = \frac{\sum_{i=1}^{n} l_i}{L}, \quad (i = 1, \cdots, n) \tag{2-18}$$

式中：l_i 为样线上方某树冠在样线上的投影长度；i 为样线上的所有树冠编号；L 为样线的总长度。根据样地的形状不同，样线通常有两种设置方法[图 2-4(b)、(c)]。在矩形样地中，样线按对角线布设；而在圆形样地中，以样地中心为起点，从磁北向开始，顺时针按方位角 0°、120°、240°布设 3 条样线。

样线法考虑的是树冠长度，而没有考虑到树冠内的空隙对郁闭度的影响，因此，会产生一定误差。

(3) 样点法　样点法与样线法类似，在矩形样地对角线或者圆形样地从磁北向开始过圆心相互夹角 120°的 3 条线上[图 2-4(d)、(e)]，每隔 2m 设 1 个观测点。在观测点抬头仰望或者利用观测管观测是否有树冠遮蔽，如果有，则计 1 个郁闭点，然后用对角线或三条线上累计的郁闭点数除以总观测点数得到郁闭度值。

注意事项

■ 样线法和样点法中，对角线或三线交点处只统计一次。

(4) 平均冠幅法　当林分郁闭度较小(比如小于 0.3)时，采用平均冠幅法测定，即用样地内林木平均冠幅面积乘以林木株数得到树冠覆盖面积，再除以样地面积得到郁闭度。

（5）方格纸法　调查时先将林木定位，然后从几个方位测量各株树的树冠边缘到树干的水平距离，按一定比例将树冠投影标绘在方格纸上，最后从方格纸上计算树冠投影总面积与林地面积的比值得到郁闭度。

因为树冠投影大小是依靠人眼来判断，因此，方格纸法存在着主观性。另外，有些林分中存在着树冠重叠，使投影难以判断，该法也没有考虑到树冠内的空隙影响，调查时需要多人才能工作，绘图与计算也很费工、费时。

（6）模型推演法　由于树木胸径与冠幅间存在关系，建立二者间的回归曲线，以此计算树冠投影面积，然后结合树木点位，减去重叠的冠幅面积即可求算郁闭度。此种方法简单易行，难点是胸径与冠幅模型的建立需要大量调查数据，使本方法受到限制。

（7）图像法　由图像抽取郁闭度是一种很有发展前途的方法。这里所指图像包括用于大面积郁闭度调查的航空相片或高分辨率卫星影像以及用于林分郁闭度估计的地面摄影图像。随着数码相机的普及，后者因工作量相对较小且能够达到很高的调查精度而越来越显示出其优势。

图 2-5 给出了两类样地的摄影点位置图，简单理解就是在样地内均匀选取 5 个点，然后把相机放于相同高度的三脚架上向上摄

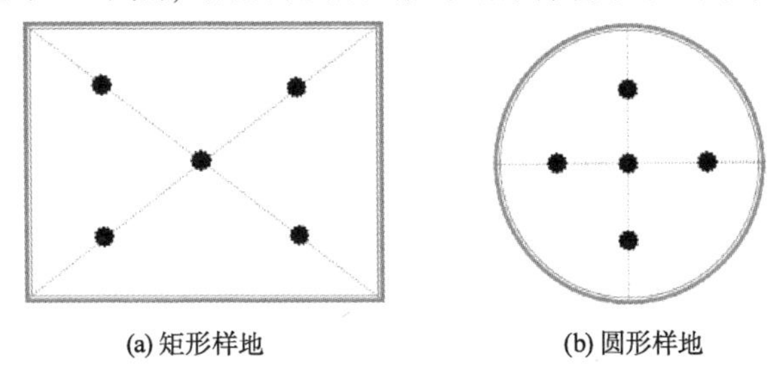

(a) 矩形样地　　(b) 圆形样地

图 2-5　图像法中所需图像的野外图像采集点位置

影，记录图像号以及样地号就完成了外业工作。摄影时间最好选择在阴天或者早、晚太阳光不是特别强烈的时刻进行。如果在晴朗的白天摄影，一定手动控制快门速度和光圈大小，不要使曝光过度，同时图像要尽可能有一定景深。

图像抽取郁闭度的难点是彩色图像的二值化，多大的阈值是计算郁闭度的合理阈值，这需要一定的经验。图 2-6 给出了某样地的一张原图以及二值化结果。从二值化图像计算郁闭度仅统计像素值为非白的个数，然后除以图像像素总数即可。由于这种方法在林分调查中使用频率越来越高，下面梳理一下外业调查步骤：

(a) 原图, 16,777,216色

(b) Kapur二值化后图, 2色

图 2-6　郁闭度计测用的原图及处理后图像

① 用拉线或罗盘方法确定摄影点，取 $i=0$；

② $i=i+1$；

③ 将三脚架分别放于摄影点①，调节地面至相机底部高度为 1.5m；

④ 镜头对准天空，连续摄影 3 张；

⑤ 记录：摄影点号、所摄图像的文件名、当时天气、风速情况等；

⑥ 判断是否所有点都已经摄影结束？如果“是”转向下一步⑦，否则，移动到下一摄影点，转到②；

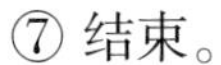

⑦ 结束。

图像抽取法的外业并不困难，但是需要认真做好各种记录。该方法的郁闭度计算工作是在室内利用软件计算完成的，这也是难点内容，关系着最终结果，详细方法可以参考图像分割和特征提取方面的文献或书籍。

图像法确定郁闭度注意事项

- 摄影前把相机的系统时间设置正确，以保证通过摄影时间索引图像。
- 摄影时选择无风天，以减少树冠移动给郁闭度计算带来的误差。
- 为防止曝光过度或者不足，最好采用手动控制相机的光圈和速度。
- 使用快门线可以减少相机震动给图像带来的影响；连续拍摄三张便于进行简单的图像平滑。

郁闭度计测的几点讨论

- 调查季节影响郁闭度数值，尤其是北方落叶树木，很明显初春树木刚刚放叶和盛夏枝叶茂密时调查郁闭度其结果肯定存在差异。因此，郁闭度调查宜选择在一年中树冠相对稳定的时期进行。
- 如果样地内包含 2 个以上地类，郁闭度应按对应的有林地或疏林地范围来测算。对于实际郁闭度达不到 0.20，但保存率达到 80%以上生长稳定的人工幼林，郁闭度按 0.20 记载。
- 郁闭度主要用于表述树木在空间上的竞争或者依存关系，对于栽植后未郁闭的幼龄人工林，树木个体之间还没有产生明显的竞争或者依存关系时，郁闭度可以按栽植密度计算，并注明。

2.1.4　林分蓄积量

林分蓄积量(stand volume)是指林分中全部林木材积的总量，

简称林分蓄积量或蓄积量。森林调查中，常用单位面积上的蓄积量(m^3/hm^2)表示。从资源利用角度，林分蓄积量包括全部活立木和已经死亡但未腐烂的树木蓄积量之和，尤其像降香黄檀、小叶紫檀等珍贵树种，刚刚死亡树木或在腐烂前有很大的经济价值，将其计入林分蓄积量内是合理的。

从概念上可知，蓄积量是多株树木主干的体积，材积是单株树木主干的体积。林分蓄积量计测，意在整体上对林分进行测定，其测定方法很多，可概括为目测法和实测法两大类。目测简洁高效但精度低，因此，它仅用于大致了解林分蓄积量的情况，如果想得到准确的林分蓄积量必须进行实测。实测法分为全林实测和局部实测，顾名思义，全林实测就是测量每株树木材积然后求和获取林分蓄积量的方法，其工作量较大，费时费力，但是精度较高。为减少工作量，林分蓄积量大多是通过局部实测，然后推演到全林的方法得到。常用的林分蓄积量计测方法有材积表法、标准木法、角规绕测法等。

2.1.4.1 目测法

一些有经验的调查员，目测林分的胸径、密度、树高、大树所占比例等就能快速的判断林分蓄积量，称为目测蓄积量估计法(visual method of stand valume)，这也是早期林业主要采用的方法。虽然目测法不是十分推荐的，但是对于坡度较大、不便到达、矮林、乔木林中的幼林、狭长窄带林分等情况，或者是对蓄积量精度要求不高，也常用目测法估计林分蓄积量。

为了使目测法能够达到一定的精度，需要日积月累的经验。为保证目测结果可靠性起见，通常在对某一具体地区森林进行调查之前，选择一定数量(如30块)年龄、大小、疏密等不同的有代表性标准林分，实测蓄积量后，让目测调查员进行目测练习并与实际结果比较，积累经验，直到达到及格水平才能进行实际的目测调查。

另外，在野外目测调查时，也可以采用一些辅助手段或参数，如最大与平均胸径或树高、标准表、角规、形高表等来协助进行目测工作。

2.1.4.2 材积表法

随着精准林业的逐步实施，全林每木成为常态，如果根据胸径或者胸径与树高可直接计算树木材积，则林分蓄积量仅仅求和即可。实际上，材积表法是目前计测林分蓄积量比较常用的方法。首先建立某一或某类树种的材积表(式)，然后测量胸径等测树因子，并据此计算树木材积，累计后得到林分蓄积量，这就是材积表法(method of volume table)。在1.5.4节中我们介绍了常用的材积式，根据是使用胸径1个自变量、还是使用胸径和树高2个自变量，材积式分成一元材积式和二元材积式，目前中国各地的经营单位基本有当地主要树种的一元或二元材积式。由于早期的计算工具不普及，便于应用起见，人们把胸径代入一元材积式计算出对应材积并按从小到大的次序整理成一元材积表(single entry volume table)，或者根据二元材积式，按着直径阶从上到下增加、树高级从左向右增加的顺序整理成二元材积表(two-entry volume table)。表2-4是两类材积表的示例。一元材积表也叫地方材积表(local volume table)，由于材积是体积因素，其数值与直径和树高相关，因此，缺少树高因子的一元材积表仅限于在编表地区使用；二元材积表同时考虑了胸径和树高，使其使用范围得到了扩充，因此也叫标准材积表(standard volume table)。

本书1.5.4节列出了常用材积式，表1-7和表1-8给出了国内常用树种的材积模型参数。根据是一元或二元材积表的不同，计测林分蓄积量的调查因子也要对应实测的林木胸径或者胸径与树高。

表 2-4　材积表示例

A. 一元材积表		B. 二元材积表				
d(cm)	v(m^3)	h(m) / u(m^3) / d(cm)	1	2	…	q
1	v_1	1	u_{11}	u_{12}	…	u_{1m}
2	v_2	2	u_{21}	u_{22}	…	u_{2m}
…	…	…	…	…	…	…
p	v_n	p	u_{n1}	u_{n2}	…	u_{nm}

注：d：胸径；v_i，$u_{ij}(i=1, \cdots, p; j=1, \cdots, q)$：材积；$p$：最大胸径；$q$：最大树高。

材积表法计测林分蓄积量的步骤如下：

① 测量林分内所有树木的胸径 d_i 或者胸径与树高$(d_i, h_i)i=1, \cdots, n$。

② 将 d_i 或(d_i, h_i)代入对应材积式；如果没有材积式，可以查找树种 d_i 对应的一元或者(d_i, h_i)对应的二元材积表，得到立木材积 v_i。

③ 对所有立木材积求和得到林分蓄积量 M。

$$M = \sum_{i=1}^{n} v_i \tag{2-19}$$

或者

$$M = \sum_{i=1}^{k} (z_i v_i) \tag{2-20}$$

式中：z_i 为 i 径阶的株数；k 为径阶数。

一元或二元材积表的选择

- 从发展角度，二元材积表的使用率越来越多；但是，使用该表需要测量树高，工作量加大。
- 材积表是按着径阶编制的，如果胸径或树高是实测值，可以通过材积表数据插值得到树木材积。

可以看到，材积表法计测林分蓄积量的核心是需要有材积表(式)。国内大部分地区都有自己的材积表(式)，如果没有可以自行编制。材积式的构建过程如下：

(1) 获取代表性建模数据　材积式有广泛的代表性，编制的材积表才能更有应用价值。因此建模数据需要涵盖各种胸径 d 和树高 h 大小、不同立地条件，样本数一般不少于 200，准确计测每株树的材积 v 和径、高 $\{v=(d,\ h)\}$。

(2) 构建模型并估计参数　表 1-6 中列出了常用的材积式，当然也可以创建更加适合本地区的材积式。模型形式确定后，就可以利用建模数据估计出模型参数。目前统计计算常用的软件有 S-Plus、SPSS、SAS、Forstat 等，当然也有免费的 R 语言可用。

(3) 检验模型精度　模型检验是对模型泛用性的客观描述，是评价该模型是否可用的重要标准，因此受到广泛的重视。检验模型有很多种方法，这里介绍几个检验模型中常用的精度度量指标和优度验证方法。

精度度量指标：

① 确定指数 R-square　最常用回归平方和 E_{ss} 与总平方和 T_{ss} 的比值即确定指数 R^2 来评价模型的好坏。即：

$$R^2 = \frac{E_{ss}}{T_{ss}} = \frac{\sum_{i=1}^{n}(\hat{y}_i - \bar{y})^2}{\sum_{i=1}^{n}(y_i - \bar{y})^2} \tag{2-21}$$

由于残差平方和 $R_{ss}=T_{ss}-E_{ss}$，

$$R^2 = 1 - \frac{R_{ss}}{T_{ss}} = 1 - \frac{\sum_{i=1}^{n}(y_i - \hat{y}_i)^2}{\sum_{i=1}^{n}(y_i - \bar{y})^2} \tag{2-22}$$

式中：y_i 为实测值；$\hat{y}_i$ 为估计值；$\bar{y}$ 为样本均值；n 是样本数。数据关系是线性的情况下，R^2 越大拟合效果越好；但是非线性情况下，R^2 很小，不一定代表数据间没关系，很可能是选择的模型不好。R^2 的另外一个问题是当自变量个数增加时，尽管有的自变量不显著，但 R^2 也会增加，出现过拟合现象，此时更多地使用考虑参数个数 k 的修正确定指数($\vec{R}^2$，Adjusted R-squared)：

$$\vec{R}^2 = 1 - \frac{n-1}{n-k}(1-R^2) \tag{2-23}$$

当样本量容量很大时，$\vec{R}^2 \approx R^2$，R^2 也很难保证分析者得到正确的模型，因此，统计学家提出了赤池信息准则（AIC，Akaike information criterion）：

$$AIC = 2k - 2\ln(L) \tag{2-24}$$

其中，$L = \max_{\theta} L(\theta \mid y_1, \cdots, y_n)$ 是似然函数，未知参数 θ 有 k 个，统计软件都可以计算这个参数。选择模型时，AIC 最小的为佳。还有很多模型评价准则，如 Bayesian information criterion $BIC = k\ln(n) - 2\ln(L)$、Hannan-quinn criterion $HQ = k\ln[\ln(n)] - 2\ln(L)$ 等，这里不再赘述。

② 均方根误差($rmse$，root mean square error)

$$rmse = \sqrt{\frac{1}{n}\sum_{i=1}^{n}(y_i - \hat{y}_i)^2} \tag{2-25}$$

③ 平均残差(ar，average residual)

$$ar = \frac{1}{n}\sum_{i=1}^{n}(y_i - \hat{y}_I) \tag{2-26}$$

④ 平均绝对误差(mae，mean absolute error)

$$mae = \frac{1}{n}\sum_{i=1}^{n}\mid y_i - \hat{y}_i \mid \tag{2-27}$$

⑤ 平均百分比误差(mpe，mean percentage error)

$$mpe = \frac{1}{n}\sum_{i=1}^{n}\frac{y_i - \hat{y}_i}{y_i} \tag{2-28}$$

优度验证方法：

① 留出法(hold out)。留出法是把数据 D 分成 M 和 T 两部分，使 $M\cup T=D$，$M\cap T=\emptyset$。其中 M 用来建模，T 是用于对模型验证的一种建模与评估方法。M 和 T 的划分在默认情况下是随机的，在数据量非常大时，这种做法是简单且合理的，但是在数据有限的情况下，采用分层抽样的办法，保证 M 和 T 中各类样本的比例与原数据 D 一致，则结果更具代表性。

能够想到，留出法的数据划分方法，影响模型的评价效果，如果用 D 中全部数据建模，其代表性是最强的，但是验证数据过少，所得到结论的普遍性将受到质疑。因此，需要根据实际情况来选择 M 和 T 容量。比如在很多情况下 M 与 T 的选择比例为 4∶1。

② 交叉验证法(cross validation)。交叉验证法是先将数据集 D 划分为 k 个大小相等的子集(若不能均分，后面子集的样本数可少)，同时满足 $A_1\cup\cdots\cup A_k=D$，$A_i\cap A_j=\emptyset$，i、$j=1$，…，k 且 $i\neq j$，且尽量保证每个子集中的数据结构一致。每次选择 1 个子集作验证样本 $T_u\leftarrow A_u$，剩余的 $k-1$ 个子集求并集后作建模数据 $M_u\leftarrow\cup_{i\neq u}A_i$，共进行 k 次，即 $u=1$，…，k，最后返回 k 次训练的均值。

交叉验证法也叫“k 折交叉验证”，当 k 与样本数相等时，即每个样本均被划分成一份，取出一份作验证，其余数据建模，这种做法称为“留一法”。与留出法类似，交叉验证结果同样与划分的子集相关，此时可以采用多次划分取均值的方法。

下面给出两个材积表的用例。

例 1(一元材积式)：实测大兴安岭人工樟子松某 30m×30m 样地中林木胸径如表 2-5，此林分的蓄积量是多少？

计测该林分蓄积量的步骤如下：

1) 由表 1-7 知，大兴安岭人工樟子松的一元材积模型号是<1>，参数 $c_0=1.9538\text{E}-4$，$c_1=2.2478$；

2) 从表 1-6 得知模型号<1>是 $v=c_0d^{c_1}$，所以，由胸径计算材

积的模型为 $v=1.9538E-4d^{2.2478}$；

3）根据上式计算所有樟子松各胸径对应的单株材积 v_i，填入表 2-5；

4）对 900m² 样地中林木材积求和，得到蓄积量为 28.396m³，所以该林分每公顷蓄积量是 315.509m³。

表 2-5　大兴安岭人工樟子松林 30m×30m 样地每木检尺数据及材积

n_i	d_i	v_i	n_i	d_i	v_i	n_i	d_i	v_i
1	40.0	0.780	12	49.1	1.236	23	42.2	0.880
2	38.8	0.728	13	41.6	0.852	24	46.2	1.078
3	36.1	0.619	14	43.5	0.942	25	41.8	0.861
4	45.9	1.062	15	42.3	0.884	26	35.2	0.585
5	41.1	0.829	16	40.9	0.820	27	44.9	1.011
6	39.7	0.767	17	42.5	0.894	28	41.2	0.833
7	46.1	1.073	18	43.1	0.922	29	36.5	0.635
8	44.4	0.986	19	42.1	0.875	30	40.5	0.802
9	45.8	1.057	20	41.1	0.829	31	38.0	0.695
10	41.5	0.847	21	39.7	0.767	32	41.5	0.847
11	40.1	0.784	22	43.0	0.917	33	38.1	0.699

例 2(二元材积式)：实测广西马尾松某 30m×40m 样地中林木胸径和树高如表 2-6，此林分的蓄积量是多少？

计测该林分蓄积量的步骤如下：

1）由表 1-7 知，广西马尾松的二元材积式模型号是≪1≫，参数 $c_0=7.1427E-5$，$c_1=1.8570$，$c_2=9.0146E-1$；

2）从表 1-6 得知模型号≪1≫是 $v=c_0d^{c_1}h^{c_2}$，所以，由胸径计算广西马尾松材积的模型为 $v=7.1427E-5d^{1.8570}h^{0.90146}$；

3）根据上式计算所有树木胸径与树高对应的单株材积 v_i，填入表 2-6；

表 2-6　广西马尾松林 30m×40m 样地每木检尺数据

n_i	d_i	h_i	v_i	n_i	d_i	h_i	v_i
1	45.5	21.2	1.344	16	43.6	22.2	1.294
2	33.9	21.2	0.778	17	42.0	23.6	1.276
3	31.7	23.8	0.763	18	41.5	22.8	1.210
4	47.8	24.2	1.660	19	40.2	25.8	1.275
5	44.3	26.4	1.559	20	36.3	23.3	0.962
6	36.5	25.1	1.039	21	42.4	21.1	1.174
7	44.1	24.8	1.461	22	46.8	24.9	1.637
8	46.9	24.8	1.638	23	38.3	23.4	1.067
9	41.8	25.3	1.347	24	49.1	27.9	1.983
10	40.3	23.6	1.182	25	38.8	26.2	1.210
11	40.8	22.5	1.158	26	32.5	20.7	0.704
12	52.7	27.9	2.262	27	49.9	26.9	1.977
13	43.7	26.3	1.515	28	38.5	22.8	1.052
14	46.6	24.5	1.601	29	33.3	20.3	0.724
15	38.1	25.5	1.142	30	40.5	22.5	1.142

4）对 1200m^3 样地中林木材积求和，得到蓄积量为 39.136m^3，所以该马尾松林每公顷蓄积量是 326.132m^3。

由材积表计测林分蓄积量与材积式类似，差别是求算单株材积时由查表代替材积式计算即可。

2.1.4.3　平均木法

如果没有地方适用的材积表或数表不满足精度的条件下，平均木法是一种简便易行的林分蓄积量计测方法，它是按要求选取平均木，然后准确测量其材积并进而推算全林蓄积量的一种方法。所谓平均木(mean tree)是指林分中具有平均材积大小的树木，以平均木材积为基础推算林分蓄积的方法称为平均木法(mean tree method)。

在很多林分蓄积量资料中，把这种方法叫标准木法(method of mean tree)，“标准”一词过于“含蓄”，而“平均”一词更加直接易懂，所以本书叫平均木法。平均木法是一种典型抽样方法，常见有简单平均木和分级平均木法。

(1) 简单平均木法　包括以下几步：

① 设置大小为 $a\text{m}^2$ 的标准地，进行每木检尺(d_i，$i=1$，…，n)，并实测不同胸径的树高 30 株(可适当增减)。

② 计算林分平均直径 d_g 式(2-2)，总断面积 $G=\pi\sum_{i=1}^{n}d_i^2/4$，绘制树高曲线(2.1.2.3 节)，求解林分平均高 h_d。

③ 寻找与平均直径 d_g、平均高 h_d 接近，且干形中等的平均木 k 株(通常 1~3)，用区分求积法测算其材积，得到 v_i，$i=1$，…，k。平均木材积测量，传统方法是伐倒后区分求积获得；也可以测量立木的完备直径系列后计算获取。

④ 计算每公顷的林分蓄积量 M。

$$M=\frac{10000}{a}\frac{G\sum_{i=1}^{k}v_i}{\sum_{i=1}^{k}g_i} \tag{2-29}$$

温馨提示

■ 平均木选择非常重要，直接关系到蓄积量计测精度，如果不能找到平均直径和平均高的树木，也要保证误差在±5%之内。干形也要尽可能选择接近中等程度，过于饱满或过于干瘪，都会影响林分蓄积量的计测精度。

(2) 分级平均木法　将每木检尺结果依胸径排序，并把排序树木按着株数或断面积等标准分 3~5 级，然后对每一级分别采用简单平均木法计测该级的蓄积，最后叠加得到林分蓄积量，这是分级平均木法，它可以提高蓄积量计测精度。其中，依株数分级的叫等株径级平均木法，依断面积分级的叫等断面积分级平均木法；还有一种分级标准木法，是先确定标准木株数占总株数的百分比(比如10%)，再将此比例分配到各径阶中去，然后在每个径阶选出标准木进行测算，这种方法叫作径阶等比平均木法。

$$M=\frac{10000}{a}\sum_{i=1}^{m}\left(\frac{G_i\sum_{j=1}^{k_i}v_{ij}}{\sum_{j=1}^{k_i}g_{ij}}\right) \quad (2-30)$$

式中：k_i 为第 i 级中平均木株数；m 为分级级数；G_i 为第 i 级的断面积；v_{ij} 为第 i 级中第 j 株平均木的材积；g_{ij} 为第 i 级中第 j 株平均木的断面积；a 为标准地大小(m^2)。

常用的分级方法

- 等株数级：依每木检尺的径阶顺序，把林木分为株数基本相等的 3~5 个径级。
- 等断面积级：依径阶顺序，将林木分为断面积基本相等的 3~5 个径级。
- 径阶等比分级：先规定平均木株数(如林分总株数的 10%)，然后按比例将其分配到各径级中去。

例子：假如广西马尾松林无材积表，根据表 2-6 中数据，利用等株径级平均木法求蓄积量，过程如表 2-7 所示。

表 2-7　广西马尾松林 30m×40m 样地每木数据与等株径级平均木法求蓄积量

级	d_i	g_i	d_i	g_i	平均信息	选择的平均木	级蓄积量(m^3)
i	31.7	0.079	36.5	0.105	$g=0.101m^2$ (G/n) $d=35.9cm$ ($200\sqrt{g/\pi}$) $h=23.2m$	$g=0.103m^2$ $d=36.3cm$ $h=23.3m$ $v=0.962m^3$	$v_1=1.011\times\frac{0.962}{0.103}=9.443$
	32.5	0.083	38.1	0.114			
	33.3	0.087	38.3	0.115			
	33.9	0.090	38.5	0.116			
	36.3	0.103	38.8	0.118			
	断面积合计 $G=1.011m^2$						

（续）

级	d_i	g_i	d_i	g_i	平均信息	选择的平均木	级蓄积量(m^3)
ii	40. 2	0. 127	41. 8	0. 137	$g=0.137m^2$ $d=41.8cm$ $h=23.6m$	$g=0.135m^2$ $d=41.5cm$ $h=22.8m$ $v=1.210m^3$	$v_2=1.366\times\frac{1.210}{0.135}$ $=12.243$
	40. 3	0. 128	42. 0	0. 139			
	40. 5	0. 129	42. 4	0. 141			
	40. 8	0. 131	43. 6	0. 149			
	41. 5	0. 135	43. 7	0. 150			
	断面积合计=1. 366 m^2						
iii	44. 1	0. 153	46. 9	0. 173	$g=0.177m^2$ $d=47.5cm$ $h=25.4m$	$g=0.179m^2$ $d=47.8cm$ $h=24.2m$ $v=1.660m^3$	$v_3=1.767\times\frac{1.660}{0.179}$ $=16.387$
	44. 3	0. 154	47. 8	0. 179			
	45. 5	0. 163	49. 1	0. 189			
	46. 6	0. 171	49. 9	0. 196			
	46. 8	0. 172	52. 7	0. 218			
	断面积合计=1. 767m^2						

样地蓄积量=9. 443+12. 243+16. 387=38. 073m^3，误差=2. 72%。该马尾松林分蓄积量 $38.073\times\frac{10000}{1200}=317.275m^3$

2. 1. 4. 4　林分蓄积量三要素法

如果 G 是林分总断面积、H 是林分条件平均高，理论上，总能找到一个参数 F，使三者的乘积等于林分蓄积量 M：

$$M = FHG \tag{2-31}$$

参照单木材积三要素，F 类似于林分形数，但是它并不等于所有树木形数的平均数，而应该是 $F=M/(GH)$。依据式(2-31)，如果得到 F 或者 FH，就得到了林分蓄积量。这就是基于林分蓄积量三要素的计测法。

(1) 标准表法　在 2. 1. 3. 2 节，我们介绍了标准表(格式参见表 2-2)，假设 M_s、G_s 是标准表中林分条件平均高 h_d 的公顷蓄积量和公顷断面积，根据式(2-29)：

$$HF = \frac{M_s}{G_s} \tag{2-32}$$

即式(2-30)是条件平均高 h_d 的林分形高。因此，如果该林分的总断面积为 G，则其蓄积量 M 为：

$$M = HFG = \frac{M_s}{G_s}G \tag{2-33}$$

可见，通过实测部分树木获取林分条件平均高，据此查标准表得到林分形高，然后乘以该林分的总断面积，就得到了该林分的蓄积量。

例子：实测某落叶松林分的平均高 12.6m，公顷断面积为 52.0m^2。如果标准表中下限和上限的树高—公顷断面积—公顷蓄积量分别为：12—61.6—180.6、13—80.2—231.7，则该林分的单位面积上的蓄积量 M 为：

根据表 2-3，有：

$\alpha=(12.6-12)/(13-12)=0.6$，

$g_{12.6}=61.6+0.6\times(80.2-61.6)=72.76\text{m}^2/\text{hm}^2$，

$m_{12.6}=180.6+0.6\times(231.7-180.6)=211.26\text{m}^3/\text{hm}^2$。所以，

$M=52.0\times211.26/72.76=150.98\text{m}^3/\text{hm}^2$。

(2) 平均实验形数法　由平均试验形数 F_e 计测林分蓄积量 M 的经验公式为：

$$M = F_e(H + 3)G \tag{2-34}$$

式中：H 为林分的条件平均高；G 为林分的总胸高断面积；实际应用中，F_e 参照表 1-5 中的取值。

例子：实测某樟子松纯林的公顷断面积是 25.8m^2，平均高是 24.6m，根据表 1-5，樟子松的实验形数值是 0.41，所以该林分的蓄积量为：

$M=0.41\times25.8\times(24.6+3)=291.953\text{m}^3/\text{hm}^2$。

2.1.5　林分起源

林分起源(stand origin)是要说明林分从哪里来的。在早期，地

球上所有树木都是依靠自然力作用，树木种子落在地上发芽生根长成树木，或者根株上萌蘖出小苗形成新的植株。随着新生树木不断增多，逐步扩大成森林称作天然林。其中，由种子起源的林分称为实生林，以种子以外的方式产生的林分叫萌生林。实生林是林木正常的繁育方式，形成的林分具有根系发达、生活力强盛、适应性强、寿命长、有性繁殖晚等特点；而萌生林往往是树木因自然灾害等被破坏后，生命的一种应急延续方式，具有容易感病、寿命短等特点。

人类大量砍伐森林以及意识到树木的重要性后，也模仿自然的方式，用种子或插条、插穗等方式开始栽植树木，由此而形成的森林叫人工林。人工林也可分为实生人工林和萌生人工林，但是，人工林起源更多的是使用播种造林、植苗造林或插条造林等词汇。在某地生长的天然林，是慢慢适应自然的结果，而人工林在时间和空间上与天然林的形成有很大的差别。人类可以快速地将北美大陆的特有树种移栽到亚洲，但是林分质量和特征与天然林往往有较大的差别。

人工林通常有造林档案，多有规则的株行距或者是树种组成比例和结构，并且具有人类偏好；而天然林通常树种较多，林木生长位置更随机，且往往是复层异龄结构，这是自然竞争选择的结果。因此，利用这个差异，通过走访林业从业者、查阅造林档案、现地查看林分结构等方式，进行天然林或是人工林识别。比如，林内的绝大多数树木是高价值树种并且株行距明显，则基本断定其起源于人工造林。

2.1.6 林层

林木对垂直空间的利用程度用林层来表述，林层(storey)是指乔木树冠在垂直方向上形成的具有明显梯度的级数(图 2-7)。树冠层只有一个梯度的叫单层林(single-storied stand)，树冠层可以区分出两个或以上梯度级的森林叫复层林(multi-storied stand)。纯林基本上是单层林结构，天然林以复层林居多，而在一些热带雨林中，存在三个明显的树冠层梯度。每一个层次的林木都是长期适应的结果，并肩负着不同的生态使命。

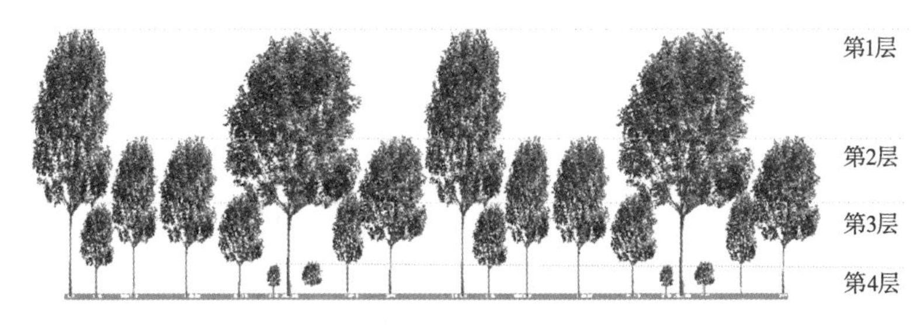

图2-7 林层示意图

在复层林中有主林层和次林层与经营相关的两个概念，其中，主林层(main storey)是复层林中具有最大经营意义的林层，次林层(substorey)是主林层以外的其他林层。需要注意的是，有些文献上把蓄积量最大、经济价值最高的林层定义为主林层，其实“蓄积量最大”和“经济价值最高”二者不总是完全一致，比如海南粗榧通常生长在其他林内，蓄积量不是最大的，但是价格要比上层具有更大蓄积量的树木高得多。

对林层分层研究已经有上百年的历史，但是到目前为止，如何准确地分层仍然没有大家认可的通用方法。森林计测中，使用较多的是克拉夫特分级法和霍莱分级法，近年来也出现了基于目标树的分级方法和一些定量的林层区分方法。

2.1.6.1 克拉夫特分级法

对于壮龄以后的同龄针叶林，克拉夫特根据林木在空间中相对位置，将其分成五级：

◇ 优势木(Ⅰ级)：在林分中最高、直径和树冠也较大的树木。

◇ 亚优势木(Ⅱ级)：树高、树冠等仅次于优势木，与优势木一起构成主林层的林木个体，两者的生活力相似。

◇ 中庸木(Ⅲ级)：树高与直径较前两级差，树冠较窄，位于林冠的中层，光合作用所需光线主要来自优势木和亚优势木之间的空隙。

◇ 被压木(Ⅳ级)：树高与直径明显偏小，树冠在主林层之下，处于被挤压状态，所需光线主要来自光斑和漫散射，生长缓慢。细分为Ⅳa、Ⅳb 两个亚级，Ⅳa 树冠狭窄但均匀分布，能伸入林冠层中，侧方被压；Ⅳb 偏冠，仅树冠顶部能够伸入林冠层。

◇ 枯死木(Ⅴ级)：完全处于林下，无法得到充足的光照，树冠稀树且不规则，接近死亡(Ⅴa)或已经枯死(Ⅴb)。

克拉夫特分级法简单易行，但是受主观因素影响较大，且不适用于幼龄林，也没有考虑树干形状和质量存在缺陷的情况(图 2-8)。

图 2-8　克拉夫特分级示意图

2.1.6.2　霍莱分级法

分级越多则野外判定越困难，特别是阔叶树。鉴于此，霍莱把林层分为优势木、亚优势木、中庸木和被压木四级。

◇ 优势木(D)：位于林层的最上端，树冠发达，能够充分接受上方阳光和部分侧向光线，轻度受到相邻树冠侧压。

◇ 亚优势木(CD)：也基本处于上层林冠，上方光充足，但是树冠较小受邻接木树冠挤压较多，能接受到部分侧向光照。

◇ 中庸木(I)：树高比前两级低，树冠处于由优势木和亚优势木形成的林冠层中，能接受到的上方光和侧向光都少，受侧压严重，树冠窄小。

◇ 被压木(O)：树冠完全在冠层下，光照严重缺乏。

霍莱分级法除了考虑林木高度，也考虑了与健康状态关系较大的树冠大小，实际判断相对简单，主要适用于阔叶同龄林(图 2-9)。

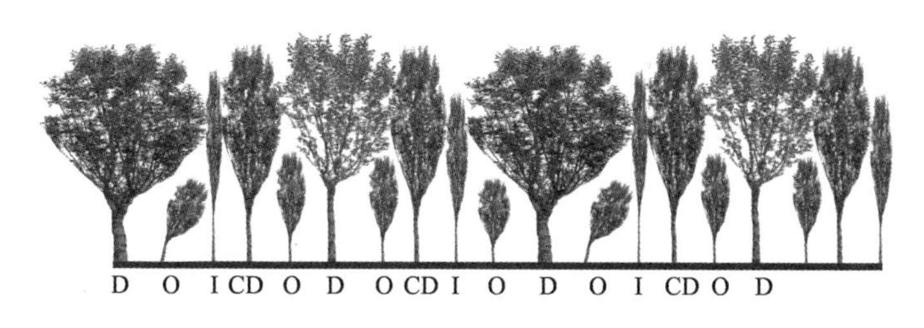

图 2-9　霍莱分级示意图

2.1.6.3　定量方法

目前存在多种定量的林层划分方法，如 Ashton(1992)提出的林冠分层指数法、Latham(1998)量化林层的 tstrat 方法，由于林木具有复杂自然属性，所以每种方法都存在不同的缺陷，本书不再一一介绍。下面是中国和国际林联推荐的林层划分标准。

中国对林层的划分规定要同时满足以下四个条件：

◇ 各林层的公顷蓄积量大于 30m^3；

◇ 相邻林层间林木平均高相差 20%以上；

◇ 各林层平均胸径在 8cm 以上；

◇ 主林层郁闭度大于 0.3，其他林层郁闭度大于 0.2。

国际林联的林层划分标准是以林分优势高 H 为依据进行划分的，分为三层，标准为：

◇ 第Ⅰ林层 树高 $h \geqslant 2/3H$ 的林木；

◇ 第Ⅱ林层 树高 $h \in (1/3, 2/3)H$ 的林木；

◇ 第Ⅲ林层 树高 $h \leqslant 1/3H$ 的林木。

2.1.7　树种组成

林分中有的是由单一树种组成，有的是由多个树种组成。如果林分中某树种的占比大于 90%则称为纯林(pure stand)，而至少有两个树种的占比大于 10%的林分叫作混交林(mixed stand)，混交林中占比最大的树种叫优势树种（dominant species），最符合经营目的树种叫主要树种（main tree species）。在森林计测中，用树种组成（species composition）来表述林分中的树种类型和各树种所占比例，它能给人直观的林分概况信息。

树种组成的书写规则如下：

◇ 树种名用该树种的一字简写。

◇ 占比默认是各树种的蓄积量占总蓄积量的成数，写于树种名前。

◇ 若某树种的占比介于2%~5%之间，在树种名前用“+”号表示、小于2%时在树种名前加“-”。

◇ 混交林中，优势树种写在前面，其他组成树种按比例大小顺序写在后面；各树种组成系数之和等于“10”。

◇ 如果优势树种与主要树种占比相等，先写主要树种。

◇ 复层林时，从上层到下层的各层单独统计，层间用“/”分割。

例 1：马尾松纯林，树种组成简记为：10 马。

例 2：如果某林分包含兴安落叶松蓄积量是 139m^3、白桦 58m^3、山杨 3m^3 三个树种，兴安落叶松占比是 139/200＝0.695、白桦占比是 58/200＝0.290、山杨占比是 3/200＝0.015，则该林分的树种组成是：7 落 3 桦-杨。

例 3：如果某林分是由上下两层组成的复层林，上层是油松、下层由八成蒙古栎和两成椴树组成，则该林分的树种组成是：10 松/8 栎 2 椴。

2.1.7.1　全林实测法

对林分中的每株树木进行检尺，然后分树种统计蓄积量，进而得到该林分的树种组成。由于工作量较大，通常不单独为得到树种组成进行每木检尺，而是进行其他测定时顺便计算出树种组成。本方法是最准确的树种组成计测方法。

2.1.7.2 目测法

有经验的调查员通过目测方法，根据调查林分的大小、密度等外观直接写出林分的树种组成，是精度要求不高时常用的一种计测方法。

2.1.7.3 株数树种组成

人工造林郁闭前，常用株数代替蓄积量来计测树种组成，此时不仅方法简单也能达到很高的精度。在更加关注株数的场合，也可以使用株数树种组成。在使用株数树种组成时，记录表要进行标注。

比如林分由降香黄檀82株、檀香31株、沉香7株组成，则该林分的树种组成为：7降3檀+沉。

温馨提示

■ 由于林分断面积测定容易，所以实际工作中，常用断面积代替蓄积来计测树种组成。

■ 林业中几个常见树种结构类型叫法：

◇ 针叶纯林→单个针叶树种蓄积量≥90%；

◇ 阔叶纯林→单个阔叶树种蓄积量≥90%；

◇ 针叶混交林→针叶树种总蓄积量≥65%；

◇ 阔叶混交林→阔叶树种总蓄积量≥65%；

◇ 针叶相对纯林→单个针叶树种蓄积量占65%~90%；

◇ 阔叶相对纯林→单个阔叶树种蓄积量占65%~90%；

◇ 针阔混交林→针叶或阔叶树种总蓄积量占35%~65%。

2.1.8 林分年龄

林分由很多树木组成，每株树木的年龄不一定相同，因此，林分年龄简称林龄(stand age)。林龄也有多种表示法，较为常用的有算术平均年龄、断面积加权年龄，不需要或者难以确定准确年龄时，常使用龄级的概念。

2.1.8.1 林分年龄的种类

(1) 算术平均年龄　假设林分内 n 株树木的年龄分别为 a_i，$i=1, \cdots, n$，则该林分的算术平均年龄 A 可由下式计算：

$$A = \frac{1}{n}\sum_{i=1}^{n} a_i \tag{2-35}$$

按着基础计测中 1.4 节的树木年龄计测方法得到各株数年龄后，就可以根据式(2-35)计算该林分年龄。

(2) 断面积加权年龄　通常情况下，树木越大年龄越大，因此把树木大小作为权重加到林分年龄的计算中。以胸高断面积 g_i 为权重的林分年龄计算式为：

$$A = \frac{\sum_{i=1}^{n} g_i a_i}{\sum_{i=1}^{n} g_i} = \frac{\sum_{i=1}^{n} \frac{\pi}{4} d_i^2 a_i}{\sum_{i=1}^{n} \frac{\pi}{4} d_i^2} = \frac{\sum_{i=1}^{n} d_i^2 a_i}{\sum_{i=1}^{n} d_i^2} \tag{2-36}$$

式中：A 为林分年龄；g_i，d_i 为林分内第 i 株树的胸高断面积和胸高直径；n 为林内树木的总株数。

(3) 龄级与龄组　由于准确计测林分年龄困难，人们不去追究林分真实林龄，而是用具有区间性质的龄级(age class)来刻画树木年龄，即根据树木的寿命长短和生长快慢，以一定年数作为间距把树木年龄划分出若干个级别，然后用Ⅰ、Ⅱ、Ⅲ…来表示分别叫作Ⅰ龄级、Ⅱ龄级、Ⅲ龄级…。每一龄级所包括的年数称为龄级期限，常用的有 20 年、10 年、5 年，桉树、泡桐等生长快的树种龄级期限也有 2 年的。进一步根据林木生长发育阶段和经营目的对林分龄级分组称为龄组(age group)，乔木林分为幼龄林、中龄林、近熟林、成熟林和过熟林 5 个龄组。表 2-8 是《中国林业行业标准(LY/T 2908—2017)》提供的一般用材林主要树种龄组划分表。

林木的年龄差不超过一个龄级的林分叫作同龄林(even-aged stand)。其中，林龄完全相同的林分称为绝对同龄林(absolute even-aged stand)，此种情况多见于人工林；除此之外的其他情况是相对同龄林(relative even-aged stand)。林木年龄相差一个龄级以上的森林，叫作异龄林(uneven-aged stand)。

表 2-8　中国部分树种龄级划分标准

树种	地区	起源	龄组划分					龄级期限
			幼龄林	中龄林	近熟林	成熟林	过熟林	
红松、云杉、铁杉、紫杉	北	天然	≤60	61~100	101~120	121~160	≥161	20
		人工	≤40	41~60	61~80	81~120	≥121	20
	南	天然	≤40	41~60	61~80	81~120	≥121	20
		人工	≤30	31~50	51~60	61~80	≥81	10
柏木	北	天然	≤60	61~100	101~120	121~160	≥161	20
		人工	≤30	31~50	51~60	61~80	≥81	10
	南	天然	≤40	41~60	61~80	81~120	≥121	20
		人工	≤30	31~50	51~60	61~80	≥81	10
落叶松、冷杉、樟子松、赤松、黑松、沙松	北	天然	≤40	41~80	81~100	101~140	≥141	20
		人工	≤20	21~30	31~40	41~60	≥61	10
	南	天然	≤40	41~60	61~80	81~120	≥121	20
		人工	≤20	21~30	31~40	41~60	≥61	10
油松、马尾松、云南松、思茅松、华山松、高山松	北	天然	≤30	31~50	51~60	61~80	≥81	10
		人工	≤20	21~30	31~40	41~60	≥61	10
	南	天然	≤20	21~30	31~40	41~60	≥61	10
		人工	≤10	11~20	21~30	31~50	≥51	5
杨、柳、檫、泡桐、枫杨	北	天然	≤20	21~30	31~40	41~60	≥61	10
		人工	≤10	11~15	16~20	21~30	≥31	5
	南	人工	≤5	6~10	11~15	16~25	≥26	5
楝	南	天然	≤20	21~30	31~40	41~60	≥61	10
		人工	≤5	6~10	11~15	16~25	≥26	5
刺槐	北	不分	≤10	11~15	16~20	21~30	≥31	5
	南		≤5	6~10	11~15	16~25	≥26	5

（续）

树种	地区	起源	龄组划分					龄级期限
			幼龄林	中龄林	近熟林	成熟林	过熟林	
木麻黄、桉类	南	人工	≤5	6~10	11~15	16~25	≥26	5
枫桦、桦（不含黑桦）、榆、木荷、枫香、珙桐、萌生柞树	北	天然	≤30	31~50	51~60	61~80	≥81	10
		人工	≤20	21~30	31~40	41~60	≥61	10
	南	天然	≤20	21~40	41~50	51~70	≥71	10
		人工	≤10	11~20	21~30	31~50	≥51	5
栎(柞)、栲(槠)、樟、楠、椴、胡、黄、色、黑桦	北	天然	≤40	41~60	61~80	81~120	≥121	20
	南	人工	≤20	21~40	41~50	51~70	≥71	10
杉、柳杉、水杉	南	人工	≤10	11~20	21~25	26~35	≥36	5

注：北➡是指黄河流域和黄河以北地区以及新疆、甘肃、祁连山和西南高山区。
南➡是指长江流域和长江以南地区。

需要说明的是，龄级仅仅是权宜之计，在集约经营森林时，还是使用林分的实际林龄，而不是龄级和龄组。

2.1.8.2 林分年龄计测

（1）实测年龄法　根据算数平均年龄或者断面积加权年龄的计算公式，实测每株树的年龄后，就可以根据公式计算林分年龄。由于确定单株树木年龄并非简单之事，因此，实际计测林分年龄时，通常是在林内按径阶抽出部分树木，实测其年龄，按式(2-35)或者式(2-36)计算年龄，并以此作为该林分的年龄。

（2）查阅造林档案法　天然林基本是异龄林，而异龄林年龄没有太大意义，因此，林分年龄计测主要针对人工同龄林。由于人工林基本有造林档案，因此，通过查阅造林技术档案等方法通常能得到准确的林分年龄。

（3）经验估测法　将树木年龄按龄级与龄组初步划分后，有经验的调查员根据林况就可以对林分龄级做出较好的估计。通常的做法是，在实际野外估测前对调查员进行目测训练，如同对树高等的目测方法相似，在已知林分年龄的标准地，让调查员进行实地练习，积累经验，达到目测精度后方可上岗。

（4）间接计算法　由于林分年龄与林分平均直径、胸高断面积等存在明显关系，通过容易测定的其他林分因子即可间接估测林分年龄。此方法简单但是前期需要数据建模，参考文献较多，这里给出几个参考模型。

$$A = c_0 + c_1 x + c_2 x^2 \tag{2-37}$$

$$A = -\frac{1}{c_2}\ln\left(\frac{c_0}{c_1 x} - \frac{1}{c_1}\right) \tag{2-38}$$

$$A = c_0 + c_1 \ln\left[1 - \left(\frac{x}{c_2}\right)^{c_3}\right] \tag{2-39}$$

式中：A 为林分年龄；x 为林分平均胸高断面积、平均胸径等林分因子。

2.2 直径结构

经验表明，林木经过长期的自然生长竞争后，林内直径、树高、树冠等许多因子都呈现出较稳定的结构规律。其中，林分内各径阶的株数分配状态叫作林分直径结构(stand diameter structure)，亦称林分直径分布(stand diameter distribution)。林分直径结构是最重要、最基本的林分结构，它不仅易于计测，也是许多森林经营技术及测树制表的依据。

2.2.1 直方图法

直方图(histogram)是表示各组数据变化与走向状况的二维图，通常横轴是分类数据的各分组名，纵轴用条棒长短表示各组中数据个数。如横轴是排序的直径阶或者树高阶，纵轴是某林分内各直径阶或树高阶的株数。直方图是研究数据分布的常用方法。

2.2.1.1 同龄林结构

由于遗传因素和所处的立地条件等的不同，使同龄林中各株林木的直径、树高、树冠等因子出现生长差异，在未遭受人为严重干扰和自然灾害情况下，这些差异将会表现出一定的规律。

(1) 同龄林直径分布接近正态分布型　同龄林各径阶株数通常会表现出算术平均直径大小的树木多、向两端大小径阶的林木株数逐渐减少的趋势，如图 2-10(a)。

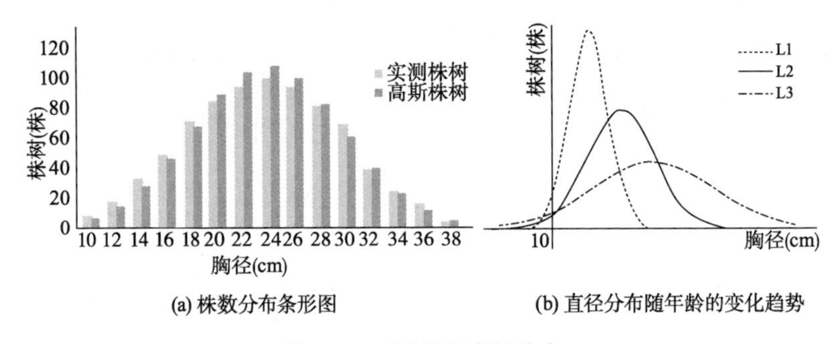

(a) 株数分布条形图　　(b) 直径分布随年龄的变化趋势

图 2-10　同龄林直径分布

林分年龄较小时，林分算术平均直径较小，分布曲线的偏度(skewness)为负偏态，峰度(kurtosis)为瘦尾，曲线表现为中心尖耸尾部狭窄。随着林龄增加，林分平均直径增大，林分直径分布逐渐接近于正态分布曲线。当林龄继续增加，则分布曲线的偏度逐渐呈现正偏态、峰度为长尾状态，分布曲线表现低矮扁平，如图 2-10(b) 中从 L1→L2→L3。

正态分布函数及偏度、峰度定义如下：

$$f(x)=\frac{1}{\sqrt{2\pi}\sigma}e^{-\frac{1}{2}\left(\frac{x-\mu}{\sigma}\right)^2} \tag{2-40}$$

$$skew(X)=E\left[\left(\frac{X-\mu}{\sigma}\right)^3\right] \tag{2-41}$$

$$kurt(X)=E\left[\left(\frac{X-\mu}{\sigma}\right)^4\right] \tag{2-42}$$

式中：E 为期望；μ 为均值；σ 为标准差。

样本 $x_i(i=1, \cdots, n)$ 的偏度、峰度可以依据下式计算。

$$skew = \frac{n}{(n-1)(n-2)}\sum_{i=1}^{n}\left(\frac{x_i-\bar{x}}{s}\right)^3 \tag{2-43}$$

$$kurt = \frac{n(n+1)}{(n-1)(n-2)(n-3)}\sum_{i=1}^{n}\left(\frac{x_i-\bar{x}}{s}\right)^4 - \frac{3(n-1)^2}{(n-2)(n-3)} \tag{2-44}$$

式中：s 为样本的标准偏差：

$$s = \sqrt{\frac{1}{n-1}\sum_{i=1}^{n}(x_i-\bar{x})^2} \tag{2-45}$$

（2）累积分布函数　如果直方图的横坐标是径阶、纵坐标是到该径阶的所有株数，则该图反映了株数的累计情况(图 2-11)，用于描述此种情况的曲线方程就是累积分布函数(cumulative distribution function)。它表示了小于某数值事件出现的概率和，是概率密度函数的积分，是有界且单调递增的，如高斯累计分布函数：

$$F(\tau,\ \mu,\ \sigma) = \frac{1}{\sqrt{2\pi}\sigma}\int_{-\infty}^{\tau} e^{-\frac{1}{2}\left(\frac{x-\mu}{\sigma}\right)^2}dx \tag{2-46}$$

如果已知林分的算术平均直径 μ 和标准差 σ，则可以根据式(2-46)计算该林分各径阶的理论株数。

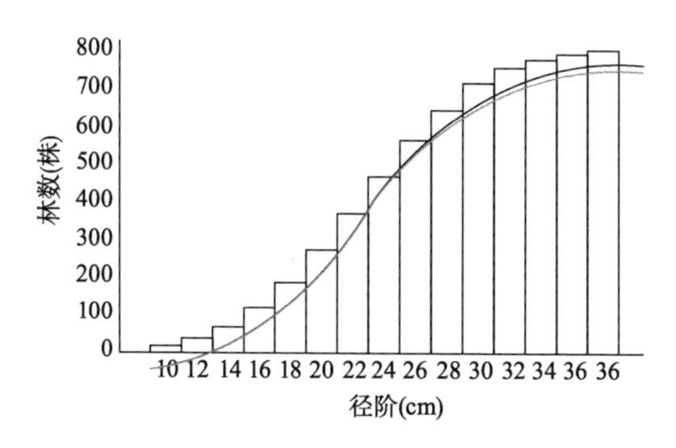

图 2-11　累积分布曲线

（3）直径分布检验　用正态分布函数等刻画直径分布是林业上常用的方法，但是正态分布曲线是否能够准确地表述该林分结构，需要进行χ^2统计检验。

如果林分划分了 m 个径阶，n_i^t 是拟合曲线计算的第 i 径阶的期望株数，n_i^r 是 i 径阶的实际株数，$i=1, 2, \cdots, m$，计算统计量χ^2：

$$\chi^2 = \sum_{i=1}^{m} \frac{(n_i^r - n_i^t)^2}{n_i^t} \tag{2-47}$$

由式(2-47)可见，实际频数与期望株数越接近，χ^2 值越小；反之，两者之间的差异越大。如果界定临界值，当 χ^2 小于该临界值则不能拒绝“拟合曲线完美地刻画了该直径结构”，否则推翻这种假设，这就是卡方检验。即得到 χ^2 后，查找或计算自由度 n、概率 α 的卡方分布临界值χ_α^2，如果$\chi^2<\chi_\alpha^2$值，则认为林分的直径结构遵从该分布，否则表明该分布曲线不合适。其中，正态分布有(μ, σ) 2 个统计量，所以自由度 $n=m-1-2$。

2.2.1.2 异龄林结构

异龄林由年龄相差一个龄级以上的林木组成，林冠参差不齐，垂直郁闭效果较好，有多个林层和树种，空间利用率高，抵御自然灾害能力强。其结构特点是小径木株数多，随着直径增大，林木株数快速减少，到一定径阶后株数减幅渐趋平缓，呈反“J”形分布[图 2-12(a)]。

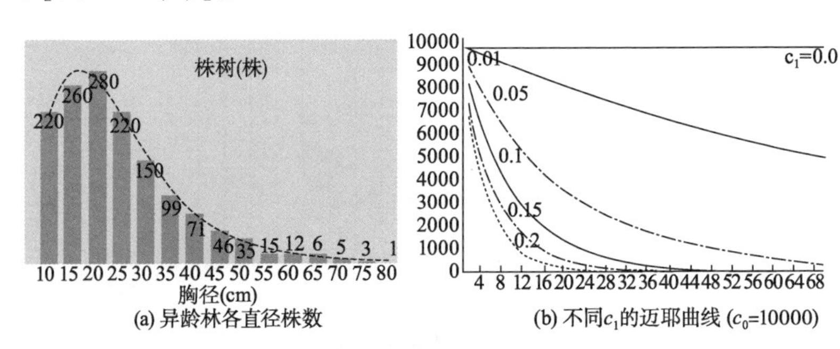

(a) 异龄林各直径株数

(b) 不同c_1的迈耶曲线 (c_0=10000)

图 2-12 异龄林直径分布与不同 c_1 值的迈耶曲线

迈耶(Meyer，1953)的研究表明，理想异龄林的直径分布遵从指数方程形式：

$$f(x) = c_0 e^{-c_1 x} \tag{2-48}$$

式中：x 是径阶；$f(x)$ 是 x 径阶株数；c_0 是林分的相对密度；c_1 是林木株数的递减速率。由图 2-12(b) 可见，随着 c_1 的增加，林木株数递减速率增大，林内大径阶树较少。

2.2.1.3　两个分布函数

不论同龄林还是异龄林，用分布函数表达其直径结构是最简洁的方法，同时分布函数把分散的数据结构变成连续状态，便于各种分析，这里介绍 2 个常用函数。

(1) 威布尔分布　威布尔分布的密度函数为：

$$f(x) = \begin{cases} \dfrac{c}{b}\left(\dfrac{x}{b}\right)^{c-1} e^{-\left(\frac{x}{b}\right)^c} & x > 0 \\ 0 & x \leqslant 0 \end{cases} \tag{2-49}$$

式中：x 为树木胸径；b 是比例参数，$b>0$；c 是形状参数。不同 c 值的威布尔曲线形状如图 2-13 所示，图 2-14(a) 是几个不同参数值的威布尔曲线。

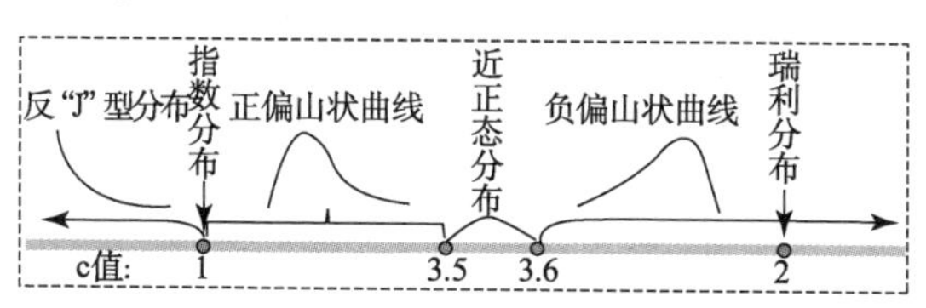

图 2-13　不同形状指数下的威布尔线型

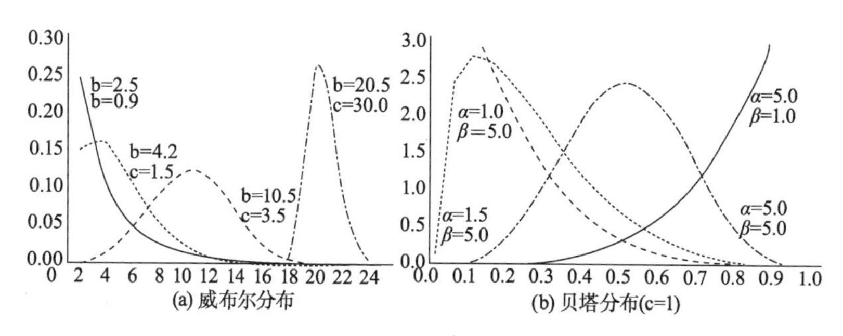

图 2-14　线形丰富的两个函数

威布尔分布的期望 *mean*、方差 *var*、偏度 *skew*、峰度 *kurt* 计算式为：

a) $mean = b\Gamma\left(1+\frac{1}{c}\right)$

b) $var = b^2\left\{\Gamma\left(1+\frac{2}{c}\right)-\Gamma\left(1+\frac{1}{c}\right)^2\right\}$

c) $skew = \dfrac{2\Gamma\left(1+\frac{1}{c}\right)^3-3\Gamma\left(1+\frac{2}{c}\right)\Gamma\left(1+\frac{1}{c}\right)+\Gamma\left(1+\frac{3}{c}\right)}{\left\{\Gamma\left(1+\frac{2}{c}\right)-\Gamma\left(1+\frac{1}{c}\right)^2\right\}^{1.5}}$

d) $kurt = \dfrac{\Gamma\left(1+\frac{4}{c}\right)-3\Gamma\left(1+\frac{1}{c}\right)^4+6\Gamma\left(1+\frac{2}{c}\right)\Gamma\left(1+\frac{1}{c}\right)^2-4\Gamma\left(1+\frac{3}{c}\right)\Gamma\left(1+\frac{1}{c}\right)}{\left\{\Gamma\left(1+\frac{2}{c}\right)-\Gamma\left(1+\frac{1}{c}\right)^2\right\}^2}$

其中伽马函数 $\Gamma(x)$ 的定义如下，

$$\Gamma(x)=\int_0^{+\infty}t^{x-1}\mathrm{e}^{-t}\mathrm{d}t,\ x>0 \tag{2-50}$$

它具有如下性质：

◇ $\Gamma(1)=1$，$\Gamma(0.5)=\sqrt{\pi}$，$\Gamma(-0.5)=-2\sqrt{\pi}$。

◇ $\Gamma(x+1)=x\Gamma(x)$，根据此式把 x 递归到 1.00~1.99，查伽马函数表，即可得到 $\Gamma(x)$。

◇ 如果 n 是自然数，$\Gamma(n)=(n-1)!$

林业应用中，如果已知树木直径最小径阶的下限值 a，威布尔分布可以表示成三参数形式：

$$f(x)=\begin{cases}\dfrac{c}{b}\left(\dfrac{x-a}{b}\right)^{c-1}\mathrm{e}^{-\left(\frac{x-a}{b}\right)^c} & x>a,\ b>0,\ c<0\\ 0 & x\leqslant a\end{cases} \tag{2-51}$$

其他参数与式(2-49)中参数同义。

(2) 贝塔分布　贝塔分布在数值算法与人工智能等领域应用广泛，其定义如下：

$$f(x) = \frac{1}{B(\alpha, \beta)} x^{\alpha-1}(1-x)^{\beta-1} \tag{2-52}$$

随着 α 与 β 的取值不同，贝塔分布展现了不同的线型，图2-14(b)是几个不同参数值的贝塔线型。其中，$B(\alpha, \beta)$ 是贝塔(Beta)函数，定义如下：

$$B(\alpha, \beta) = \int_0^1 x^{\alpha-1}(1-x)^{\beta-1}\mathrm{d}x \tag{2-53}$$

贝塔函数的性质：

◇　对称性：$B(\alpha, \beta) = B(\beta, \alpha)$

◇　递归性：

$$B(\alpha, \beta) = \frac{\alpha-1}{\alpha+\beta-1} B(\alpha-1, \beta),\ (\alpha > 1, \beta > 0)$$

$$B(\alpha, \beta) = \frac{\beta-1}{\alpha+\beta-1} B(\alpha, \beta-1),\ (\alpha > 0, \beta > 1)$$

$$B(\alpha, \beta) = \frac{(\alpha-1)(\beta-1)}{(\alpha+\beta-1)(\alpha+\beta-2)} B(\alpha-1, \beta-1),\ (\alpha > 1, \beta > 1)$$

◇ 与伽马函数关系：$B(\alpha, \beta) = \dfrac{\Gamma(\alpha)\Gamma(\beta)}{\Gamma(\alpha+\beta)}$

贝塔分布的众数 *mode*、期望 *mean*、方差 *var*、偏度 *skew*、峰度 *kurt* 分别为：

a) $mode = \dfrac{\alpha-1}{\alpha+\beta-2}$

b) $mean = \dfrac{\alpha}{\alpha+\beta}$

c) $var = \dfrac{\alpha\beta}{(\alpha+\beta)^2(\alpha+\beta+1)}$

d) $skew = \dfrac{2(\beta-\alpha)\sqrt{(\alpha+\beta+1)}}{\sqrt{\alpha\beta}(\alpha+\beta+2)}$

e) $kurt = \dfrac{6\{(\alpha - \beta)^2(\alpha + \beta + 1) - \alpha\beta(\alpha + \beta + 2)\}}{\alpha\beta(\alpha + \beta + 2)(\alpha + \beta + 3)}$

2.2.2 非参数方法

对直径结构的描述主要分为三大类方法。①用图解法等简单地表达林木直径大小序列，该方法简单直观，直方图是其典型代表。②用数学模型等来描述林木的直径结构规律，如正态分布、威布尔分布、贝塔分布等，这种方法的共同点是把所考虑的林分直径结构，假想其属于某一分布族，如果函数形式已知且估计出了参数，就可由模型给出直径结构，适合计算机运算。③非参数方法刻画直径结构，如果林分直径结构很难用同一分布族来描述，并且函数形式也无法得到，则非参数方法可以很好地刻画直径结构。由于非参数方法有很多种类，本书主要介绍一种简单并易于操作的非参数核密度估计方法。

2.2.2.1 核密度估计方法简介

X_1，X_2，…，X_n 是概率密度为 $f(x)$ 的总体的样本，令，

$$f_n(x) = \frac{1}{nw_n}\sum_{i=1}^{n} K\left(\frac{x - X_i}{w_n}\right) \qquad (2\text{-}54)$$

式中：$K(x)$ 为样本函数，一般取为适当的概率密度函数；w_n 为窗宽，通常与样本有关，且 $w_n \to 0$，(a. s.) $n \to \infty$。称上式为非参数核密度估计，简称核密度估计(kernel density estimation)。

林分直径结构模拟中的 $K(x)$ 需要满足以下几个条件：

ⅰ> $\sup\limits_{x\to\infty} K(x) \leqslant M < \infty$，$\lim\limits_{x\to\infty} |x| K(x) = 0$

ⅱ> $K(x) = K(-x)$，$x \in R$，$\int x^2 K(x)\,dx = A < \infty$

ⅲ> $K(x)$ 的特征函数 $\varphi_k(x)$ 绝对可积。

满足以上三个条件的核函数很多，如：

a) $K_1(x) = \dfrac{1}{\sqrt{2\pi}} e^{-\frac{x^2}{2}}$

b) $K_2(x) = \dfrac{1}{\pi(x^2+1)}$

c) $K_3(x) = \begin{cases} 0.5 & |x| \leqslant 1 \\ 0 & |x| > 1 \end{cases}$

d) $K_4(x) = \begin{cases} \dfrac{1}{\sqrt{6}} - \dfrac{|x|}{5} & |x| \leqslant \sqrt{6} \\ 0 & |x| > \sqrt{6} \end{cases}$

e) $K_5(x) = \begin{cases} \dfrac{2}{\pi}\left[\dfrac{\sin(0.5x)}{x}\right]^2 & x \neq 0 \\ \dfrac{1}{2\pi} & x = 0 \end{cases}$

f) $K_6(x) = \begin{cases} \dfrac{3(a^2 - x^2)}{4a^3} & x^2 \leqslant a^2 \\ 0 & x^2 > a^2 (a > 0) \end{cases}$

g) $K_7(x) = \begin{cases} \dfrac{3}{4\sqrt{5}}\left(1 - \dfrac{x^2}{5}\right) & |x| \leqslant \sqrt{5} \\ 0 & |x| > \sqrt{5} \end{cases}$

如果取 w_n 满足 $w_n \to 0$，$nw_n/\log(n) \to \infty$（a. s.），就能保证 $f_x(x)$ 逐项收敛于 $f(x)$（a. s.）。实际应用中 w_n 不宜太小，如果 w_n 太小，可能出现无点落入情况，使拟合曲线波动变大，不能反映出内在的规律性。具体 w_n 取值多少合适可以通过经验或尝试法得到，接下来给出一个 w_n 的经验计算公式。

进行直径结构模拟时，会选用某一径阶大小，即直方图的宽度 λ，如果选用模拟核函数的最大值是 $v_{\max}$，则：

$$\int K(x/w_n) = \lambda v_{\max}$$

所以，

$$w_n = \lambda v_{\max} \tag{2-55}$$

式(2-54)中的 $f_n(x)$ 给出的是概率密度函数，如果林分的总株

数为 n，则到径阶 b 的累计株数 N_b。

$$N_b = n\int_0^b f_n(x)\,\mathrm{d}x \tag{2-56}$$

同样可以求出到 b 前一径阶 a 的株数 N_a，于是$[a,\ b)$间的株数。

$$N_a^b = N_b - N_a = N\int_a^b f_n(x)\,\mathrm{d}x = \frac{1}{w_n}\int_a^b \sum_{i=1}^{n} K\left(\frac{x - X_i}{w_n}\right)\mathrm{d}x \tag{2-57}$$

2.2.2.2 非参数核函数法应用

非参数核函数法在应用上很简单，确定核函数后，直接用该函数替换式(2-54)中的 $K(x)$，然后再根据式(2-55)计算出窗宽后，即可模拟给定林分的直径结构。

例子：已知某林分的每木检尺结果如表 2-9。

表 2-9　某林分的各径阶株数

径阶(cm)	4	6	8	10	12	14	16	$\sum$
株数(株)	1	3	12	11	19	8	2	56

现在用非参数核估计方法模拟该林分。

(1) 选择核函数　核函数选择比较宽泛，前文已经给出了几个核函数，当然我们也可以根据核函数所需要条件自己定义函数。比如选择高斯函数式 a)为核函数。

(2) 给定窗宽 w_n　所选择核函数 $K(x)$ 的最大值为 $1/\sqrt{2\pi} = 0.3989$，由于所给林分的径阶宽度是 2cm，根据式(2-55)，确定窗宽为 $w_n = 0.7979$。

(3) 确定核密度估计函数　只需要把式(2-54)定义中的 $K(x)$ 替换为选定的高斯核函数即可，即：

$$f_n(x) = \frac{1}{\sqrt{2\pi}\,nw_n}\sum_{i=1}^{n} \mathrm{e}^{-\frac{1}{2}\left(\frac{x-X_i}{w_n}\right)^2} \tag{2-58}$$

(4) 计算各径阶株数　根据上式即可计算各径阶株数，如图 2-15，可以看出，结果非常接近实际的各径阶株数。

有些读者可能疑问，这样做的目的是什么？从式(2-58)可以

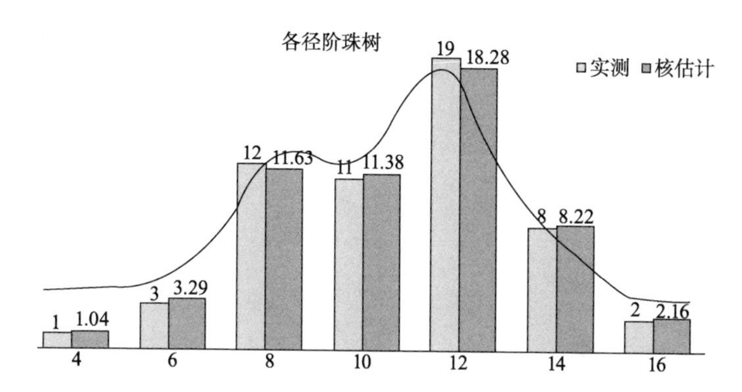

图 2-15 样地各径阶株数与非参数核估计株数

看到，直径 x 是连续的，已经不是离散状态，这样便于进一步的分析与计算。

与传统的分布模型比较，非参数核方法模拟精度很高。但是，如果数据不准确，这种高度依赖数据的模拟方法也将不准确。

2.3 树高结构

林分内各树高级的株数分配状态称作林分树高结构(stand height structure)或林分树高分布(stand height distribution)。经验表明，同龄纯林中的最小树高大约是林分平均树高的 0.67 倍，最大树高大约是林分平均树高的 1.19 倍，变动幅度比直径小。

与直径结构相似，树高结构在小树高级时株数较少，随着树高级增加株数增加，在接近林分平均高的树高级株数达到最多，之后，在大树高级时株数又开始减少，呈近正态分布曲线。

2.3.1 直方图法

直方图法也是表示树高结构的一种有效方法，这种用横(纵)轴代表各树高级、纵(横)轴用条形或棒状图长短代表各树高级株数的方法，非常直观地表示了林分的树高结构。如图 2-16 纵向的条形图是某实测林分的各径阶株数，横向的条形图是该林分各树高级的株数分布情况。

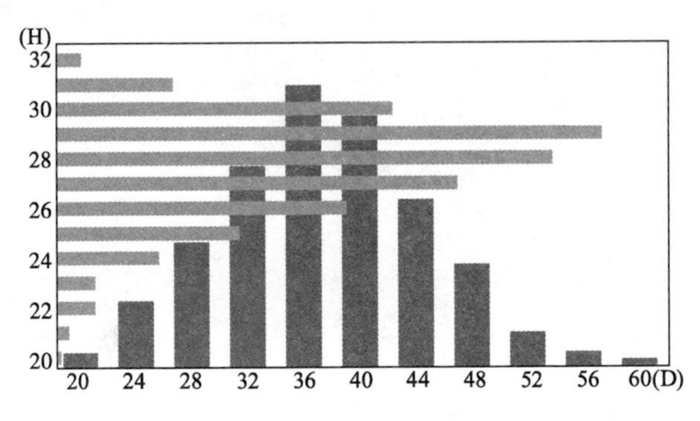

图 2-16　树高与直径结构直方图

2.3.2　树高结构曲线

与直径结构可以用分布曲线描述一样，树高结构也同样可以选择正态分布、威布尔分布、贝塔分布等合适的模型进行拟合，当然也可以用其他曲线或非参数方法拟合。本节再介绍一个对数正态分布曲线，其数学定义如下：

$$f(x)=\begin{cases}\dfrac{1}{\sqrt{2\pi}\sigma x}e^{-\frac{1}{2}\left(\frac{\ln x-\mu}{\sigma}\right)^2} & x>0\\ 0 & x\leqslant 0\end{cases} \tag{2-59}$$

对数正态分布的数学期望和方差分别为：

a) $E(X)=e^{\mu+\frac{\sigma^2}{2}}$

b) $D(x)=(e^{\sigma^2}-1)e^{2\mu+\sigma^2}$

偏度 *skew*、峰度 *kurt*、众数 *mode*、中位数 *median* 分别为：

c) $skew=(e^{\sigma^2}+2)\sqrt{e^{\sigma^2}-1}$

d) $kurt=e^{4\sigma^2}+2e^{3\sigma^2}+3e^{2\sigma^2}-6$

e) $mode=e^{\mu-\sigma^2}$

f) $median=e^{\mu}$

从偏度计算式可以看到，对数正态分布的偏度大于 0，表明该曲线始终是正偏的，对于数据右端有较多极端值的情况拟合效果会较好；峰度值随着方差的增大而变大，峰顶变得越加尖削。图 2-17是几个不同(μ，σ)的对数正态分布曲线。

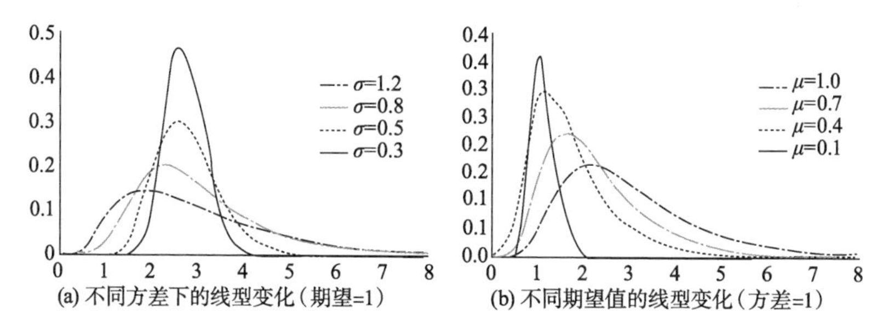

(a) 不同方差下的线型变化（期望=1）　(b) 不同期望值的线型变化（方差=1）

图 2-17　方差和期望变化下的对数正态分布曲线

2.4　角规测树

角规测树最早是由奥地利毕特利希在 1947 年开始推广使用的一种林分断面积计测方法，由于工具制作简单且具有较高的测定效率，因此，角规测树在世界各国得到广泛应用。

所谓角规(angle gauge)是具有固定视角的一种器具，最常见的是杆状和片状角规。在长度为 L 的木板一端插入间距为 l 的两根金属，只要 l/L 的比值是某一固定值，即制成了杆状角规。应用时，从视点 O 经过前端 AB 缺口形成的放射状三角形观察林木，统计树木与视线的相割、相切的株数，进而实现树木计测[图 2-18(a)]。

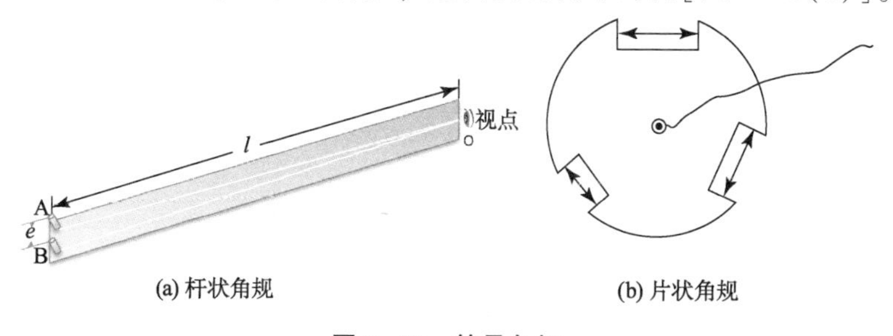

(a) 杆状角规　(b) 片状角规

图 2-18　简易角规

便于携带起见，人们制作了出了很多类型的角规，比如在一个金属圆片上开出不同宽度的口，中间系上不具伸缩性的绳子，并在绳子不同长度位置打结，就制作成了片状角规[图 2-18(b)]。

2.4.1 角规原理

与常规固定样地面积的林木调查方法不同，角规是依树木胸径不同从而设置面积不同圆形样地的一种调查方法。

对于林内胸径为 d(断面积 $g=\pi d^2/4$)的树木，使用角规在 O 点通过 ab 之间的缺口观测此树木，这样从眼睛出发过缺口端的两视线正好与树木两个边缘 A 和 B 相切(图 2-19)。其中，R 是视点到树木中心的样圆半径，w 和 L 分别是角规的缺口宽度和长度。

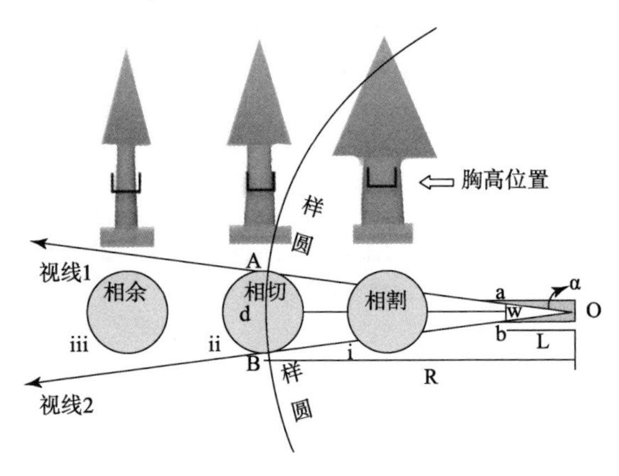

图 2-19　角规原理

由于△OAB~△Oab，所以：

$$\frac{L}{w}=\frac{R}{d}\rightarrow R=\frac{L}{w}d$$

于是样圆面积 S 为：

$$S=\pi R^2=\pi\left(\frac{L}{w}\right)^2 d^2$$

若样圆面积是 10000m²，则胸高总断面积 G 为：

$$\frac{10000}{G}=\frac{S}{g}=\frac{\pi\left(\frac{L}{w}\right)^{2}d^{2}}{\frac{\pi}{4}d^{2}}=4\left(\frac{L}{w}\right)^{2}$$

$$G=2500\left(\frac{w}{L}\right)^{2}(\mathrm{m}^{2}/\mathrm{hm}^{2}) \tag{2-60}$$

如果角规缺口宽度和长度的比值 $w/L=1/50$，由式(2-60)知，此时 $G=1\mathrm{m}^2$，就是说样圆内 1 株树代表胸高断面积是 $1\mathrm{m}^2$。如图 2-19，相割的ⅰ号树全部在样圆内，所以断面积是 $1\mathrm{m}^2$；相切的ⅱ号树有一半在样圆内，所以断面积是 $0.5\mathrm{m}^2$；而相余的ⅲ号树不在样圆内，它不能代表任何断面积，这是角规计测的基本原则。

以上是样圆面积为 $1\mathrm{hm}^2$ 的情况。如果 $w/L\neq 1/50$，可令 $10000/f_{ag}=S/g$，因此：

$$f_{ag}=10000\frac{\frac{\pi}{4}d^{2}}{\pi\left(\frac{L}{w}\right)^{2}d^{2}}=2500\left(\frac{w}{L}\right)^{2}=2500\left(\frac{d}{R}\right)^{2} \tag{2-61}$$

f_{ag}称为角规系数。因此，每株相割林木的胸径，相当于每公顷有 $f_{ag}\mathrm{m}^2$ 断面积，如果样圆内有 n 株相割(相切时 2 株计 1 株)树木，则每公顷断面积：

$$G=f_{ag}n \tag{2-62}$$

常用的f_{ag}见表 2-10。

表 2-10　几个角规常数对应的缺口宽与尺长

f_{ag}	0.5	1	2	4
$\frac{w}{L}$	$\left\{\frac{0.71}{50}\middle\vert\frac{1}{70.71}\right\}$	$\frac{1}{50}$	$\left\{\frac{1.41}{50}\middle\vert\frac{1}{35.36}\right\}$	$\left\{\frac{2}{50}\middle\vert\frac{1}{25}\right\}$

2.4.2　角规绕测与计数

按随机抽样或系统抽样等办法，在林内选定角规绕测点，调查员在测点站立，把角规缺口对准待测树木，另一端靠近调查员眼睛。调查员通过缺口观测树木胸径位置，判断树木是在两视线的内侧，正好相切，还是在两视线外侧，对应记录0、0.5、1。按这种办法，从某一方位开始，按顺时针或逆时针绕测360°，记录视线所扫描树木中相割和相切的株数，这就是角规绕测。在初期主要用于求解林分断面积，现在已经扩展到用于求算蓄积量、公顷株数等林分因子。

角规绕测注意事项

- 绕测时眼睛要与角规保持垂直，且在360°旋转时保持位置不变。
- 角规测点保持不变，如遇遮挡枝杈要砍除，不便砍除必须移位时，要保持移位前后距离不变，且测完后立即复位。
- 标记初始位避免重测和漏测。
- 相切树要实际测量胸径及到测点距离，通过计算判断树木取舍。

2.4.2.1 角规计数

如图2-20，当：

① 树木胸高断面在角规两视线之间，即“相余”，计数“0”。

② 树木胸高断面边缘恰好到达角规两视线位置，即“相切”，计数“0.5”。

③ 树木胸高断面遮断了角规两视线，即“相割”，计数“1”。

如此，绕测一周中所有“1”与“0.5”的合计，即为该测点的角规计数。野外记录纸见表2-11。

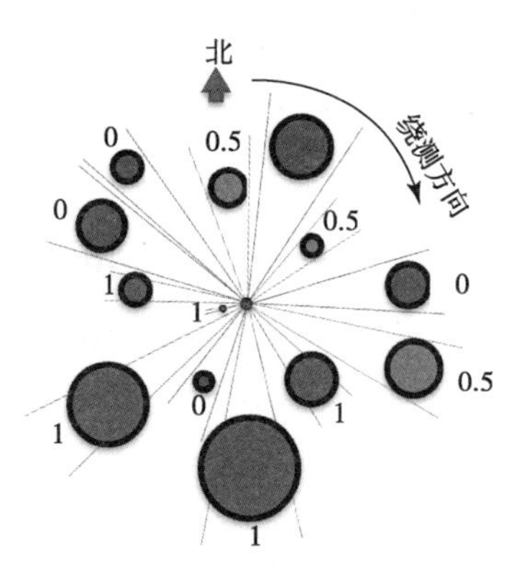

图2-20 角规计数

表 2-11　角规绕测记录

树种名	测点 1			…	测点 k		
	相(割 | 切)	胸径	水平距	…	相(割 | 切)	胸径	水平距
【1】	【2】	【3】	【4】		【$3k-1$】	【$3k$】	【$3k+1$】
				…			
				…			
				…			
				…			

注：相(割 | 切)：相割记“1”，相切记“0.5”并测量相切树胸径及到测点的水平距离；胸径：相切树胸径；水平距：相切树到测点水平距。

据式(2-61)可知，

$$R = \frac{50}{\sqrt{f_{ag}}} d \tag{2-63}$$

因此，

$$R = \begin{cases} 70.70d & \text{if} \quad f_{ag} = 0.5 \\ 50d & \text{if} \quad f_{ag} = 1 \\ 35.35d & \text{if} \quad f_{ag} = 2 \\ 25d & \text{if} \quad f_{ag} = 4 \end{cases}$$

如果测量出林木胸径 d 及到测点的水平距 L，则可以根据测量结果进行计数：

$$N = \begin{cases} 1 & \text{if} \quad L < R \\ 0.5 & \text{if} \quad L = R \\ 0 & \text{if} \quad L > R \end{cases}$$

这种对进入角规计测的树木实测胸径的做法叫做角规控制检尺，对于难以判断是否相切的树木，通过角规控制检尺可以准确对其进行判定；同时，该方法还可以计测林分蓄积量、公顷株数等因子。

2.4.3 角规测树方法

利用角规可以计测单位面积上林分的断面积、蓄积量、株数以及林分平均直径、树种组成、疏密度等因子。其中，角规计测公顷断面积效率较高，而估单位面积株数的效率不高，且易出现小树株数偏多、大树株数偏少情况。

2.4.3.1 公顷断面积计测

根据式(2-62)可知，角规常数与绕测株数乘积就是该林分的公顷断面积。实际计测工作中，为保证精度都要进行多点绕测，然后把各点平均数作为该林分的公顷断面积，即：

$$G=\frac{f_{ag}}{k}\sum_{i=1}^{k}n_i \tag{2-64}$$

式中：G 为林分公顷断面积(m^2/hm^2)；n_i 为测点 i 的绕测株数(株/hm^2)；k 为测点数；f_{ag}为角规常数，注意：角规测定同一林分时，角规常数要一致。

下面，明确几个角规测树的常见问题。

(1) 测点数目　角规测点位置要有代表性，不能设置于林分中过密或过疏的位置，其数量也有一定要求。实际上，角规测点数目在角规技术引入中国初期，林业工作者就进行了大量精度比对工作，并给出了基本结论。表2-12是1963年林业部国有林调查设计规程草案给出的典型取样的测点数目。

表2-12　角规点数($f_{ag}=1$)

面积(hm^2)	1	2	3	4	5	6	7~8	9~10	11~15	>16
点数(个)	5	5	9	11	12	14	15	16	17	18

如果用随机设点方式，测点数目取决于调查林分的角规计数木株数变动系数和调查精度，而且通常要增加一定比例的保证测点数。

(2) 角规常数选择　角规常数大小影响计测精度和工作量，彼特里希建议采用$f_{ag}=4$的角规。吉林省林业勘测二大队在1974年通过对计测结果的分析，给出表2-13的参考信息。

表2-13 角规常数(f_{ag})选择参照

林分特征	f_{ag}
平均直径8~16cm的中龄林，或疏密度0.3~0.5的林分	0.5
平均直径17~28cm，疏密度0.6~1.0的中、近熟林	1
平均直径大于28cm，疏密度0.8以上的成、过熟林	2或4

需要注意的是，同一总体内的林分调查，必须使用同一角规常数，否则，由于抽样强度不同会产生偏差。

(3) 坡度矫正 角规是按平地设计的，如果在坡地上测树，需要对其进行坡度矫正。常用的有两种矫正方法：一种是绕测时按平地处理，得到绕测株数n_θ，然后乘以平均坡度θ的正割值，以此作为最终的绕测株数n，即：

$$n = n_\theta \sec(\theta) \tag{2-65}$$

由于林地的复杂性，这种平均修正方法存在的偏差相对较大。另外一种是单株修正方法，通过修正角规缺口宽度或杆长的方法来进行测定。修正杆长的方法是：首先测定观测树木与测点之间的坡度θ_i，然后改变杆长到L_θ，最后用改变杆长后的角规进行测量。坡度与杆长的关系如下：

$$L_\theta = L\sec(\theta_i) \tag{2-66}$$

表2-14是基准长50cm的杆长与不同坡度的对应关系。

表2-14 不同坡度的角规杆长变化(基准长50cm)

坡度(°)	杆长(cm)	坡度(°)	杆长(cm)	坡度(°)	杆长(cm)	坡度(°)	杆长(cm)	坡度(°)	杆长(cm)
1	50.01	11	50.94	21	53.56	31	58.33	41	66.25
2	50.03	12	51.12	22	53.93	32	58.96	42	67.28
3	50.07	13	51.32	23	54.32	33	59.62	43	68.37

（续）

坡度（°）	杆长（cm）	坡度（°）	杆长（cm）	坡度（°）	杆长（cm）	坡度（°）	杆长（cm）	坡度（°）	杆长（cm）
4	50.12	14	51.53	24	54.73	34	60.31	44	69.51
5	50.19	15	51.76	25	55.17	35	61.04	45	70.71
6	50.28	16	52.01	26	55.63	36	61.8	46	71.98
7	50.38	17	52.28	27	56.12	37	62.61	47	73.31
8	50.49	18	52.57	28	56.63	38	63.45	48	74.72
9	50.62	19	52.88	29	57.17	39	64.34	49	76.21
10	50.77	20	53.21	30	57.74	40	65.27	50	77.79

市场上有根据坡度自由变换长度的角规，由于每株树都要修正杆长，非常繁琐。因此，在坡地上一般使用带自动矫正坡度的角规进行测定。

（4）林缘处理　如果林分内最大胸径为 d_{max}，根据式(2-63)可知，最大样圆半径 $R_{max}=50d_{max}/\sqrt{f_{ag}}$，因此，只要测点到林缘的距离大于 R_{max}，就避开了林缘。

如果林缘无法避开，则根据实际情况，绕测部分角度，然后乘以一定倍数到得到一周 360° 的株数，以此作为最终结果。如图 2-21，如果测点只能位于林缘上，(a)、(b)、(c)、(d)只能测到林分的 3/4、1/2、1/4 和 1/8，则最终结果的计测株数需要分别乘以 4/3、2、4 和 8。

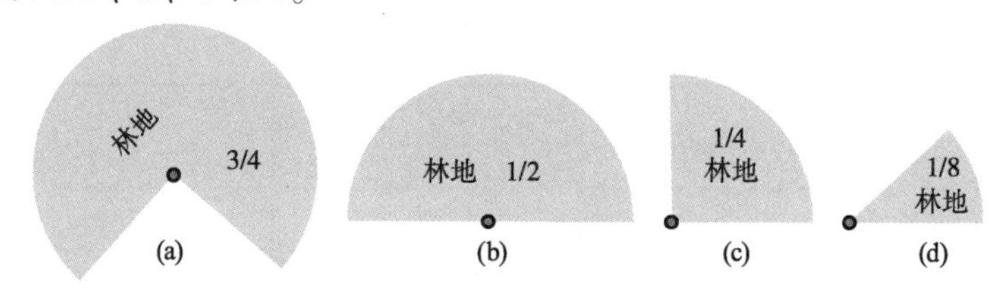

图 2-21　林缘处理例

例子：某兴安落叶松混交林，用f_{ag}的角规绕测，其中兴安落叶松 27.5 株，白桦 16 株，山杨 10.5 株。于是，

① 兴安落叶松公顷断面积：$4\times27.5=110m^2$；

② 白桦公顷断面积：$4\times16=64m^2$；

③ 山杨公顷断面积：$4\times10.5=42m^2$。

该林分的单位总断面积$=110+64+42=216m^2/hm^2$。

各树种所占的成数：

① 兴安落叶松：$\frac{110}{216}\times10\overset{int}{\Rightarrow}5$；

② 白桦：$\frac{64}{216}\times10\overset{int}{\Rightarrow}3$；

③ 山杨：$\frac{42}{216}\times10\overset{int}{\Rightarrow}2$。

所以，该林分的树种组成为：5 落 3 桦 2 杨。

2.4.3.2　公顷蓄积计测

立木材积 v 可由断面积 g、树高 h 和形数 f 的乘积得到，树高和形数乘积(hf)也叫形高，即 $v=g(hf)$。累计单株或各径阶材积即为林分蓄积量。

设 n_i 是第 i 株树木角规计数值，根据角规原理，该株树断面积 g_i 为：

$$g_i=f_{ag}n_i \tag{2-67}$$

如果已知该株树的形高$(hf)_i$，则此株树的材积 v_i 为：

$$v_i=f_{ag}n_i(hf)_i \tag{2-68}$$

累计绕测进入计数的所有树木(k 株)，即得到该林分蓄积量 V：

$$V=\sum_{i=1}^{k}f_{ag}n_i(hf)_i=f_{ag}\sum_{i=1}^{k}n_i(hf)_i \tag{2-69}$$

绕测时，如果实测进入计数的树木胸径，根据一元材积表，能够得到该树木的形高：

$$fh=\frac{v}{g}=\frac{4v}{\pi d^2} \tag{2-70}$$

于是，就可以利用式(2-69)计测林分蓄积量。

如果已知一元材积式，则计算更加方便，比如 $v=c_0d^{c_1}$，则胸径为 d 的树木形高为：

$$fh=\frac{v}{g}=\frac{c_0d^{c_1}}{\left(\frac{d}{200}\right)^2\pi}=\frac{40000}{\pi}c_0d^{c_1-2} \tag{2-71}$$

带入式(2-65)，得到林分蓄积量：

$$V=\frac{40000}{\pi}c_0f_{ag}\sum_{i=1}^{k}n_id_i^{c_1-2} \tag{2-72}$$

可见，如果有表2-11中角规控制检尺数据，根据式(2-72)即可获取该林分蓄积量。

温馨提示

■ 目前国内胸径单位默认是“cm”，而一元材积式模型计算出来的材积是“m^3”，为保证单位统一，计算形高的式(2-70)中胸径一定要用“m”。因此，式(2-71)中胸径 d 除以了100。

2.4.3.3 公顷株数

如果 $B_i=f_{ag}n_i$ 是 i 径阶的总公顷断面积，则该径阶的公顷株数 m_i：

$$m_i=\frac{B_i}{g_i}=\frac{f_{ag}n_i}{\pi\left(\frac{d_i}{2}\right)^2}=\frac{4f_{ag}n_i}{\pi d_i^2} \tag{2-73}$$

于是，累计全部径阶株数即为该林分的公顷株数 N。

$$N=\sum_{i=1}^{k}m_i=\sum_{i=1}^{k}\frac{4f_{ag}n_i}{\pi d_i^2}=\frac{4f_{ag}}{\pi}\sum_{i=1}^{k}\frac{n_i}{d_i^2} \tag{2-74}$$

式中：n_i 为 i 径阶的角规绕测株数；d_i 为 i 径阶的径阶中值；k 为径阶总数；f_{ag} 为角规常数。

所以，把角规控制检尺数据按各径级整理，根据式(2-74)就可以计算测定林分的公顷株数。

例子：用角规常数为 1 的角规，对黑龙江省丹青河某冷杉林进行角规控制检尺，结果如表 2-15，试估计该林分的公顷株数、平均直径、公顷蓄积量。

表 2-15　角规控制检尺数据的公顷蓄积量和株数计算

外业测量数据		推演的各径级因子			
径阶(cm)	绕测计数(株)	总断面积(m^2/hm^2)	株树(株)	形高(m)	蓄积量(m^3/hm^2)
12	1	1	88	5.969	5.969
14	2	2	129	6.477	12.954
16	3	3	149	6.952	20.856
18	3.5	3.5	137	7.400	25.900
20	3.5	3.5	111	7.825	27.388
22	4	4	105	8.231	32.923
24	4.5	4.5	99	8.619	38.788
26	5	5	94	8.993	44.966
28	4	4	64	9.354	37.414
30	3.5	3.5	49	9.702	33.957
32	2.5	2.5	31	10.040	25.099
34	1	1	11	10.368	10.368
36	1	1	9	10.687	10.687
合计		38.5	1076		327.269

① 由于 $f_{ag}=1$，对各径阶绕测株数求和就是该林分的公顷断面积 G，所以 $G=38.5m^2/hm^2$。

② 依据式(2-69)，计算得到该林分的公顷株数 $N=1076$ 株。

③ 根据式(2-2)，得到此林分的平均直径 $d_g = 2\sqrt{g/\pi} = 200\sqrt{(38.5/1076)/3.14} = 21.3\text{cm}$。

④ 根据表 1-7 知，黑龙江省丹青河冷杉林的一元材积式为：

$$v = 1.2554 \times 10^{-4} d^{2.5302}$$

利用式(2-72)计算，得到该林分的公顷蓄积量是 327.269m^3。

各径阶计算数据参见表 2-15。

2.5 林分生长量

林分生长量(stand growth)是组成林分的林木在一定时间内直径、树高或材积等因子的累计变化量。默认情况下，林分生长量指林分中所有林木累计材积即蓄积量的变化量。

由于天然林往往是多龄级、多树种共存，其生长过程复杂，缺少林木生长过程中的动态数据，所以目前大多文献是以人工林或同龄林为目标的研究结果，林分生长与树木个体有很多相似之处，林分在幼龄期呈正增长、中龄期缓慢增长、近熟龄增长停滞、成过熟龄呈负增长趋势。但是，由于个体枯损死亡和人类影响等原因，林分生长量又表现出复杂的一面。

2.5.1 林分生长量种类

林分生长量有多种分类，主要有以下六种。

2.5.1.1 进界生长量

调查期初未达到起测径阶，而调查期末进入计测范围的林木材积之和称为进界生长量(${}_{g}^{e}V^{J}$, ingrowth)。如图 2-22，期初调查时，直径为 4cm 的 9 株树未达到 6cm 起测径阶，期末调查时进入 6cm，计入调查簿。

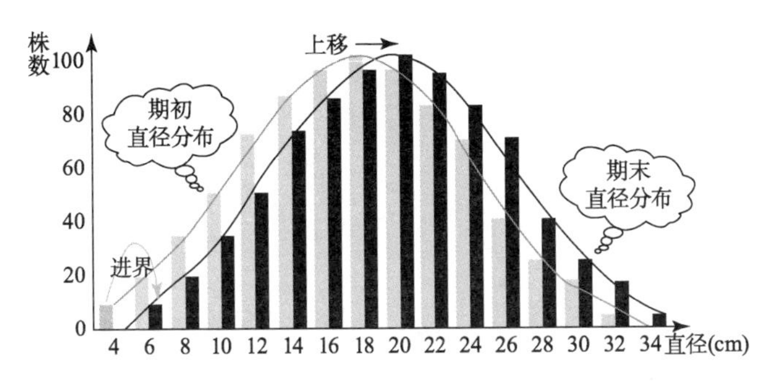

图 2-22　进界生长示意图

2.5.1.2　枯损量

在调查间隔期内，林分内的死亡树木材积总量（${}_{s}^{e}V^{K}$,mortality）。

2.5.1.3　采伐量

采伐量（${}_{s}^{e}V^{F}$,cut）是指调查间隔期内人类采伐的树木材积总量，有主伐量和间伐量两类。

2.5.1.4　净增量

林分的期末蓄积${}^{e}V^{m}$与期初蓄积量${}_{s}V^{m}$之差称为林分净增量（${}_{s}^{e}V^{z}$,net increase）。其中，进界生长量的有无对林分净增量有影响，从研究角度，可能需要只考虑林木增长信息，排除因为人为标准而额外加入的部分。

$$
{}_{s}^{e}V^{z} = \begin{cases} {}^{e}V^{m} - {}_{s}V^{m} & \text{含进界生长量} \\ {}^{e}V^{m} - {}_{s}V^{m} - {}_{s}^{e}V^{J} & \text{不含进界生长量} \end{cases} \tag{2-75}
$$

2.5.1.5　纯生长量

某调查间隔期内的净增量与采伐量之和是林分的纯生长量（${}_{s}^{e}V^{c}$,net growth）。

$$
{}_{s}^{e}V^{c} = {}_{s}^{e}V^{z} + {}_{s}^{e}V^{F} = \begin{cases} {}^{e}V^{m} - {}_{s}V^{m} + {}_{s}^{e}V^{F} & \text{含进界生长量} \\ {}^{e}V^{m} - {}_{s}V^{m} - {}_{s}^{e}V^{J} + {}_{s}^{e}V^{F} & \text{不含进界生长量} \end{cases} \tag{2-76}
$$

2.5.1.6 毛生长量

林分在调查间隔期内生长的总材积，是毛生长量（${}_{s}^{e}V^{m}$，gross growth）。

$$
{}_{s}^{e}V^{m} = {}_{s}^{e}V^{c} + {}_{s}^{e}V^{K} = \begin{cases} {}^{e}V^{m} - {}_{s}V^{m} + {}_{s}^{e}V^{F} + {}_{s}^{e}V^{K} & \text{含进界生长量} \\ {}^{e}V^{m} - {}_{s}V^{m} - {}_{s}^{e}V^{J} + {}_{s}^{e}V^{F} + {}_{s}^{e}V^{K} & \text{不含进界生长量} \end{cases} \tag{2-77}
$$

2.5.2 林分生长量计测

从前节介绍的林分生长量种类可知，林分生长量计测几乎都需要两期数据，因此，其计测方法也分为固定标准地多期实测法和典型实测推演法。前者方法简单且精度高，但是需要长时间的标准地数据积累；后者是根据单期或部分测定数据在一定假设前提下的推演结果，往往误差较大。

2.5.2.1 固定标准地多期实测法

通过在林内设定固定标准地或固定样地，在林分生长的不同阶段，进行各因子的重复观测，是掌握森林动态变化的基础方法，也是其他推演方法的前提，更是准确了解森林枯损等规律的唯一方法。

（1）固定标准地设置方法　用于在不同时间内重复测定林内各因子、以推定林分生长信息为目的的固定位置与大小的地块称为固定标准地（permanent sample plot）。在标准地设置时注意以下事项：

① 固定标准地必须要有充分的代表性，并保持与自然条件的一致性；

② 标准地必须设置在同一林分内，不能跨越林分，不能跨越小河、道路或伐开的调查线，且应离开林缘；

③ 由于要重复观测，固定标准地要考虑复位的简易性，在标准地中心设置中心桩，记录经纬度，对标准地内全部树木从西北到东南逐株、从左至右挂牌编号；

④ 测定时应在林木生长停滞季节，且要详细记录间伐、人为或动物损害、病虫害、枯损等信息；

⑤ 标准地测定年限间隔，根据树种生长快慢以及目的可以间隔 1 年、2 年、5 年、10 年；对于珍贵或濒危树种以及特殊目的，可以通过传感器实时监测，获取 10min 一组或更短时间的数据。

（2）基于固定标准地数据计测生长量

例子：广西某米老排 400m^2 样地第 10 年和 15 年的胸径和树高测量结果见表 2-16，期间采伐蓄积量为 1. 302m^3，枯损 0. 298m^3，试计算此林分的蓄积生长量。

表 2-16 米老排固定样地间隔 5 年的胸径、树高及采伐、枯死变化

No	第 10 年测量			第 15 年测量		
	d_1	h_1	v_1	d_2	h_2	v_2
1	5. 1	9. 9	0. 012	9. 3	13. 1	0. 046
2	6. 9	12. 8	0. 026	12. 7	19. 3	0. 115
3	6. 3	11. 6	0. 020	采伐		
4	7. 1	12. 8	0. 027	12. 4	18. 1	0. 104
5	8. 8	14. 3	0. 045	13. 6	21. 2	0. 143
6	8. 1	12. 6	0. 034	12. 5	19. 7	0. 114
7	8. 6	14. 3	0. 043	采伐		
8	7. 7	13	0. 032	12. 7	17. 5	0. 106
9	10. 0	15. 9	0. 062	14. 2	20. 6	0. 151
10	9. 1	14. 4	0. 048	14. 2	20. 4	0. 149
11	9. 7	14. 8	0. 055	15. 3	23. 1	0. 192
12	9. 4	15. 1	0. 053	13. 6	20. 9	0. 141
13	9. 9	14. 6	0. 057	15. 1	20. 9	0. 171
14	10. 1	16. 2	0. 064	采伐		
15	10. 4	16. 2	0. 068	14. 6	22. 8	0. 174
16	10. 8	17. 5	0. 078	14. 9	19. 9	0. 16

（续）

No	第10年测量			第15年测量		
	d_1	h_1	v_1	d_2	h_2	v_2
17	12.0	18.4	0.100	17.5	25.2	0.266
18	11.7	17.3	0.09	16.7	24.6	0.239
19	11.3	17.6	0.086	采伐		
20	11.4	17.5	0.087	16.8	24.9	0.244
21	11.6	18.2	0.093	15.9	22.5	0.201
22	11.8	17.2	0.091	17.5	24.2	0.257
23	12.1	17.2	0.095	16.7	21.6	0.213
24	12.5	17.9	0.105	17.0	22.6	0.229
25	12.9	19.5	0.120	18.7	25.3	0.302
26	13.0	18.7	0.117	采伐		
27	13.2	19.9	0.128	枯损		
28	14.4	21.5	0.161	19.3	24.8	0.315
29	13.5	19.5	0.131	19.3	25.1	0.318
30	13.2	18.6	0.12	19.2	25.4	0.319
31	13.9	19.6	0.138	18.1	23.2	0.263
32	13.9	19.7	0.139	19.6	24.4	0.319
33	14.5	20.1	0.153	19.8	26.0	0.345
34	14.8	20.6	0.163	19.0	25.0	0.308
35	14.9	21.9	0.174	20.2	27.8	0.38
36	15.3	22.4	0.187	19.3	25.9	0.327
37	15.4	20.9	0.177	20.4	28.2	0.392
38	15.9	21.4	0.192	21.0	28.8	0.422
39	16.1	21.8	0.200	采伐		
40	16.7	23.2	0.227	20.8	27.3	0.395
41	16.8	22.4	0.222	21.7	26.7	0.418
42	18.2	25.8	0.293	23.5	28.7	0.518

根据表 1-7，广西米老排的材积计算式为：

$$v = 7.1427E - 5d^{1.8570}h^{0.90146} \tag{2-78}$$

根据此式计算各株树的材积填入表中，累计后得到样地第 5 年和第 10 年的蓄积量分别为 4.513m^3、8.756m^3，或者 112.825m^3/hm^2、218.894m^3/hm^2。所以 5 年间该米老排林分的单位面积：

① 净增量 = 218.894 - 112.825 = 106.069m^3/hm^2；

② 纯生长量 = 218.894 - 112.825 + 32.55 = 138.625m^3/hm^2；

③ 毛生长量 = 218.894 - 112.825 + 32.55 + 7.45 = 146.069m^3/hm^2；

④ 生长率 = 200×(251.450 - 112.825)/(251.450 + 112.825)/5 = 15.22%[根据式(1-41)]；

⑤ 定期平均生长量 = 138.625/5 = 27.725m^3/hm^2[根据式(1-38)]；

⑥ 10 年总生长量 = 112.825 立方 m/hm^2，10 年平均生长量 = 11.283m^3/hm^2[根据式(1-36)]；

⑦ 15 年总生长量 = 218.894m^3/hm^2，15 年平均生长量 = 14.593m^3/hm^2[根据式(1-36)]。

2.5.2.2　典型实测推演法

实测推演有多种方法，这里仅介绍两种典型的方法。

(1) 平均标准木法　平均标准木法主要有以下步骤：

① 观察待计测生长量林分，选择最能代表该林分(具有林分平均特点)的地段设置 am^2 临时标准地。

② 实测标准地内 n 株树木的胸径、树高。如果使用一元材积表求算材积，只需实测 30 株大小不同树木胸径与树高即可，其他树木仅测胸径。

③ 计算标准地树木的总断面积、平均直径 d_g（式 2-2），并根据测得的树高-胸径数据，建立树高曲线(见 2.1.2.3 节)，求算条件平均高 h_d。

④ 选择与林分平均直径 d_g、平均高 h_d 最接近且干形中等的树

木 k 株(一般 1~3 株)，伐倒做解析木，获取 $(t-1)$ 到 t 年的连年生长量 ${}_{t-1}^{t}v$ 或 $(t-x)$ 到 t 年的定期生长量 ${}_{t-x}^{t}v$ 等数据。

⑤ 根据解析木信息推演林分的蓄积生长量。其中，$t-1$ 到 t 年单位面积林分的连年生长量 ${}_{t-1}^{t}V$：

$$
{}_{t-1}^{t}V = \frac{10000}{a} \frac{\sum_{i=1}^{n} d_i^2}{\sum_{i=1}^{k} {}^{s}d_i^2} \sum_{i=1}^{k} {}_{t-1}^{t}v_i^2 \tag{2-79}
$$

或者 $t-x$ 到 t 年中单位面积的蓄积净增量 ${}_{t-x}^{t}V$：

$$
{}_{t-x}^{t}V = \frac{10000}{a} \frac{\sum_{i=1}^{n} d_i^2}{\sum_{i=1}^{k} {}^{s}d_i^2} \sum_{i=1}^{k} {}_{t-x}^{t}v_i^2 \tag{2-80}
$$

其中，${}^{s}d_i(i=1,\ \cdots,\ k)$ 为标准木(伐倒做解析木)的实际胸径。

例子： 667m^2 标准地的林木总断面积 2.152m^2，选出标准木胸径是 16.1cm，解析该标准木得到 9~12 年的材积生长量是 0.0213m^3，则该林分 9~12 年的单位面积蓄积净增量 ${}_{9}^{12}V$ 为：

$$
{}_{9}^{12}V = \frac{10000}{667} \times \frac{2.152}{\left(\frac{16.1}{200}\right)^2 \pi} \times 0.0213 = 33.756 m^3/hm^2。
$$

(2) 林分生长模型法　林分生长模型(stand growth model)是表述林分参数随着时间、立地质量、林分密度而变化的函数(族)。林分参数可以是蓄积量、胸高断面积、平均胸径、平均树高等具有林分总量或平均信息的变量。时间通常指林龄，由于林龄往往很难获取，所以林业上也有用与林龄相关的其他因子替代林龄的做法。林分生长除了与自身的遗传因素直接相关外，林分密度、土壤环境等外界因子也影响林分生长。为了能够更加准确地描述林分生长过程，人们在林分生长模型自变量中也加入林分密度、立地质量等因子。

林分生长模型众多，人们也对其进行了多种分类。在中国，认同度较高的是 Davis1987 年的分类方法，他把林分生长模型分为全林分模型(第 1 类模型)、径阶分布模型(第 2 类模型)和单木生长模型(第 3 类模型)。第 1 类模型中自、因变量都是林分的平均因子或总量因子，从预测林分生长角度，全林分模型便于应用且预测精度相对较高。第 2 类模型以直径分布为自变量，研究分析概率转移矩阵便于理解。单木模型是以模拟林分内每株树生长为基础的一类模型，由于因子间"相互预报"或方程组间"循环估计"，往往产生有偏估计，造成第 3 类模型精度并不很高。此 3 类模型之间的详细说明，有兴趣的读者可以参见文献(唐守正，1993)。

如果已经有林分生长模型，林分生长量计测很简单。如某林分在林龄 t 、地位指数 SI 、林分密度 SD 时的蓄积预估模型是 $V_t = f(t, SI, SD)$ ，则 V_t 就是该林分生长到 t 年时的总蓄积生长量。如果立地条件、林分密度不发生变化，则到未来 a 年的蓄积量定期生长量是 $f(t + a, SI, SD) - V_t$ 。蓄积量预估模型还可以计算不同地位指数、密度条件下的林分蓄积量，可见，此方法简单明了。

林分生长模型法的核心是如何构建林分生长模型。有些经营单位可能具有某些林分的生长模型。如果没有此类模型又需要研建时，可以参见相关文献，限于篇幅，这里不再赘述。

2.6 林内环境因子

树木生长除了自身遗传因素外，还受到周围环境的影响。特别是随着集约经营程度的提高，掌握林内环境因子，制定适于林木生长的经营措施越来越受到现代森林经营者的重视。

物联网技术的发展为实时获取林内环境因子提供了可能，但是由于目前的传感器还不能小到不影响树木生长的程度，加之价格原因，为每株树嵌入大量多目的传感器不现实，因此定点采集林分内数据仍是未来很长时间的一种常用做法。图 2-23 是某檀香林内包

图 2-23　檀香林环境因子监测节点

含土壤温度、土壤湿度、空气温度、空气湿度、光照、二氧化碳等传感器的一台物联网前端数据采集节点，农林业中叫野外伺服仪器或原野服务器(field server)。

2.6.1　农林常用传感器简介

传感器(sensor)是能够把待测信号转换成便于利用信号的一种器件。它通常由敏感元件和转换元件组成，对被测量信息敏感且可以把被测量信息转换成可用信号。它有三个最基本的特征：①传感器是一种检测装置；②能检测到目标测量信息；③能将检测感受到的信息按一定规律变换成为电信号或其他所需形式的信息输出。从应用角度，一个理想传感器应该具有：输入和输出完全成线性，只受被测因素的影响而不受其他因素的影响，传感器本身不会影响被测因素等特性。传感器应用已经触及人们生活的方方面面，下面介绍几个农、林、生态领域等常用的传感器。

2.6.1.1　图像传感器

图像传感器是将光学图像转换成电子信号的设备，有CCD（电荷耦合元件 charge-coupled device）和CMOS（互补金属氧化物半导体 complementary metal oxide semiconductor）两类。二者光电转换原理相同，但前者光谱响应广泛、光子转换效率高、影像失真低，后者耗电低、体积小、价格低廉。由于应用中常把整台相机或摄像机装配到物联网前端用于采集图像或视频，因此人们往往不去区分而简单地把相机等也叫图像传感器。另外，为了适于多种应用，厂家也会把采集多种波段的元器件集成到一起，图2-24是长宽高小于3cm但可以同时采集450nm、530nm、680nm、740nm、850nm、940nm、970nm、1050nm波长信息的九波段图像传感器。

图2-24　九波段相机

2.6.1.2　温度传感器

温度传感器是将温度转化为电子数据的电子元器件，构造简单、测量范围广且精度高。温度传感器工作原理主要有三种：①热电偶原理，将不同材料的两种导体或半导体连接构成一个闭合回路，当这两个导体的连接点之间存在温度变化时，两者之间便产生电动势，且在回路中形成一定大小的电流，热电偶就是利用这一热电效应来工作的；②热电阻原理，对于同一种金属导体，其电阻值会随温度的增加而增加，基于此测温的是热电阻原理；③放射能检测原理。还有一种目前应用广泛的非接触型测温传感器，它通过辉度或放射能检测方式来感知温度。

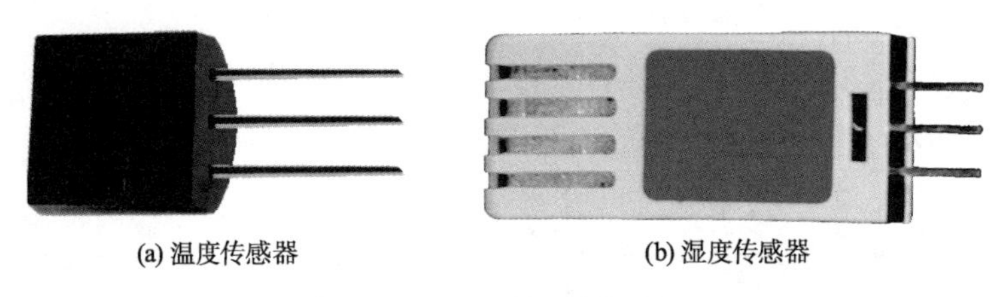

(a) 温度传感器　　(b) 湿度传感器

图 2-25　温湿度传感器

温度传感器种类较多，价格差异也较大。图 2-25(a)是美国国家半导体公司生产的一种线性温度传感器。温度传感器说明书一般会配有多种接线方法的电路图，实际接线时，可以通过更改电路或在电路中增加二极管、电阻等元器件来改变该温度传感器的特性，以适应不同环境需求。

2.6.1.3　湿度传感器

湿度传感器多指把空气相对湿度转换成人们易于理解的数据的湿敏元器件。空气相对湿度(RH)定义如下：

$$RH = \frac{vp}{vp_x} \tag{2-75}$$

即相对湿度是大气中的水汽压 vp (mmHg)与同温度下饱和水汽压 vp_x (mmHg)的百分比。公式表明，若大气中所含水汽的压强等于当时气温下的饱和水汽压时，这时大气的相对湿度等于 100%，就是说，相对湿度与温度相关。

实际上，大气在水汽含量和气压都不改变的条件下，降低温度到某一数值(露点)可以使未饱和水汽压变成饱和水汽压，或者说，当水汽未达到饱和时，气温一定高于露点。露点与气温的差值可以表示空气中的水汽距离饱和的程度。因此，只要能测出露点，就可以通过一些数据表换算出当时大气的相对湿度。

由于湿敏元件除对湿度敏感外，对温度亦十分敏感，多数的湿敏元件难以在 40℃以上环境中正常工作，因此，通常在电路设计上对温度引起的误差要进行补偿。就是说，湿度传感器工作的温度范围也是重要参数，好的湿度传感器都能在较宽的温限内保持测量结果的稳定性。图 2-25(b)为 TDK 公司生产的一款湿度传感器。

2.6.1.4　二氧化碳传感器

二氧化碳是植物光合作用的基本输入量，过高和过低浓度的二氧化碳都会影响植物的光合效率。同时，二氧化碳是地球的保温层，其浓度增高会加剧全球变暖，从而带来一系列环境问题，因此，测定空气二氧化碳浓度的传感器研制得到重视。

二氧化碳浓度检测传感器所采用的技术可能不同，如使用非色散红外技术制成的传感器，或者利用总导热系数与二氧化碳含量相关原理制作的传感器等。从用户角度，人们更加关注传感器的使用寿命、工作温湿度、使用环境、测量精度、测量范围等参数。图 2-26是德国生产的非色散红外二氧化碳传感器的 K30 型，其使用寿命大于 15 年、测量范围是 0~2000ppm、精度是±30ppm±5%测量值，可在百叶箱或不被雨淋的环境中使用。

图 2-26　二氧化碳传感器

2.6.1.5 降水、风速、风向传感器

降水与风是气象、水文中的基本观测因子，早期采集的是模拟信息，现在传回的基本都是数字信息。从目前应用情况看，降水量传感器以翻斗雨量计为主[图 2-27(a)]，输出值是到当前时间的累计降水量。风速传感器输出当前时刻的瞬时风速[图 2-27(b)]；风向传感器输出从磁北向开始风向箭头顺时针方向转动的度数(0°~359°)，精度低的输出 8 或 16 方向值[图 2-27(c)]。当然，它们也可以按实际需要重定标成需要的输出值。这几个传感器多采用 RS485 接口进行信息输出。

(a) 雨量传感器　(b) 风速传感器　(c) 风向传感器

图 2-27　气象传感器

(1) 翻斗雨量计　翻斗雨量计由集水器、滤网、翻斗、计数器等组成。降水时，汇集到集水器内的雨水通过滤网进入计数翻斗，当翻斗累计水量达到一定数量时翻斗翻动，然后计数、输出电子脉冲、复位，循环往复。每一个电子脉冲代表的雨量(分辨力)与传感器精度相关，可能是 0.1mm、0.2mm、0.5mm 或 1mm。翻斗雨量计承受的最大雨强范围大多在 6~240mm/h、工作环境温度范围 0~50℃、误差小于±5%。

(2) 风速传感器　风速传感器主要有机械式和超声波式两类。机械式风速传感器依靠空气流动产生的风力推动传感器中轴旋转，风速越大转速越快，中轴内部感应元件产生与转速大小相关的脉冲频率信号，根据预先定标好的模型，即可计算风速。超声波式风速传感器在测量区域设有 2 对超声波感应装置，风在固定距离的 2 对超声波感应装置间流动时，通过计算两点之间接收信号的时间差计

算风速。风速传感器要求的工作环境比较宽泛，在温度 −40～+60℃、湿度 RH 0%～80%范围内均可正常工作。通常，风速达到 0.1m/s 即有反应，能够测量的最大风速 60m/s，精度±0.3m/s。

（3）风向传感器　风向传感器是利用外界不同方向的来风，驱动风向箭头旋转，然后把转动量定标成风向并输出的一种装置，根据工作原理可分为光电式、电阻式、电压式等多种风向传感器。光电式风向传感器采用四位或七位格雷码盘作为基本元件，使用特定的编码把光电信号转换成对应的风向信息。电阻（压）式风向传感器把产生的电阻（压）最小值与最大值定标成 0°～359°以对应不同的风向。不论是基于什么原理制作的风向传感器，生产厂家已经完成定标，直接使用即可，用户只需注意风向传感器输出的是什么内容，为了与当前人们的习惯一致，某些传感器以 16 向或 8 向形式输出（图 2-28）。

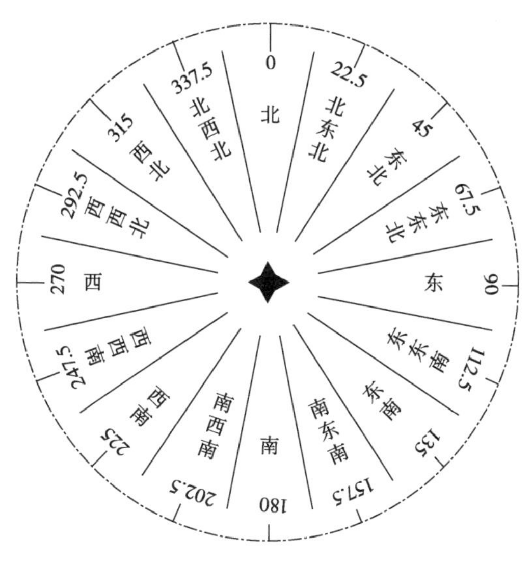

图 2-28　十六向与度数区间

2.6.1.6　土壤水分传感器

土壤水分含量与植物生长息息相关，测定土壤水分一直是农林业等相关领域人们关心的重要课题。不同厂家制作土壤水分传感器所基于的原理不尽相同，如频率分解法（FD）、驻波率原理法（SWR），其中利用时域反射（TDR）技术制作的土壤水分传感器相对普遍。

电磁波的传播速度与传播媒体的介电常数有密切关系，而土壤基质、水和空气的介电常数有很大差异，因此，TDR 传感器就是根据探测器发出的电磁波在不同介电常数物质中的传输时间的不同，从而计算出被测土壤含水量的一种装置。图 2-29 是两款使用较多的基于 TDR 法制作的土壤水分传感器，应用时把传感器插到待测土壤的目标位置，使其与土壤密接即可，欲了解植物根系不同深度位置的含水率，可以埋入多个传感器。

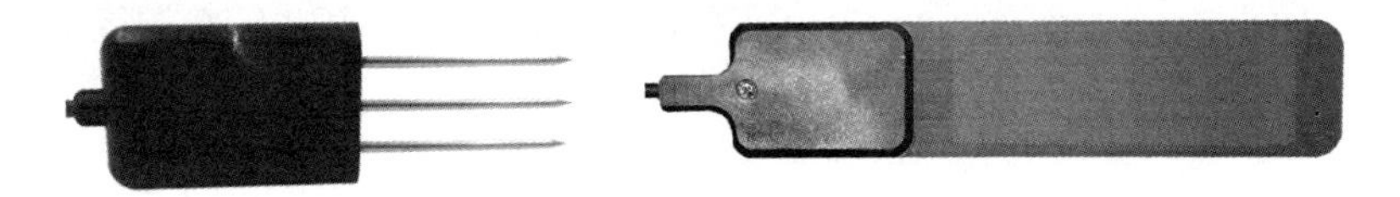

图 2-29　土壤含水率传感器

误差小于±5%是土壤水分传感器测定的基本要求，该档位传感器价格相对低廉，如果要求测量精度大于 98%，传感器制作工艺、价格等都会有很大的变化。在土壤水分传感器选择上，遵循“够用即可”的原则，没必要一味追求高精度，除非要求测量精度必须达到很高。另外，土壤水分传感器测量精度与土壤介质存在关系，对于高精度要求的测量，有必要针对具体的土壤种类对土壤水分传感器进行再标定。

2.6.1.7　红外传感器

波长位于 780nm 至 1mm 之间的电磁波称红外辐射，以 2500nm 为界，780～2500nm 的部分称为近红外波段，波长为 2500nm 至 1mm 的部分称为热红外波段，能够接受该波长范围电磁波的传感器是红外传感器。根据人类目前认知，只要物体本身温度高于 -273.15℃就能产生红外辐射，而人类在自然界没有找到比这更低的温度，因此红外辐射是普遍存在的。由于物体热辐射能量大小和物体表面温度相关，并且大气、烟云等对 3~5μm 和 8~14μm 的热红外线是透明的，因此，检测红外辐射在林火、旱灾、地表温度监测等方面有广泛的用途。

红外线传感器包括光学系统、检测元件和转换电路。光学系统按结构不同可分为透射式和反射式两类。检测元件按工作原理可分为热敏检测元件和光电检测元件。热敏元件应用最多的是热敏电阻。热敏电阻受到红外线辐射时温度升高，电阻发生变化，通过转换电路变成电信号输出。光电检测元件常用的是光敏元件，通常由硫化铅、砷化铟、硅、锗等合成材料制成。图 2-30 是市场上该类型的一款传感器，另外，市场上还有一种把物体表面温度用不同颜色展示出来的红外热像仪，使人眼功能得到极大扩充，其应用前景广泛。

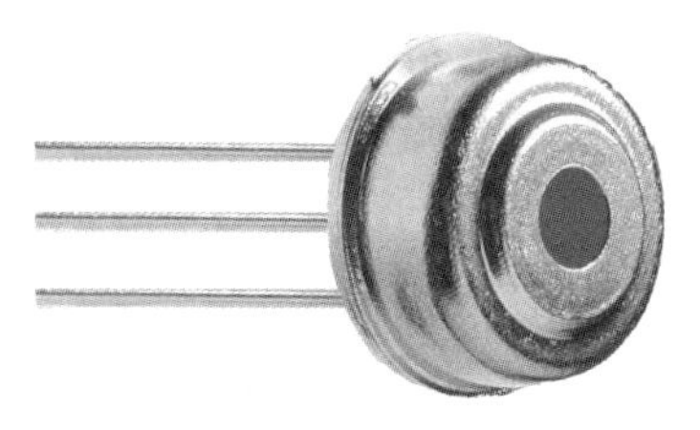

图 2-30　红外传感器

2.6.1.8　负离子传感器

负离子(negative air oxygen ion)是空气中带负电荷的单个气体离子，多指负氧离子。由于负离子不稳定，容易与空气中的细菌、颗粒物等结合并降沉于地面，且森林和湿地环境中有更多的负离子，所以负离子被认为具有净化空气、调节小气候等作用，成为空气质量的评价指标之一。负离子传感器测定可以根据大气电导率的变化来设计，目前市场上该类传感器的测量范围多在 0~100000 个/cm^3 之间，测量间隔 1~10s。

2.6.2　传感器布设

应用中，通常传感器不是独立存在的，往往是多种类型传感器连接到一个可以与外界进行信息交互的控制引擎上，引擎按远程控制要求驱动各传感器进行测定并传送数据。这种由多种传感器、控制引擎及供电系统组成的协同工作整体，叫作野外伺服仪或原野服务器(field server)。一台野外伺服仪就是一个农林物联网节点，数据和信号多用虚拟专用网(VPN)传输。

物联网节点通常是长期放置于野外值守的，也有因为网络、电力、存储空间等限制，用户采用临时或短期对目标区域进行计测的方式。

2.6.2.1 长期观测法

传感器设好后就开启了定点监测模式，位置很少再变动，因此，传感器一定要布设在典型位置上，同时，各物联网节点要兼顾不同位置的信号强弱等特点。

测定传感器布设基本上遵从“测点布设，相对集中”的原则，比如欲测定某树木根系 20cm 处的土壤含水量，则土壤水分传感器应该放置在该树木根系的 20cm 处。想了解郁闭度与林内降水关系，则要在不同郁闭度林下设置雨量传感器。

不同物联网节点，在林内信号能够通达的前提下要适度分散，且要兼顾监测目的、坡向、地形、树木生长状况、能源供应等内容。图 2-31 是几个节点布设的常用拓扑结构。

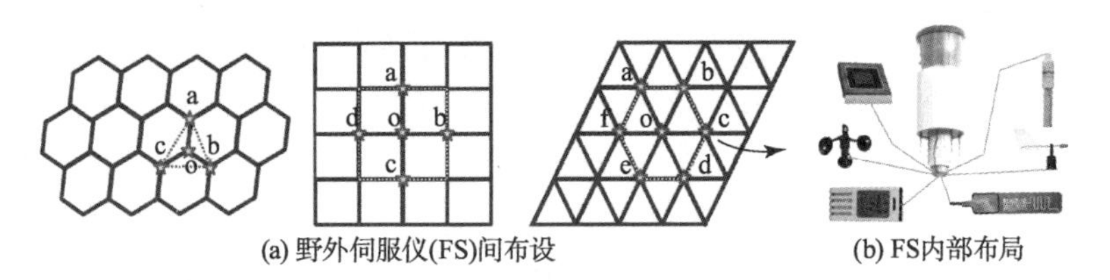

(a) 野外伺服仪(FS)间布设　　(b) FS内部布局

图 2-31　物联网节点与内部传感器拓扑结构

2.6.2.2 临时计测法

长期监测可以了解环境因子的长期动态变化，但需要有良好的通讯条件、长期的电力供应等保障。如果不满足设备长期工作的条件或者需要测定不同点位的信息但又难以有更多的经济支出时，可以采用短期临时的计测方法。

与农业的主要区别是，林业所涉及地域广，林木生长周期长，很多林木生长地段距离人类生活区较远，无电、无信号。此种状况下的林业监测可以通过电池驱动、仪器安装硬盘现地存储方式进行数据采集，这样只需要把野外伺服仪设置于待监测区域即可，避免了用电和数据传输的限制，只是需要定期去现场充电或更换电池以及转存硬盘中的数据。

2.7　红树林调查

红树林(mangrove forest)是生长在热带、亚热带地区，陆地与海洋交界的海岸潮间带或海潮能达到的河流入海口受海水周期性浸淹的木本植物群落(图 2-32)。红树林介于海洋和陆地之间，具有独特形态结构和生理生态特性，具有防风防浪、净化环境等多种功能。中国红树林现有真红树植物 26 种，半红树植物 12 种(廖宝文等，2014)，主要有海榄雌(*Avicennia marina*)、蜡烛果(*Aegiceras corniculatum*)、海莲木榄(*Bruguiera gymnorhiza*, *Bruguiera sexangula*)、海桑(*Sonneratia caseolaris*)、红树角果木(*Rhizophora apiculata*)、红海榄(*Rhizophora stylosa*)、水椰(*Nypa fruticans*)、桐花(*Aegiceras corniculatum*)、秋茄树(*Kandelia candel*)等种，主要分布在浙江、福建、广东、广西及海南等地。由于红树林分布的独特位置和重要的生态作用，其调查方法和内容也存在一定差异。

(a) 整体外观

(b) 根系分布

图 2-32　红树林

2.7.1 调查内容与外业工具

红树林生长在海岸，调查内容也更偏向于生态环境内容。主要包括：

① 面积、分布与盖度。

② 林木信息：包括树种、胸径、树高、株树密度、郁闭度。

③ 水与土壤：pH、悬浮物、溶解氧、盐度及氨、硝酸盐、亚硝酸盐、元机磷、活性硅酸盐等植物养分物质。

④ 沉积物：沉积物粒度、硫化物、土壤盐分、有机碳。

⑤ 底栖动物：种类、密度、生物量。

红树林调查涉及林木、水体、土壤等多个主体，需要准备的外业工具较多，主要有：手持 GPS、记录表、铅笔、橡皮、计算器、围尺、塔尺、50m 卷尺、100m 测绳、标签、砍刀、标桩、直径 50mm 长 1.5m 的 PVC 管多根、盐度计、土盒多个、温度计、pH 试制、滤纸，索伯网或 D 型网、500μm 孔径筛子(35 目)、采泥器、标本瓶、水桶、塑料袋、封口袋、10%福尔马林、75%酒精、吸管、镊子、解剖针、野外天平等。出外业前需要认真考虑调查项目，带全使用工具。

2.7.2 样地设置

2.7.2.1 样地大小

需要根据精度要求和林木密度确定样地大小，但样地面积通常不小于 $100m^2$，保证每一样地有林木 50~100 株。

2.7.2.2 设置方法

从海洋向陆地方向红树林被海水浸泡的深度、时间长短不同，植物光合面积、底栖动物等会存在差异，因此，样地在低、中和高潮区均要有分布[图 2-33(a)]，形状多设为方形，如果红树林仅为沿海岸分布的窄带，样地可沿条带方向设置成与其他样地等面积大小的矩形。在样地四角牢固的插入标桩，标桩插入地下一般不少于 60cm。标桩上用麻绳或不锈钢丝系上标签，标明样地号。

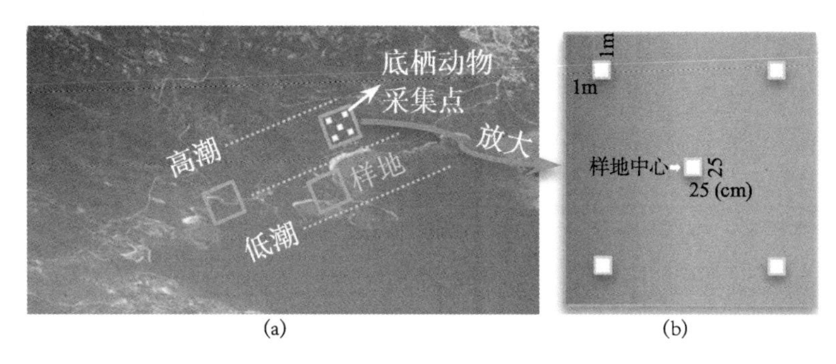

图 2-33　红树林样地设置

底栖动物采集点数量，按着每 10~20m² 设置 1 个大小为 25cm×25cm 样方的原则，采集点位置可以在样地内均匀分布或者按着潮带方向设置，图 2-33(b)是 100m² 方形样地内在距离角点边缘向内各 1m 处及样地中心设置的 5 处底栖动物采集点的一种方法。

2.7.2.3　调查时间

热带和亚热带四季不明显，但是，红树林在不同月份的生长表现却不尽相同，为了解红树林对不同季节的响应情况，一般选在 2、5、8 和 11 月对固定样地进行重复调查，且每次调查时间控制在半个月以内。

2.7.3　样地调查

红树林调查，首先明确几个定义。

大树：胸径≥4cm 的树木。

小树：1cm≤胸径<4cm 的树木。

幼树：胸径<1cm 或者树高<1.3m 的树木。

如果样地在低潮时仍有一定深度的海水，测定胸径有困难，可以把高度提升 20cm，测定距离地面上 1.5m 处的树木直径，此处直径叫作“肩径”。此时，记录表中要有备注，并保证以后各次测量均使用肩径。

2.7.3.1　测树因子调查

首先用测绳或卷尺沿着样地标桩围出样地边界，然后逐株测量样地内树木的胸径、树高，填写记录表2-17，并挂牌以备之后复测使用。

表 2-17　红树林群落树木调查外业记录

样地号：____，中心经纬度：__°__′__″E，__°__′__″N，样地潮位：㊢ ㊥ 低

调查日：__年__月__日，株树密度：____株/m^2，调查员：________

编号	植物名	胸径(cm)	树高(m)	备注
1				
2				
3				
…				

测径解读

- 胸高处有节疤、凹陷等不便测量的，可在距离胸径位置上下等距处检尺取均值作为最终胸径，备注中做说明。
- 树木在胸高以下分叉或从基部萌生多条枝干，每一株作为独立的树木处理计测，备注中，主干记为“主”，其他记“分”。
- 树干由支撑根拖起，主茎下部呈凹槽状「⅄」，从主茎开始位置起测，备注中填写“支”。

2.7.3.2　大型底栖动物调查

底栖动物是生态系统中的一环，是水中部分其他动物的食物，对有机质分解起着重要作用。根据其能通过的筛孔径大小，分为大、小、微型底栖动物三类，大型底栖动物不能通过500μm筛孔、微型底栖动物能通过42μm筛孔，大小介于二者之间的是小型底栖动物。红树林群落调查包含对大型底栖动物的种类、密度和生物量等内容的调查。

(1) 采样点布设　要求采样点具有代表性，可以在样地内用均匀分布的方式布设、按着潮带等距布设、随机布设等。图2-33(b)

是一种简洁的布设方式。

（2）采样保存　用 D 型网或索伯网在采样点对 25cm×25cm 范围内区域进行采样，冲洗后放进有样地号、采样点、时间等标签的袋内封紧，做好记录，带回实验室分拣。也可以用采泥器采集等面积大小泥土放入水桶中冲洗干净后装袋。

如果可能，在现场进行底栖动物的鉴定、分类、称重、装入备有福尔马林的标本瓶中，做好记录（表 2-18）。如果现场区分种属名等困难，可以按前面的方法装袋回室内工作。

（3）计数称重　对各采样点的底栖动物按种类统计个体数、称重，获取生物量。最后推算每平方米范围内的不同种类底栖动物数量、生物量等。

需要说明的是，计数时如果标本损坏可只统计头数不计腹、肢等，然后按着同类平均大小进行生物量计算等。

底栖动物调查注意事项

- 每一个调查组最好配备 1 名底栖动物分类人员，进行现场分类、计数、称重、制作标本等；如果野外完成确有困难，回到实验室要尽快完成相应工作。
- 客观原因不能立即进行分检、计数等工作的，要把装有样品的袋口打开并置于通风凉爽处或者放入 4℃冰箱中，以减少底栖动物变化等造成的统计误差。

表 2-18　大型底栖动物记录

样地号：____，中心经纬度：__°__′__″E，__°__′__″N，调查日：__年__月__日
样方号：____，样方面积：____m^2，底质类型：____日，调查员：________

编号	群类	种名	密度（头/m^2）	鲜重（g）	生物量（g）	备注
1						
…						

2.7.3.3 水环境与沉积物

红树林生长地域水体测定因子包括表层水温、水色、透明度及盐度、pH、悬浮物、溶解氧、硝酸盐、亚硝酸盐、氨、元机磷、活性硅酸盐等。除了透明度是通过目视得到的定性指标外，其他是通过仪器、试纸、实验等手段现场或取样带回实验室检测得到。水样采集要在高潮时，于红树林分布区中、低潮和高潮之间的潮间带采集多处表层水样，标准参见《GB 17378.4—2016 海洋监测规范第4部分：海水分析》。

沉积物主要有粒度、有机碳和硫化物等因子。首先采集样地内0～10cm表层沉积物，利用筛分沉淀法得到粒度(参见《GB/T 13909—1992 海洋调查规范海洋地质地球物理调查》)，通过重铬酸钾氧化-还原法和碘量法得到有机碳与硫化物含量(参见《GB 17378.5—2007 海洋监测规范 第5部分：沉积物分析》)。

第3章 森林土壤调查

土壤(soil)是由于风化作用在地壳表面形成的一层疏松物质，由矿物质、有机质、水分、空气等组成。森林土壤是木本植物生长下的各类土壤的总称，是在土壤属性基础上强调了林业应用。土壤调查(soil survey)是通过观察分析土壤剖面形态及周围环境等手段，对土壤类型、层次、肥力和利用状况等各属性进行的数据获取过程。土壤是森林赖以生存的基础，土壤属性决定了森林的类型与生长状态，因此，土壤调查一直是森林计测中的重要组成部分。

3.1 土壤物理特性

土壤物理性质(soil physical property)是土壤不经过化学变化或化学反应所表现出来的属性，包括土壤矿物质、土壤结构、土壤水分、土壤空气、土壤热量等。土壤矿物质成分及土壤水分与空气、土壤热量是土壤肥力的构成要素，对其上植物生长有重要影响。

3.1.1 矿物质

土壤矿物质(soil minerals)是岩石风化后而形成的大小不同的矿物颗粒，是土壤的基础。从组成元素上，氧、硅、铝、铁、钙、镁、钛、钾、钠、磷占了土壤元素含量中的绝大部分份额；而按成因土壤矿物质分为原生矿物和次生矿物。原生矿物是直接来源于母岩的矿物，包括硅酸盐、磷酸盐、铝酸盐和各类氧化物类、硫化物及石英、方解石。次生矿物是由原生矿物分解、转化而成的直径更小的颗粒，包括简单盐类、次生氧化物、铝硅酸盐类等。

矿物质中的土壤粒径大小与组成对于土壤水、肥、气、热及物化性质有重要影响，因此，人们按照粒径大小将其划分成不同等级。同一等级内，其大小、矿物质组成和性质基本相近，而不同等级之间差异明显。国际上，通常分为石砾、砂粒、粉粒和黏粒四类，中国在此基础上，进行了细化，具体分级如表 3-1 。

表 3-1　土壤粒径等级　μm

石	砂	粉	黏
石块>10000 石砾粒(1000，10000]	粗砂粒(250，1000] 细砂粒(50，250]	细粉粒(2，5] 中粉粒(5，10] 粗粉粒(10，50]	粗黏粒(1，2] 细黏粒(0，1]

3.1.2　土壤结构

土壤结构(soil structure)是土壤颗粒的排列与组合形式，是各级粒径土粒经过相互团聚而形成的大小、形状和性质不同的土壤实体。常见的土壤结构有五类：①块状。表现为横纵轴大致相等、棱角与边面不明显，近多面体。块状结构在土壤黏重、缺乏有机质的表土中常见，特别是土壤过湿或过干，最易形成块状结构。②核状。在心土和底土层中，常见的边面和棱角较为明显、近立方体的一种结构。③柱状。纵向长度明显大于横向长度，表现为直立状，多存于心土层和底土层中，是干湿交替作用下形成的。柱状结构土壤，结构体内紧实孔隙小，但结构间有明显缝隙。④片状。纵向长度短小横向面积广大的一种薄片状结构，在雨后或灌溉后的地表及耕地底层易见到此种结构，通气与透水性较差。⑤团粒。是一种近球形、疏松多孔的小团聚体，常见于耕层中，是介于板结土壤和纯砂粒土壤之间的一种土壤结构，适于协调水、肥、气、热，对于植物生长是一种较为理想的结构，它是改良土壤的工作方向(图 3-1)。

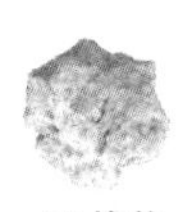
(a) 块状

(b) 核状

(c) 柱状

(d) 片状

(e) 团粒

图 3-1　几种土壤结构

以下是几个衡量土壤结构的参数。

3.1.2.1 土壤(粒)密度

土壤(粒)密度ρ_t(soil particle density)也称土壤比重，是指不含孔隙状态下的单位体积土壤干重。可以通过比重瓶法、蜡封法、水银排出法等进行测定。由于绝大多数矿质土壤的密度在2.6~2.7g/cm³之间，因此，该参数的重要价值是计算土壤孔隙度，此时土壤密度多取平均值2.65g/cm³。

3.1.2.2 土壤容重

土壤容重(soil bulk density)是指单位体积的土壤干重。如果v立方厘米的土壤干重是w_d克，则该土壤的土壤容重ρ_s按式(3-1)计算。

$$\rho_s = \frac{w_d}{v} \tag{3-1}$$

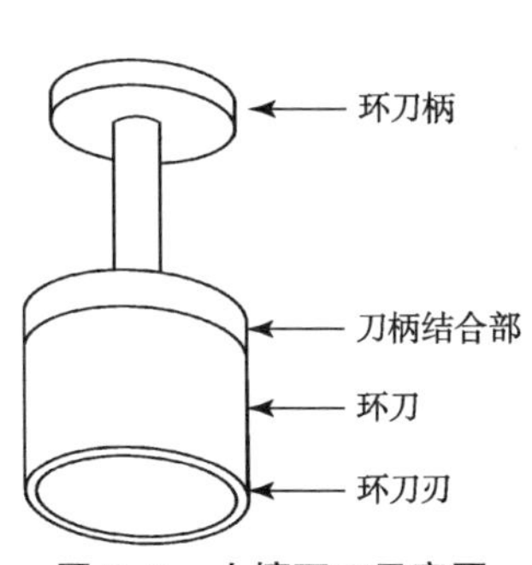

图3-2 土壤环刀示意图

从定义可见，计算土壤容重的体积包含土粒间孔隙，因此，土壤容重也称土壤假比重，可以用土壤环刀(图3-2)取样、称重、烘干等办法获取土壤容重，步骤如下：

① 在待测定土壤容重的地域，选择适宜位置铲平地面。

② 把已知容积v(如100cm³)环刀垂直放于铲平的地面上，用环刀托把环刀全部压入地下，使环刀筒内部充满土样。

③ 用修土刀切开环刀周围土样，取出带土环刀，小心去除环刀外壁上的土并刮平环刀两端土样，然后将土倒入准备好的铝盒中称重，得到铝盒与土样鲜重w_1。

④ 把带土铝盒放入烘箱中烘干土样，在烘箱中放置到常温后取出铝盒再次称重，得到铝盒与土样干重w_2。

⑤ 计算得到土壤容重 $\rho_s = (w_1 - w_2) / v$ 。

温馨提示

- 为便于从环刀中取出土样，使用环刀前可在其内壁稍涂上凡士林油。
- 环刀压入土中时，用力要平稳一致，若土层坚硬，可用手锤慢慢敲打，直到环刀全部压入土中。
- 为了减少水分蒸发，从土中取出土样后要尽快称重。

3.1.2.3 土壤孔隙

土粒与土粒或者团聚体之间以及团聚体内部的孔洞叫作土壤孔隙(soil porosity)。土壤孔隙是保持水分和空气的空间，也是植物根系伸展和土壤动物、微生物活动的空间，土壤中孔隙数量及类型，影响土壤水、气、热传输。

土壤孔隙有两种属性：数量和类型，孔隙数量由单位土壤容积内孔隙所占的百分比即土壤孔隙度来衡量；由于吸附水能力等与孔径大小相关，因此孔隙类型由此来区分。

(1) 土壤孔隙度 σ　土壤孔隙复杂，目前的技术条件实际测定存在困难，所以常采用土壤密度(ρ_t)均值 2.65 和土壤容重(ρ_s)换算得到土壤孔隙度，即：

$$\sigma = \left(1 - \frac{\rho_s}{\rho_t}\right) \times 100\% \tag{3-2}$$

土壤孔隙度区间多在 30%～60%之间，其中，50%前后的土壤孔隙度对于植物生长较为理想。

(2) 土壤孔隙类型　土壤孔隙大小与保水、通气等植物生长参数直接相关，但由于土壤孔隙复杂，难于测定，因此使用与一定土壤水吸力相当的孔径即当量孔径进行土壤空隙分类(表 3-2)。

表 3-2　土壤孔隙类型

孔隙类型	当量孔径 Φ (μm)	土壤吸水力 ¤ (kPa)	特　性
非活性孔隙	Φ<2	¤ >150	根毛和微生物不能进入，孔隙中水分不可利用
毛管孔隙	2≤Φ<20	15< ¤ ≤150	根毛和部分细菌可以进入，孔隙可保持水分且可以利用
非毛管孔隙	Φ≥20	¤ ≤15	孔隙不能存水，是空气流通通道，细根可以进入孔隙

3.1.2.4　土壤硬度

土壤硬度也叫土壤紧实度(soil hardness, soil compaction)，是指土粒排列的紧实程度，表现为土壤抵抗外力压实和破碎的能力。不同硬度的土壤对种子发芽、根系生长、微生物活动、水气交换等产生相应的影响，因此，土壤硬度是衡量是否适宜植物生长的物理指标之一。可以用土壤硬度计测量把探针压入土壤时的单位面积上的阻力(kg/cm^2)来表示土壤硬度。

3.1.3　土壤水分

3.1.3.1　土壤重量含水量

土壤重量含水量(gravimetric water content of soil)是土壤中持有的水分重量与其干土重量之比，单位：g/kg 或 %。干土指在 103℃烘箱中烘至恒重时的状态。把土壤烘干至恒重需要的时间差异很大，沙壤土 8h 即可烘干到恒重，而黏重土壤需要烘干 16h 以上，简单起见，把常规土样烘干 24h 即达到恒重。

土壤重量含水量计算式如下：

$$\theta_m = \frac{w_f - w_d}{w_d} \tag{3-3}$$

式中：θ_m 为土壤重量含水量；w_f 为湿土重量；w_d 为干土重量。

土壤含水率可以通过烘干法计测，步骤如下(图 3-3)：

① 取铝盒擦净、烘干，冷却后称铝盒重 w_3。

② 把土壤自然装入盒内刮平。

③ 称取装满土的土盒，得到铝盒与湿土重 w_1。

④ 把土盒放入 103℃烘箱内烘干。

⑤ 在烘箱内冷却到常温后称重，得到铝盒与干土重 w_2。

⑥ 计算土壤重量含水率。

$$\theta_m(\%) = \frac{w_1 - w_2}{w_2 - w_3} \times 100 \tag{3-4}$$

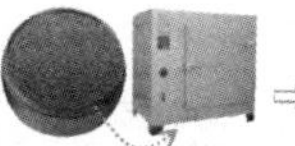

(a) 称铝盒重 (b) 装土到铝盒刮平 (c) 称铝盒与湿土重 (d) 烘干带土铝盒 (e) 称铝盒与干土重

图 3-3 土壤含水率测定步骤

注意事项

■ 如果单位使用“g/kg”，计算出的水分重量要换算成“g”。

■ 如果单位用“%”，只需要干湿土重量同量纲，然后乘 100，此时叫做土壤重量含水率。

3.1.3.2 土壤容积含水量

土壤容积含水率 θ_v（soil volume moisture content）是指土壤中水分体积 v_2 占土壤总体积 v 的比值，也叫作土壤体积含水率。

$$\theta_v = \frac{v_2}{v} \tag{3-5}$$

容积含水率可以由重量含水率换算。因为常温下水的密度是 $1g/cm^3$，结合式(3-1)与式(3-3)，有：

$$\theta_m = \frac{w_f - w_d}{w_d} = \frac{v_2}{v\rho_s} = \frac{\theta_v}{\rho_s} \Rightarrow \theta_v = \rho_s \theta_m \tag{3-6}$$

可见，土壤容积含水率等于土壤重量含水率乘以土壤容重。

3.2 土壤有机质与养分

土壤有机质(soil organic matter)是指土壤中含碳的有机化合物，包括土壤中动植物残体、微生物体及其分解和合成的各种有机物质。它是土壤固相部分的重要组成成分，主要包括碳水化合物、木素、含氮化合物、树脂、蜡质、脂肪、单宁、灰分等物质，化学元素是碳、氧、氢、氮、磷、硫、钾、钙等，其中前 4 种元素占土壤有机质的 90%以上。自然土壤中有机质含量差异较大，如每千克棕色森林土中有机质含量高的可以达到 200g 以上，而沙壤土中低的可能不到 5g。土壤有机质能促进植物的生长发育，改善土壤的结构、通气等物理性质，提高微生物和土壤生物的活性。根据分解情况，把土壤有机质形成分为三个阶段：①新鲜的有机物。刚进入土壤中尚未被微生物分解的动、植物残体、森林枯凋落，它们仍保留着原有的形态等特征，对应森林土壤中的 L 层。②分解的有机物。森林土壤中对应 F 层。经微生物的分解，进入土壤中的动、植物残体失去了原有的形态等特征，有机质已部分分解，并且相互缠结，呈褐色。包括有机质分解产物和新合成的简单有机化合物。③腐殖质。指有机质经过微生物分解后并再合成的一种褐色或暗褐色的大分子胶体物质。与土壤矿物质土粒紧密结合，是土壤有机质存在的主要形态类型。对森林土壤而言腐殖质层指 H 层。

3.2.1　土壤有机碳计算

目前，土壤有机质含量是有机碳含量乘以 1.724 换算得到的。而有机碳测定方法有多种，比如容量法、比色法，尤其以容量法使用广泛，其原理是利用有机碳在一定温度下被重铬酸钾氧化产生二氧化碳，然后根据硫酸亚铁滴定剩余六价铬与空白氧化剂滴定量之差计算有机碳含量。反应式如下：

$$2K_2Cr_2O_7+3C+8H_2SO_4=2K_2SO_4+2Cr_2(SO_4)_3+3CO_2+8H_2O$$

$$K_2Cr_2O_7+6FeSO_4+7H_2SO_4=K_2SO_4+Cr_2(SO_4)_3+3Fe_2(SO_4)_3+7H_2O$$

测定步骤：

① 用万分之一克精度天平准确称取粒径小于 0.25mm 的土壤样品 0.1~0.5g，将称取的样品全部倒入干的 150ml 三角瓶中，用移液管缓缓准确加入浓度为 0.136mol/L 的 5mg 重铬酸钾和 5ml 硫酸

溶液，摇动三角瓶，使土壤与溶液混合均匀。

② 在三角瓶口装简易空气冷凝管，然后放到预先已经加热至200℃的加热器上，使瓶内液体微沸腾，当看到冷凝器上落下第一滴冷凝液时开始计时，煮沸5min，取下三角瓶，冷却。

③ 用蒸馏水涮洗冷凝器内壁及下端外壁，洗涤液收集于三角瓶中，使瓶内总体积在60~70ml，保持其中硫酸浓度为1.0~1.5mol/L，此时溶液的颜色应为橙黄色或淡黄色。然后加邻啡罗啉指示剂3~4滴，用0.2mol/L的标准硫酸亚铁溶液滴定，溶液由黄色变为绿色、淡绿色，最终到棕红色结束。

④ 用石英砂代替样品，按前面的方法做两个空白试验，取其平均值。

⑤ 计算有机碳含量。计算公式为：

$$m_c = \frac{0.0033(V_0 - V)C_b}{w_d} \tag{3-7}$$

$$m_o = 1.724m_c \tag{3-8}$$

式中：m_c 为土壤有机质中的碳含量(g/kg)；V_0 为滴定空白液时所用去的硫酸亚铁毫升数；V 为滴定土壤样品时所用去的硫酸亚铁毫升数；C_b 为标准硫酸亚铁的浓度(mol/L)；w_d 为土壤样品干重(g)；m_o 为土壤有机质含量(g/kg)。

常数说明

- 1mol 的 $K_2Cr_2O_7$ 可氧化 3/2mol 的 C，滴定 1mol$K_2Cr_2O_7$，可消耗 6mol $FeSO_4$，1mol ^{12}C 是 12g，所以消耗 1mol$FeSO_4$ 即氧化了 $3/2 \times 1/6 \times 12 = 3$。
- 在本反应中，有机质氧化率平均为90%，所以氧化校正常数为100/90=1.1；有机质中碳的含量为58%，也就是58g碳约等于100g有机质，即1g碳约等于1.724g有机质。
- 把单位毫升转化为升，需要乘以 10^{-3}，所以 $3 \times 1.1 \times 10^{-3} = 0.0033$。

3.2.2 土壤养分

土壤中有多种化学元素，所谓土壤养分(soil nutrient)是指植物生长发育过程中所需要的那些化学元素。土壤中能直接或经转化后被植物根系吸收的矿质营养成分主要包括氮(N)、磷(P)、钾(K)、钙(Ca)、镁 (Mg)、硫(S)、铁(Fe)、硼(B)、钼(Mo)、锌(Zn)、锰(Mn)、铜(Cu) 、氯(Cl)等13种元素。由于植物生长对氮、磷、钾的需求量很大，所以叫作大量元素，对钙、镁、硫的需求量居中，占植物干物质量的百分之几到千分之几叫中量元素，对其他元素需求较少叫作微量元素。自然土壤中的养分主要来自土壤矿物质和土壤有机质，其次是大气降水、坡渗水和地下水。在耕作土壤中，施肥和灌溉也是土壤养分的主要来源。根据植物对营养元素吸收利用的难易程度，土壤养分分为速效养分和迟效养分，通常速效养分占比很少，迟效养分可能会转换为速效养分，二者划分是相对的并总处于动态平衡之中。

与植物生长有关的另一个概念是土壤养分状况，它是指土壤中养分的数量、形态、分解转化规律以及土壤的保肥与供肥性能。养分状况可分为以下几种：

(1) 最佳养分　土壤养分状况适合植物最大生长，这是人类经营所追求的目标。由于不同植物对土壤养分中不同元素需求量不同，因此，最佳养分与土壤中生长的植物直接相关。

(2) 养分过量　土壤养分含量太多，抑制了植物的新陈代谢，造成生物量下降、林产品减产或产品品质下降。自然土壤养分过量情况罕见，多为不当施肥所致。

(3) 养分贫瘠　土壤中速效养分元素匮乏或有效性较低，影响植物的健康生长，使其形态上出现某些症状，生长受抑制，生产量受影响。由于缺少不同元素植物会有不同表象，因此，这也成为经营者判断植物缺少某种元素的依据之一。

(4) 潜在缺乏　土壤养分短期内能满足植物生长需要，但长期会导致植物养分供应不足，或者土壤养分状况能满足植物基本生长需求，但是施加某些经营措施后可使植物最大生长或提升产品品质，这称为土壤养分潜在缺乏。

在集约经营中，了解土壤养分状况是经营者的工作内容，据此可以制定正确的施肥方案或者进行养分的分区管理等。由于土壤内部转化过程、植物吸收利用情况、淋失气化侵蚀、人为活动等都会引起土壤养分的变化，因此土壤养分是处于动态变化之中的，测定土壤养分成为经营者的重要内容。

3.2.2.1　土壤养分测定中的常用指标

测定土壤养分主要指测定土壤中植物需求元素中的大量元素、中量元素和微量元素的总量以及可被植物吸收的数量，其他测定还有土壤 pH、土壤有机质、土壤水分等。

3.2.2.1.1　土壤全氮

土壤中氮元素分为无机态氮和有机态氮，两者之和称为土壤全氮。无机态氮包括固定态铵、硝酸根（NO_3^-）、亚硝酸根（NO_2^-）和 NO_x 等，它们占表土全氮的 1%到 60%不等，其中能被植物吸收利用的无机态氮约占全氮量的 5%。有机态氮是土壤氮素的主要存在形式，占土壤全氮的 90%左右，需要在微生物的活动下逐渐分解矿化后才能被植物利用。根据有机态氮水溶性和水解性难易又可以分为水溶性有机氮、水解性有机氮、非水解性有机氮三类。

3.2.2.1.2　土壤有效氮

土壤有效氮指可以直接被植物根系吸收的氮，主要包括存在于土壤水溶液中或部分吸附在土壤胶体颗粒上的铵和硝酸根，还有少部分能够直接被作物吸收利用的小分子量的氨基酸。

3.2.2.1.3　土壤全磷

土壤全磷即磷的总贮量，包括有机态磷和无机态磷两大类。中国土壤有机磷含量从南到北有逐渐增加的趋势。土壤中的磷素大部分以迟效性状态存在，全磷含量高时并不意味着磷素供应充足，就是说，土壤全磷含量并不能作为土壤磷素供应的指标。但是全磷含量低于某一水平时，却可能意味着磷素供应不足。可见，土壤全磷量对生产实践有参考价值。

3.2.2.1.4 土壤有效磷

土壤有效磷是土壤中可被植物吸收的磷。到目前为止，还无法真正测定土壤有效磷的数量。通常所谓的土壤有效磷只是指某一特定方法所测出的磷量，只有测出的磷量和植物生长状况显著相关的情况下，这种测定才具有实际意义。因此，土壤有效磷并不是指土壤中某一特定形态的磷，它也不具有真正数量的概念，所以，应用不同的测定方法在同一土壤上可以得到不同的有效磷数量，就是说土壤有效磷水平只是一个相对指标，在某种程度上具有统计学意义而不是指土壤中有效磷的绝对含量。

3.2.2.1.5 土壤全钾与有效钾

土壤全钾包括土壤溶液中的水溶态钾、吸附于土壤胶体表面的交换性钾、缓效性钾、矿物钾等形式。根据对作物的有效性，一般把水溶性和交换性钾称为有效钾，占全钾的0.1%~2%，其多少受土壤缓效钾贮量和转化速率以及耕作、施肥的影响。植物的钾营养水平主要决定于土壤中有效钾的含量。非交换性钾称为缓效钾，占全钾的2%~8%，是土壤有效钾的基础供源。矿物钾占全钾的90%~98%，只有经过非常缓慢的风化后矿物钾才能转化为有效钾，因此也称为无效钾。当然，这种分类是相对的，不同形态的钾是处于动态变化之中的。

3.2.2.1.6 土壤全钙、有效钙，全镁、有效镁，全硫、有效硫等

土壤中某种元素α的总储量叫作土壤全α，如土壤全钙、土壤全锌；能被植物吸收的某种元素β的含量是土壤有效β，如土壤有效镁、土壤有效硅等。对于植物或者树木而言，每种元素都肩负着不同的使命，比如镁是叶绿素的组成成分，钙是细胞壁的组成成分等。测定土壤中植物所需要元素的含量对了解该植物的生长状态以

及经营该植物具有重要意义。

3.2.2.1.7　土壤污染

人类研究土壤养分的目的是培育植物，随着人类数量的激增及活动的加剧，人类对土壤的影响也在增加，甚至造成土壤污染。所谓土壤污染是各种外来物质进入土壤，其积累数量和速度超过土壤净化能力的现象。土壤污染大致可分为无机物和有机污染物两大类，主要由诸如施肥不当、农药、污水灌溉、金属、工业固体废物、生活垃圾等引起。土壤污染可能直接导致植物生长受到影响，包括人类在内的其他动物也可能间接或直接地受到影响。

3.2.2.2　土壤养分测定

测定土壤养分有植物外观法、光谱分析法、化学实验法等。根据植物外观来判定当前土壤的养分含量是经营中常用的方法，优点是简单快速，缺点是需要判定人具有经验且只能给出定性结论。光谱分析法是通过专用仪器获取土壤样品的养分含量值。化学实验法需要专用试剂或仪器，如开氏消煮法进行土壤全氮分析、电感耦合高频等离子光谱法测定钙镁元素。国内大多数林业调查单位或研究组不具备直接测定条件，基本是野外取样后送交到相关的检测机构进行相关分析后获取具体数据。由于送检的土样直接关系到之后的土壤养分测量值，因此，这里简述一下土壤取样的基本方法和注意事项。

3.2.2.3　土壤取样

3.2.2.3.1　取样工具

土壤取样，视情况可能需要土壤取样器、土壤样品袋、刮刀、标签、卷尺、手套、皮榔头、刷子、毛巾、金属盒、小铲子、土钻等中的部分物品。

3.2.2.3.2　取样点位布设与取样深度

取样点位的选取根据取样目的、取样面积、地形等可以采用不同的方法，其基本原则是多点取样成混合样品，要使所取得的土样能很好地代表取样区域的土壤性状。最常用的有梅花点、棋盘状和

“Z”字形取样(图 3-4)。

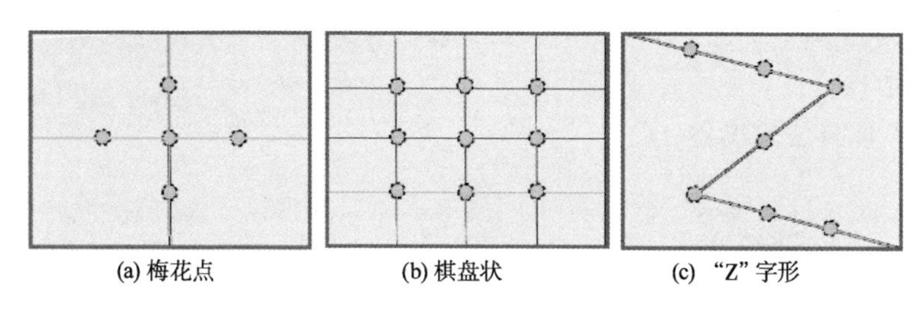

图 3-4 土壤采样方法

梅花点取样适宜于面积不大、地形平坦、土壤均匀的地块，棋盘状式采样法适宜于中等面积、地势平坦、地形基本完整、土壤不太均匀的地块，而“Z”字形采样适于面积较小、地形不太平坦、土壤不够均匀、须取采样点较多的地块。取样深度根据目的、地块等有一定差别，一般是去除表层，取 5～40cm 深度内土样，对于剖面，要取各层土样。当然，某些分析需要表土土样，究竟取何处土样，不能一概而论，要视取样目的而定。

3.2.2.3.3 取样数量与季节

从统计角度考虑，取样点位数量越多越有代表性，但是，实际取样由于工作量等原因都不会取特别多的样点，通常 5～20 个。最终的土样重量也不宜过多，对于大多实验，500g 土样基本能满足要求，如果担心土样数量不足，可以采集 1kg 土样，过多土样可以用四分法(图 3-5)去除。

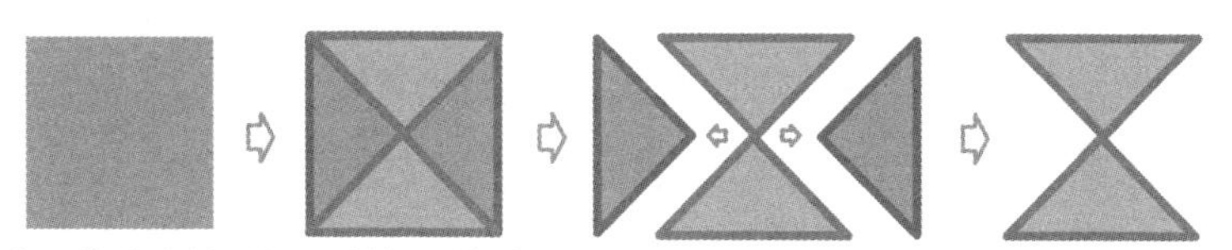

图 3-5 四分法

取样季节，对于森林土壤没有特别的限制，热带或亚热带森林，一年四季皆可取样。从容易操作考虑，冬季雨量小，易于进行野外操作；而温带、寒温带森林可在春到秋季取样。农业土壤由于人为因素对土壤肥力等影响较大，以及考虑农作物生长等因素，土壤取样宜在秋收后冬播施肥前进行。

取样注意事项

- 做好样品编号和档案纪录：土样编号、采样地点及经纬度、土壤名称、采样深度、森林类型、幼树更新、前茬作物及产量、采样日期、采样人等；
- 采样器应垂直于地面入土至规定的深度；
- 某些微量元素分析目的的取样，不宜用金属制品取样；
- 土壤污染分析目的的取样器具不要沾有污染物，同时需要在远离污染源且与污染地土壤相似的地方另取3~5个重复样点土样，以便对比。

3.3 土壤动物

土壤动物，即栖居在土壤中活的有机体，是土壤中和落叶下生存着的各种动物的总称，也包括暂时栖息在大型植物残体内的土壤环境中的动物。土壤动物除参与岩石的风化和原始土壤的生成外，对土壤的生长和发育、土壤肥力的形成和演变以及高等植物的营养供应状况均有重要作用。同时土壤动物也是林分结构状态、物种丰富程度的晴雨表。

土壤动物调查的主要目的包括了解土壤动物种群结构与数量，组成个体数和生物量以及与环境的相关性，人类对土壤动物的影响等。野外调查通常包括两个方面内容：首先是取样，也就是用作土壤动物分析的生活基质，即土壤和枯枝落叶的采集；然后是分离，即如何把土壤动物从它的生活基质中提取出来。当然也有直接收集土壤动物的。根据研究目的的不同，土壤动物调查方法有所不同，下面介绍几种通用的原则和方法。

3.3.1　采前准备与方案

3.3.1.1　采集工具与样地选择

根据采集的土壤动物及分离方法不同，需要不同的采集工具，可能用到塑料袋、取样器、铁铲、剪枝剪、尺子、解剖盘、镊子、标签、小瓶子、不锈钢环刀等。

样地的选择标准，视不同的研究目的而定。一般要在调查区域内最典型的植被类型中选择样地。如果范围较大，应包括该区主要植被类型或生境类型的各种样地。选择的样地一般应具备如下条件：① 基本无人类活动干扰；② 地势平坦、坡度不大，石头较少；③ 不在调查地或者生境边沿；④ 避开蚁穴等群居动物巢穴。

3.3.1.2　取样数目

取样数目与取样面积、调查面积大小、调查精度等有关，多取 5~20 个，也可以在更多样点采集样品。

3.3.1.3　采样方法

土壤动物调查一般用每平方米面积含多少个体或生物量，所以要求有一定的取样面积以及取样深度，具体大小因实验性质、要求等有所不同。

取土的深度，应该考虑土壤自然剖面分层，最好不要在两自然层之间采样，当然这并不是绝对的，某些情况也可以按 0~5cm、5~10cm、10~15cm 的绝对深度分层分别抽取一定大小的样方[图 3-6(a)]；或者用土壤环刀抽取一定深度的土芯。比如在现场样点挖掘 50cm×50cm、深度 15~20cm 的样方，现场手拣大型土壤动物[图 3-6(b)]。

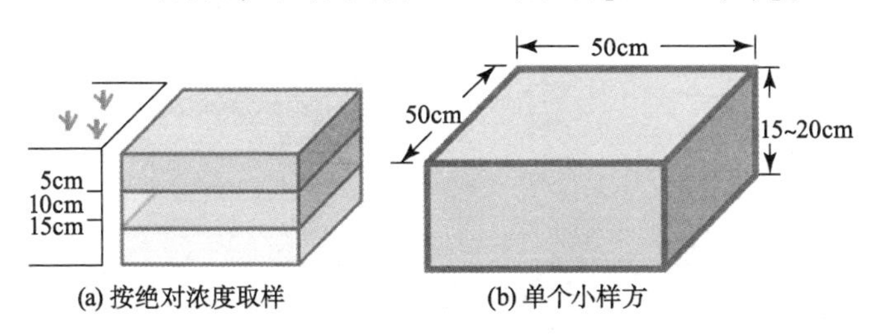

图 3-6　取样面积、深度图

枯枝落叶层取样的最简单办法是把边长为20cm的正方形铁丝框放到取样点，然后用铲子将框内枯枝落叶层刮起装入袋子带回室内处理。该法缺点是一些移动快的动物如蜘蛛、蜈蚣等容易逃逸。为避免这种情况发生，可以改用大型土壤环刀取样。

需要注意，使用土壤环刀时应刀刃向下，在切取土样时避免歪斜，使其垂直均匀受力下切，使用前可将环刀涂抹少许凡士林。使用完毕后，应将环刀擦洗干净并涂一些保护油等以防生锈。环刀的校验每年至少进行一次，确保各向直径误差小于0.1mm，环刀质量误差小于0.01g。

3.3.2 直接采集

土壤动物直接采集法不需要取土样，而是直接收集土壤动物，特别是土壤昆虫效果较好。有很多种方法，这里介绍两种。

3.3.2.1 陷阱法

顾名思义，陷阱法收集土壤动物就是在土壤中设置陷阱，让土壤动物昆虫自己进来(图3-7)。这种方法用来采集甲虫、蚂蚁、蝼蛄、蟋蟀和蟑螂等很有效，特别是当陷阱中放有味诱剂时，效果更佳。例如，在陷阱中加入啤酒时，可诱到较多甲虫。

3.3.2.2 引诱法

引诱法尤其适合土壤昆虫收集，即利用昆虫或者土壤动物的趋光性(图3-8)或对某种气味、颜色等的特别敏感特性来采集土壤动物的一种简便有效方法。

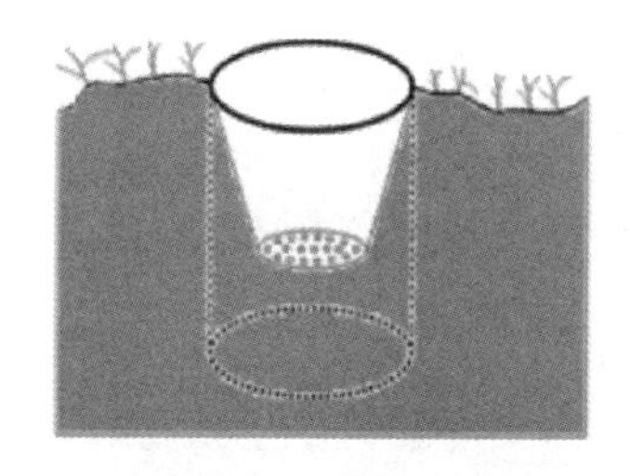

图3-7 陷阱法

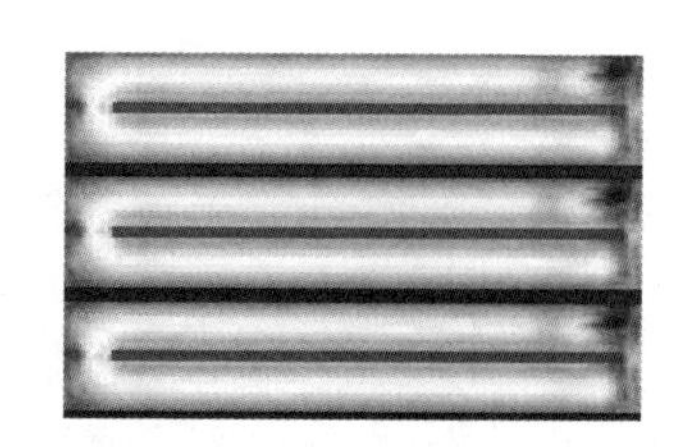

图3-8 光引诱法

3.3.3 分离方法

3.3.3.1 手拣法

手拣法主要用于分离不能用漏斗法分离的大型土壤动物，如蚯蚓、蜈蚣等。一般是在光线较好、地表较平坦的位置铺白色塑料布，将装有土壤动物的生活基质样品倒在塑料布上，用镊子将肉眼能够看见的所有动物拣到事先准备好的小瓶内，注意不要让一些运动较快的动物跑掉。全部拣完后写两张标注样地名及取样层次、取样人、时间等信息的标签，一张放入瓶内，一张贴在瓶外，盖好盖子。

3.3.3.2 干漏斗法

干漏斗法主要用于分离跳虫、蜱螨等运动能力较强的陆生土壤动物。它由热源、收集箱、外罩、网筛几个部分组成的。热源及外罩在上部，外罩防止土壤动物逃逸，热源可用250W红外线灯泡或者40~60W普通灯泡。中部是装土壤或枯枝落叶样品的金属网筛；网眼大小根据要求而定，收集小型动物用1~2mm网眼，大型动物用3~5mm网眼。很明显，网眼越小，则落到收集箱的泥沙越少，能通过网眼的动物个体大小就越受限制。最下面的收集箱是一个装有75%工业酒精的器皿，用于收集通过网筛的动物。图3-9是干漏斗法收集土壤动物的简单示意图。

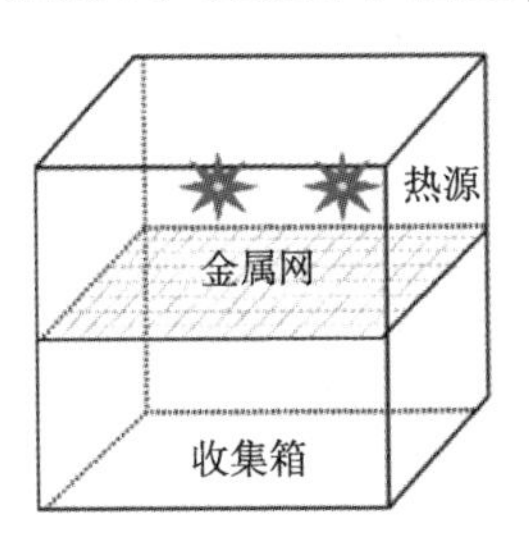

图3-9 干漏斗示意图

3.3.3.3 湿漏斗法

线虫、线蚓、熊虫、甲壳纲、双翅目幼虫等湿生性土壤动物不耐干，活动能力差，因此通常用湿漏斗法进行分离。其结构与干漏斗相类似，不同的是网筛多用尼龙纱，下方放置一个装水的漏斗，水位通常浸没试样，漏斗下的细管接一橡胶管，橡胶管末端用夹子夹住。土样中的小型湿生动物因受到上面热源影响向下移动，并穿过网筛进入水中，由于其比重大于水最后下沉聚集到胶管下端，打开夹子即可将聚集的动物注入盛虫的器皿内。

3.4 土壤剖面

土壤剖面是从地面垂直向下的一个具体土壤的垂直断面，一个完整的土壤剖面应包括土壤形成过程中所产生的发生学层次以及母质层。挖掘土壤剖面是研究土壤的外部特征、成土过程、土壤养分等的基本手段。

3.4.1 挖掘方法

3.4.1.1 地点选择

土壤剖面应设置在代表性较广的地形部位上。土壤剖面选择地点要遵循几个原则：①要有代表性。根据森林植被、地形、母质、水文地质等条件分析判断，确定在适当挖掘位置；②要有稳定的土壤发育条件，如在林内一般要选择在坡面缓平处、不积水、没有自然崩塌的地方；③注意待挖掘的剖面范围内不要有树木；④不宜在住宅、渠、路、沟等人造建筑附近布设土壤剖面。

3.4.1.2 挖掘方法

开挖土壤剖面之前，首先在地面上划出一个长 1.5~2.0m、宽 1.0m 的长方形，依次向下挖掘。为了便于进出，每挖约 30cm 留一台阶，挖出的土要按层次分别放置[图 3-10(a)、(b)]；在坡地或者丘陵地上挖掘的剖面按[图 3-10(c)、(d)]次序进行并取样。开挖深度因土而异。通常情况下，发育于基岩上的土壤、丘陵地挖至露母岩为止。对沼泽土、潮土、盐土和水稻土、平原地等地下水位较高的土壤，挖至出现地下水为止；若地下水位较深，1.5m 以下可以用土钻取土；基本上挖掘深度在 1~3m。挖出的表土与心土要分别堆置于剖面坑的两侧。观察面上沿的地表不能堆土和走动，以免影响观察、采样。

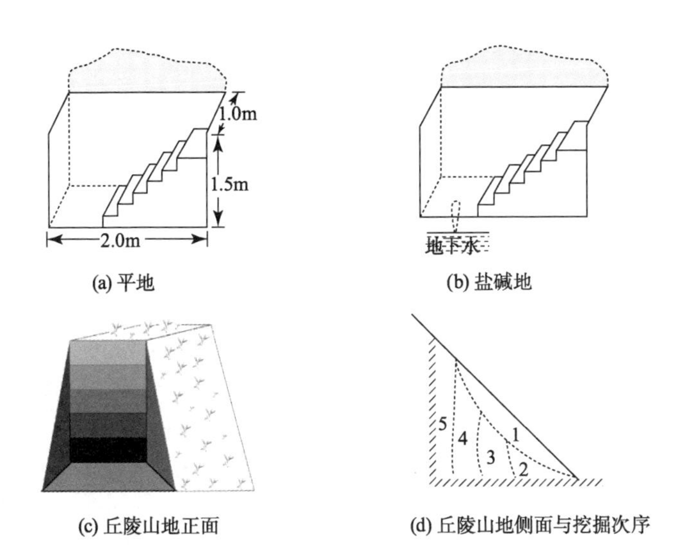

(a) 平地　(b) 盐碱地

(c) 丘陵山地正面　(d) 丘陵山地侧面与挖掘次序

图 3-10　土壤剖面挖掘示意图

3.4.1.3　剖面采样

土壤剖面挖完后，先按形态特征自上而下划分层次，逐层观察和记载其颜色、质地、结构、孔隙、紧实度、湿度、根系分布、动物活动遗迹、新生体以及土层界线的形状和过渡特征。接着根据需要进行 pH、盐酸反应、酚酞反应等的速测。最后自下而上厚薄均匀地取出每一层土样分别装入袋内，样品装袋后随即写好两份标签，一份装入袋中，一份系在样袋口上，标签上要注明土壤剖面编号、土壤名称、采样地点、取样深度、日期、采样人等(图 3-11)。通常同一土壤剖面的各层样品袋，应捆扎在一起，以免混乱或丢失。大多测定有 500g 土样基本能满足要求，若样品过多，可以用四分法加以取舍。全部工作完成后，将挖出的土按先心底土、后表土的顺序填回坑内。

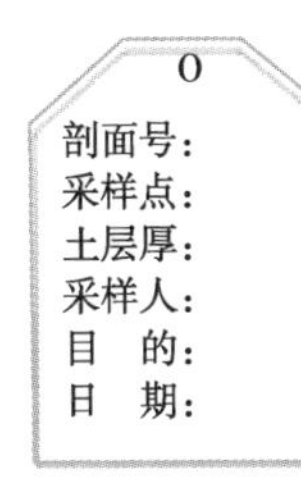

图 3-11　标签格式

3.4.2 土壤层次

对于森林土壤而言，从上到下一个完整的土壤剖面包括枯落物层(A_0 或 O)、淋溶层(A)、心土层(B)、母质层(C)和母岩层(D)。严格讲，依据土壤剖面中物质累积、迁移和转化的特点，一个发育完全的土壤剖面，包括 A、B、C 3 个基本层次，为便于说明起见，我们把 A_0 层也纳入 A 层中。

A 层也叫淋溶层、表土层，处于土壤层次中的最上层，是在生物和物理因素作用下养分形成和积累的熟化土壤层次；B 层也叫心土层、淀积层，由风化的矿物土壤构成，并承受表土淋溶下来的物质；C 层是母质层也叫底土层，是土壤中基本不受耕作或植物影响，基本未风化并保持其母质特点的一层。A、B、C 三层组成典型的土体构型，有些文献把母质层下面的母岩层(D 层)也列入土体结构中，但是野外工作很少对这层进行调查。常见分层如图 3-12。

图 3-12　土壤剖面示意图

3.4.2.1　A 层：淋溶层

A 层是土壤剖面中最为重要的发生学层次，不论是自然土壤还是耕作土壤，不论发育完全的剖面还是发育较差的剖面都具有 A 层。

由于水溶性物质和土壤黏粒有向下淋溶的趋势故叫淋溶层，对于森林土壤，该层最上部可能被枯落物层覆盖，接下来的土体又细分为 A_1、A_2 两层。

(1) A_0(O)层　枯落物层。枯落物层在森林土壤中常见，据分解程度不同，可分为 3 个亚层：L 层，基本未分解保持原形的枯枝落叶层；F 层，分解较多的、半分解的枯枝落叶层；H 层，分解强烈的枯枝落叶层，已失去其原有植物组织形态。

(2) A_1 层　腐殖质层。有机质积累多，颜色深暗，植物根系和微生物也最集中，多具团粒结构，土质疏松，是肥力性状最好的土层。可分为两个亚层：A_{11}层，聚积过程占优势(当然也有淋溶作用)、颜色较深的腐殖质层；A_{12}层，颜色较浅的腐殖质层。

(3) A_2 层　灰化层。受到强烈淋溶，不仅易溶盐类淋溶，而且铁铝及黏粒也向下淋溶，只有难移动的石英残留下来，故颜色较浅，常为灰白色，质地较轻，养分贫乏，肥力性状差。灰化层在森林土壤中通常较明显。

3.4.2.2　AB 层

AB 层是在 A 层与 B 层之间划出的一个过渡层，用于 A 层和 B 层区分不明显的土体。

3.4.2.3　B 层：心土层

在 A 层之下，心土层里面含有由上层淋溶下来的物质，一般较坚实。当然淀积的物质也可能来自土体的下方，由地下水上升带来水溶性或还原性物质，因土体中部环境条件改变而发生淀积；还可能来自人们施用石灰、肥料等土体外部的物质。据发育程度的不同可分为 B_1、B_2、B_3 等亚层。

3.4.2.4　BC 层

淀积层和母质层的过渡层。如果 B 层和 C 层分界明显，则无 BC 层。

3.4.2.5　C 层：母质层

在土体下部没有产生明显的成土作用的土层，由风化程度不同的岩石风化物或各种地质沉积物所构成。母质层据盐的不同有：CC 层，母质层中有碳酸盐的聚积层；CS 层，母质层中有硫酸盐的聚积层。

3.4.2.6　D(R)层：母岩层

是半风化或未风化的基岩。在森林土壤调查中很少调查 D 层。

上面介绍的模式剖面，在实际工作中，往往不会出现那么多的层次，而且层次间的过渡情况也会各有不同，有的层次明显，有的不明显，有的是逐渐的。层次间的交线有平直的、曲折的、带状的、舌状的等多种形式。为方便调查起见，完成下表列出的层次记录既可。

表 3-3　土壤层次简表

剖面层	描　述
O 层	枯枝落叶层(枝叶常未分解或半分解的植物残体)
A 层	腐殖质层，凋落物已分解成泥状，表面颜色明显较黑，当有 AB 层时该 A 层厚度为 A+AB/2
AB 层	当 A 层与 B 层分界不明显时，可增划分 AB 层(过渡层)。土层厚度=A+B 或(A+AB+B)，A_0 层厚度不计入土层
B 层	心土层，通常的淀积层
C 层	母质层。为已风化的母岩碎屑层，但未完全成为土壤
D(R)层	母岩层

3.5　立地质量

在林业上有一个与土壤养分、物理结构、化学性质等相关联但又不属于土壤范畴的常用概念，它就是立地质量。为说明立地质量的含义，首先回顾一下几个相关概念。

3.5.1　立地与立地质量

立地(site)指的是林地环境和由该环境所决定的林地上的植被类型及质量，它是森林或其他植被类型生存的空间及与之相关的自然因子的综合，是林木生长所处自然环境的内在特征。地位级是反映林地生产力的一种相对度量指标，它是依据林分条件平均高与林分平均年龄的关系，按相同年龄的林分条件平均高的变动幅度划分为若干个级数。地位指数是在某一地区大多数树种在不同年龄时树冠完全郁闭时的优势高平均值，或者说在某一立地上特定基准年龄时林分优势木的平均高度值。

立地质量(site quality)是指在某一立地上既定森林或者其他植被类型的生产潜力，通常用某时间段内的蓄积量来表示立地质量，显而易见它与具体树种相关，且有高低之分。与立地质量相关联的概念是立地生产力，它是某一立地上既有森林或植被类型的净生产量，用单位时间内单位面积上的生物量来表示，包括现实生产力和潜在生产力两种。

立地质量评价对森林经营具有现实意义，它是制定森林经营措施的重要依据，也是研究林木生长规律、预估森林生长收获的基础信息，因此，评价立地质量一直受到林业工作者的重视。立地质量指标应具有稳定性且与潜在生产力直接相关，而与林分密度无关，同时能把立地因子转化为生物量。基于此种想法，产生了多种评价立地质量的方法，比如用林分蓄积量、林分优势高来评价同龄林立地质量，用地位级、立地形等评价异龄混交林立地质量。但是由于问题的复杂性，到目前为止还没有一种能够获得共识的立地质量评价方法。用地位级和地位指数来衡量立地质量依然是最常见的方法。需要明确的是，简单地用两个地位级或者地位指数的数值来评价立地质量是不正确的，只有当其他条件相同时对比二者的大小才有意义。接下来我们简介地位指数表和地位级表的编制方法，更全面的内容可以参见雷相东等著的《森林立地质量》(2000)。

3.5.2　地位指数表编制

地位指数曲线就是一组优势树高随年龄的变化曲线，据此整理出的表格是地位指数表。由于优势木平均高受林分密度和树种组成的影响较小，避免了下层间伐的影响，且优势高测定工作量比林分平均高的测定工作量小，在经营中得到大量应用。地位指数表编制的方法主要有单(同)形树高生长导向曲线法和多形树高生长曲线法两种。

3.5.2.1　单形树高生长导向曲线法

单形树高生长导向曲线法的核心是需要拟合一条表示中等立地条件的林分优势树高随林分年龄变化的导向曲线，然后按着一定的级距根据某种规则向上下调整成为一个完整的地位指数曲线簇，这种曲线簇呈“∫”型扇状分布，宛如诸葛亮手中的羽扇。用于这种“∫”形拟合的常用模型很多，比如：

① $h = a_0\left(1 - a_1 e^{-a_2 t}\right)^{\frac{1}{1-a_3}}$

② $\log(h) = a_0 + \dfrac{a_1}{t}$

③ $h = a_0 + a_1\log(t)$

④ $h = a_0 + \dfrac{a_1}{t}$

⑤ $h = a_0\left(1 - e^{-a_1 t}\right)^{a_2}$

⑥ $\log(h) = a_0 + a_1\log(t)$

⑦ $h = a_0 + a_1 t + a_2 t^2$

⑧ $h = h_0\left(\dfrac{1 - e^{-a_1 t}}{1 - e^{-a_1 t_0}}\right)$

以上各式中：h、t 是林分优势高和林分年龄；h_0、t_0 是林分优势高和林分年龄的初始值；a_0、a_1、a_2、a_3 是待求参数。

导向曲线方程建立后，需要确定基准年龄(t_o)，基准年龄选择在树高生长趋于稳定且能反映立地差异的年龄。简单的确定方法是计算各龄阶的变异系数，然后绘制变异系数随年龄的变化曲线，从中选择变异系数趋于稳定的年龄并把它作为最终的基准年龄。第 I 龄阶(组)变异系数 u_i 的计算公式如下：

$$u_i = \frac{\sigma_i}{\overline{h_i}} = \frac{\sqrt{\dfrac{1}{n_i - 1}\sum_{j=1}^{n}\left(h_{ij} - \overline{h_i}\right)^2}}{\overline{h_i}} \times 100\% \qquad (3\text{-}9)$$

式中：σ_i 为第 i 龄阶（组）树高标准差；$\bar{h}_i$ 为第 i 龄阶（组）的平均树高。

单形树高生长导向曲线法编制地位指数的另外一个问题是级距的确定，大多在1~4m。一般认为，地位指数曲线以10条左右为宜，中国多取1~2m。

有了这些信息后就可以编制地位指数表。便于计算起见，用导向曲线式除以基准年龄时的导向曲线式乘地位指数，以此计算该基准年龄时某年龄及地位指数时的优势高，即：

$$h(SI, t) = \frac{f(t, a).SI}{f(t_0, a)} \tag{3-10}$$

式中：t_0是基准年龄；SI是地位指数；a是参数；$f(t, a)$是单形树高生长导向曲线。如果已经建立导向曲线 $h = \alpha(1 - e^{\beta t})^{\gamma}$，即参数 α、β、γ 已知，则根据式（3-10）就可获得计算式 $h(SI, t) = SI(1 - e^{\beta t})^{\gamma}/(1 - e^{\beta t_0})^{\gamma}$，给一个基准年龄 t_0 后，可计算不同地位指数各年龄的优势高，表3-4是地位指数表的一个示例。

表3-4 各地位指数曲线不同年龄树高样式

年龄	地位指数						
	SI_1	SI_2	…	SI_j	…	SI_{n-1}	SI_n
a_1	$h_{1.1}$	$h_{1.2}$	·	$h_{1.j}$	…	$h_{1.n-1}$	$h_{1.n}$
a_2	$h_{2.1}$	$h_{2.2}$	·	$h_{2.j}$	…	$h_{2.n-1}$	$h_{2.n}$
…	…	…	…	…	…	…	…
a_{m-1}	$h_{m-1.1}$	$h_{m-1.2}$	·	$h_{m-1.j}$	…	$h_{m-1.n-1}$	$h_{m-1.n}$
a_m	$h_{m.1}$	$h_{m.2}$	·	$h_{m.j}$	…	$h_{m.n-1}$	$h_{m.n}$

这种形式，我们也可以理解为单形树高生长导向曲线法向多形树高生长曲线法的一个过渡形式。

需要注意的是，拟合单形树高生长导向曲线参数，通常需要较大的样本数量，并且样本要涵盖不同地形、地势、坡度、坡向、坡位、土壤等各种立地条件下不同年龄段的数据，否则将可能出现较大的偏差。

3.5.2.2 多形树高生长曲线法

模型角度，多形树高生长曲线法就是在自变量中增加地位指数变量，当模型参数拟合好后，就可以从地位指数和年龄出发直接计算优势高，极其适合计算机自动工作。在模型构建上，对既有树高导线曲线进行适当修正，就可得到多形树高生长曲线，如：

$$h = a_0 SI^{a_1} \left(1 - e^{a_2 + a_3 SI + a_4 SI^2}\right)^{\frac{1}{1 - a_5 + a_6 SI + a_7 SI^2}} \tag{3-11}$$

$$h = \left(a_0 + a_1 SI + a_2 SI^2\right) e^{-\frac{a_3 + a_4 SI + a_5 SI^2}{t}} \tag{3-12}$$

式中：h、t 是林分优势高和林分年龄；SI 是地位指数；a_i($i = 1, \cdots, 7$)是待求参数。

可以看到，多形树高生长曲线式一般参数较多。通常情况下，多形树高生长曲线拟合的确定指数值较大，系数的变异系数也较大。

多形树高生长曲线法在林分生长模型精细化方面具有优势。

应用地位指数数据时的注意事项

- 当进行地位指数比较时，要弄清楚建立各地位指数的年龄基础以及是胸径年龄还是总年龄。
- 不能通过简单的数学关系将一种年龄为基础的地位指数换算成另一种年龄为基础的地位指数。只有参考地位指数曲线本身所表示不同年龄的实际树高时，才能将地位指数从一种基准年龄转换成另一种基准年龄。
- 注意树木年龄问题。许多地位指数曲线的年龄是由胸高处确定的，但是树木的实际年龄要加上从苗木长到胸高所需的年数。
- 对于不同树种的一些相同地位指数，无论在绝对意义还是在相对意义上都不意味着具有相似的生产力。
- 同一林分在不同期间测量的地位指数可以得到不同的立地质量。

用以树高年龄相关为基础构成的收获表来估计生产力不是非常完善，特别是对于树种分布区的边缘地带。

3.5.3 地位级表编制

在中国传统林业中，地位级作为一种评价林地立地质量的方式已经沿用了几十年，它是把立地质量按不同年龄时林分平均高的变动幅度划分为若干个级数，并以罗马数字Ⅰ、Ⅱ、Ⅲ、…符号来表示的一种定性方法。地位级通常为5~7级，表3-5是常用的格式。

对于上层间伐的林分，使用地位指数表会产生很大偏差，此时地位级表具有明显的优势。使用时，先测定林分平均高和林分年龄，从地位级表中采用上限排外法即可查出该林地的地位级；复层混交林，则应根据主林层的优势树种确定地位级。

表3-5 某地区某树种地位指数表

年龄	地位级				
	Ⅰ	Ⅱ	Ⅲ	Ⅳ	Ⅴ
a_1	$h_{11} \sim h_{12}$	$h_{12} \sim h_{13}$	$h_{13} \sim h_{14}$	$h_{14} \sim h_{15}$	$h_{15} \sim h_{16}$
a_2	$h_{21} \sim h_{22}$	$h_{22} \sim h_{23}$	$h_{23} \sim h_{24}$	$h_{24} \sim h_{25}$	$h_{25} \sim h_{26}$
a_3	$h_{31} \sim h_{32}$	$h_{32} \sim h_{33}$	$h_{33} \sim h_{34}$	$h_{34} \sim h_{35}$	$h_{35} \sim h_{36}$
…	…	…	…	…	…
a_i	$h_{i1} \sim h_{i2}$	$h_{i2} \sim h_{i3}$	$h_{i3} \sim h_{i4}$	$h_{i4} \sim h_{i5}$	$h_{i5} \sim h_{i6}$
…	…	…	…	…	…
a_n	$h_{n1} \sim h_{n2}$	$h_{n2} \sim h_{n3}$	$h_{n3} \sim h_{n4}$	$h_{n4} \sim h_{n5}$	$h_{n5} \sim h_{n6}$

地位级表的编制方法有主要有数式法和图表法，都需要使用林分平均高。数式法编制地位级表法与地位指数表编制大致相同，这里不再赘述；下面介绍图解法编制地位级表的过程。

◇ 把样地资料以年龄为横坐标、平均高为纵坐标绘制散点图。由于随着年龄的增大，树高的变动幅度越大，散点图呈扇形分布。

◇ 按散点图的分布趋势绘制平均高-年龄的平均生长曲线，并根据曲线走向趋势及散点的分布范围绘制上、下限两条曲线。这两条曲线所夹的面积反映了该区域立地质量和林地生产力的差异。

◇ 在上、下限曲线范围内，按着曲线趋势把变化范围划分成 3～7 个部分，然后从上到下分别用罗马数字Ⅰ、Ⅱ、Ⅲ、…编号，得到地位级。由于Ⅰ地位级在最上面，即树木平均高生长最大，表明立地质量最好；随罗马数字加大，立地质量逐步变差。

第4章 森林图像理解

图像采集工具越来越普及，获取图像已经不单是照相机的专属，野外伺服仪器、智能手机等都在存储着图像。图像是视觉的基础，是自然景物的客观反映，是人类感官认识世界的最大信息源。如何让机器像人类看世界一样从图像中理解出目标信息成为一个重要课题。图像中有什么？图像中各对象的属性及它们之间存在什么关系？图像内隐藏着哪些深层次内容？……这些问题是人工智能领域中的重要研究方向。

4.1 图像处理基础

4.1.1 图像概述

4.1.1.1 定义

图像(image)默认指数字图像，它是物理空间投影到平面上，由具有位置和灰度两种属性的像素(pixel)组成的集合体。像素就是空间被分割成一个个小区域转化到平面的一个小方格，每一个方格都携带空间区域对应的用整数表示的亮度值，它们是离散的，共同构成空间的像。

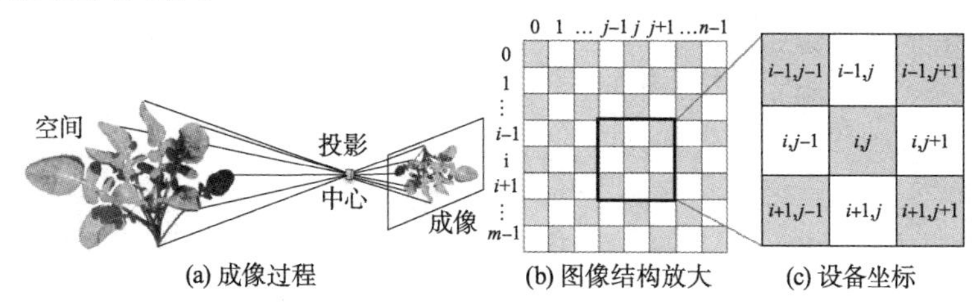

图 4-1 空间成像过程示意图

图 4-1 右端的棋盘格就是图像放大后的情况，类似于在坐标原点是(0，0)、x 轴向右增加、y 轴向下增加的笛卡尔坐标系中，

(i, j)位置表述亮度值的一种矩阵结构。

那么，这种棋盘结构的图像是如何生成的？把空间变成数字图像，要经过采样及量化两个步骤，即数字化过程。

4.1.1.1.1　采样

采样(sampling)就是把在空间或时间上连续的图像变成离散点的操作。在二维平面上图像基本上是以连续分布的信息形式存在的。为了能在计算机上操作图像，首先就要把二维信号变成一维信号，即进行扫描。最普通的扫描方法是光栅扫描在平面上按从上到下的顺序以一定的行间隔抽取图像灰度值，把一维信号按一定间隔取值，就能得到图像的离散点阵列。视频或动画的采样过程和单张照片并没有本质差别，仅增加了一个时间轴，就是说其采样包括时间轴方向、画面的垂直方向和扫描方向三个过程。

如果采样在横、纵方向上的像素分别为 m、n，则图像大小可以表示为 $m \times n$。实际操作过程中，如何选择采样点间距是一个很重要的问题，它依存以怎样的微细灰度变化来刻画图像以及以何等程度来忠实于原图像这两个要求。采样定理可以回答这个问题，其中最为基本的是一维采样定理。

4.1.1.1.2　量化

采样后，图像被分解成在时间、空间上离散的像素，但此时像素值还是连续的，它是从黑到白的深浅值，当然也可以是光强(亮度、灰度)值，当把这种连续的深浅或灰度值变成离散的整数值时就是量化。将区间的所有灰度值用整数值表示，这个整数值叫作浓度值、灰度水平等，它与真值之间存在量化误差。

目前计算机中的图像，从黑到白基本用 8 比特($2^8=256$)内整数值来表示，像素灰度值是 0~255 中的一个。习惯上，把 0 规定为黑、把 255 规定为白，当然也可能是相反情况，这依赖于对象图像的输入方法(比如是透射型输入还是反射型输入)以及以怎样的观点处理图像。不论怎样定义，除了在操作中注意外，其他对分析不会产生任何影响。在量化过程中根据量化间隔是否一定分为等距量化和非等距量化两种。比如线形量化为等距量化，对数量化、渐减量化等为非等距量化。

4.1.1.1.3　表色系

在图像理解中，为了实现不同的目的，可能会使用不同的颜色模型(表色系)，这里介绍几个常见的颜色模型。

(1) RGB表色系　这是最常用的表色系，也是标准的色彩模型，它通过RGB三原色不同比例混合，生成我们需要的其他颜色。图4-2是在RGB表色系中常用的彩色立方体。原点是黑色，距离原点的最远点为白色，从黑到白的灰度值分布在从原点到最远点的连线上，而立方体内其他点对应不同的颜色。为了方便，人们总是习惯于将立方体归一化为单位立方体，使所有RGB值都控制在区间[0，255]中。

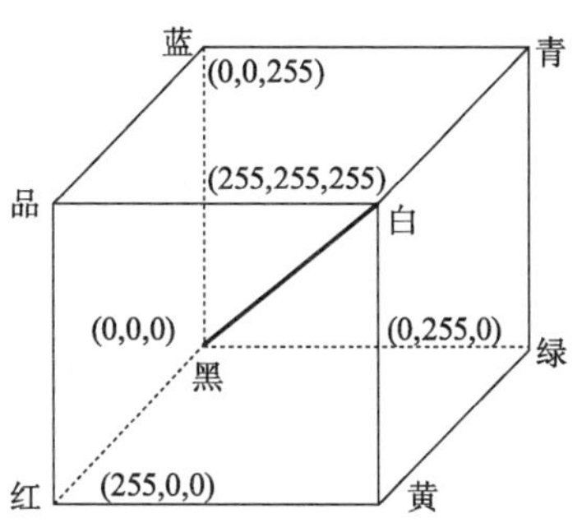

图4-2　RGB颜色

计算机是怎么存储颜色的？由于计算机存储数据的最小单位是“位”(比特、bit)，1位只能表示脉冲的“有”或“无”中的一种状态，或者电源信号中“开”或“关”中的一种状态，它只能在“1”或“0”中2选1，所以，用1位存储颜色值，只能是“黑”“白”或“蓝”“绿”等中的一种颜色。

如果想存储表达更多的颜色数，则必须增加位数，如4位可以表示16(2^4)种颜色，1字节(byte)有8位最大可以存储256(2^8)种颜色。需要说明的是，计算机中并没有颜色的说法，仅仅是多少种状态，人类是用某种状态来表述某种应用而已。如果R(red)、G(green)、B(blue)分别用1字节来存储，它们共同来表示颜色，由于每 1 字节有 256 种颜色，则 RGB 3 个字节共有 256^3 = 16777216 个组合数，这就是 3 字节表达的最大颜色数。比如某像素的颜色在计算机中存储格式为（最小值是“黑”、最大值是“白”）R：11111111、G：00000000、B：11111111，它代表的颜色是品色。

在大多数的彩色图像处理中用 8 位代表一个基本色，即一个像素要占用 24 位（3 个字节）。当然这不是必须的，也有用 16 位、32 位、48 位表示一个像素的。虽然 RGB 表色系给了我们简单地表现彩色的方法，但它所表示的精确颜色范围可能会按应用程序或显示装置而变化。

根据人眼结构，所有颜色可以看作是 3 个基本颜色红、绿、蓝的不同组合。为了建立标准，国际照明委员会（CIE）在 1931 年规定三基色的波长分别为 R：700nm，G：546.1nm，B：435.8nm。但由于光谱的连续性以及人眼的生理差别，并没有一种颜色准确地叫做红、绿、蓝，其他颜色可以表示成：

$$\text{Colour} = \alpha R + \beta G + \gamma B \tag{4-1}$$

式中：Colour 是将要生成的新颜色，α、β、γ 分别是三原色 RGB 中的 3 个权重。当三原色等量相加时得到白色，等量的红绿相加而蓝为 0 值时得到黄色，等量的红蓝相加而绿为 0 时得到品红色，等量的绿蓝相加而红为 0 时得到青［图 4-3（a）］，这叫作加色混色。与之对应，用彩色墨水或颜料进行混合等所用的是减色混色。在理论上说，任何一种颜色都可以用 3 种基本颜料即青（C）、品红（M）和黄色（Y）按一定比例混合得到，见图 4-3（b）。用这种方法产生的颜色之所以称为减色，是因为它减少了视觉系统识别颜色所需要的反射光。

颜色有辉度［也叫亮度（intensity）］、色调（hue）、饱和度（saturation）三个基本属性，后两者合起来又称色度（chromaticity）。辉度与物体的反射率成正比。如果无彩色就只有辉度一个维量的变化，对于彩色光而言，颜色中加入白色越多越明亮，加入黑色越多辉度值越小。色调与混合光谱中主要光波长相关，饱和度与某一色调的

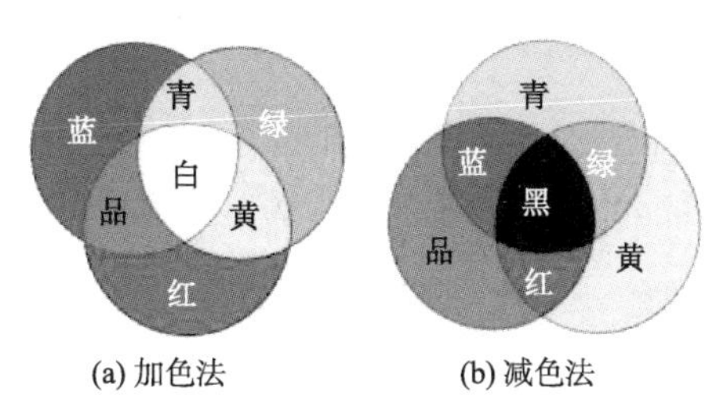

(a) 加色法　　(b) 减色法

图 4-3　RGB 与 CMYK

纯度相关，纯光谱是饱和的，随着白光的加入饱和度渐减。

(2) XYZ 表色系　在 RGB 表色系中，光谱三刺激值是从实验得出来的，在很多情况下是负值，这种正负交替很不便也不宜理解，同时在色度图上颜色分布有偏。因此，1931 年 CIE 推荐了一个新的色度学系统——CIE-XYZ 表色系。

这一表色系用假想的 XYZ 三个刺激值来表示颜色，导入了非负的色彩匹配函数，同时使 Y 的值与辉度值保持一致。XYZ 表色系与 RGB 表色系存在式(4-2)的关系。

$$\begin{bmatrix} X \\ Y \\ Z \end{bmatrix} = \begin{bmatrix} 2.7689 & 1.7517 & 1.1302 \\ 1.0000 & 4.5907 & 0.0601 \\ 0.0000 & 0.0565 & 5.5943 \end{bmatrix} \begin{bmatrix} R \\ G \\ B \end{bmatrix} \tag{4-2}$$

应用上，更多的是采用 x、y、Y 表示色彩，其中，

$$x = \frac{X}{X + Y + Z},\ y = \frac{Y}{X + Y + Z} \tag{4-3}$$

Y 为灰度，x、y 为色度坐标。

(3) HSI 表色系　由于 I(灰度)分量与图像的彩色信息无关，而 H(色调)和 S(饱和度)分量与人感受颜色的方式紧密相连，因此，HSI 表色系非常适合于借助人的视觉系统来感知彩色特性的图像处理算法。另外也有 HSL、HSV 表色系说法，L 是 Lightness 的第一个字母，V 是 Value 的第一个字母，用这两个词汇取代 Intensity 是基于相同的概念。不论哪种说法，都可由三原色 RGB 近似构建其彩色空间。

令 RGB 中每一个基本色有 8 比特即 256 个灰度级，标准化每一个基本色得到 r、g、b，取标准化后 r、g、b 中的最小值 Min：

$$r=\frac{R}{255},\ g=\frac{G}{255},\ b=\frac{B}{255},\ Min=\min(r,\ g,\ b)$$

则 HSI 各分量的计算式如下。

$$\left.\begin{aligned}H&=\tan^{-1}\frac{\sqrt{3}(g-b)}{(r-g)+(r-b)}\\I&=\frac{r+g+b}{3}\\S&=1-\frac{Min}{I}\end{aligned}\right\}\tag{4-4}$$

式中：$H\in(0,\ 2\pi]$，S、$I\in[0,\ 1]$。使用 HSI 模型需要注意的问题是它存在着奇异点，在柱面坐标系中，如果 $R=G=B=0(S=0)$ 时出现奇异点，在其附近 H 值不稳定。

如果 S、I、R、G、$B\in[0,\ 1]$，则从 HSI 到 RGB 的转换公式如下：

当 $H\in(0,\ 2\pi/3]$

$$\begin{cases}B=I(1-S)\\R=I\left[1+\dfrac{S\cos H}{\cos(\pi/3-H)}\right]\\G=3I-(B+R)\end{cases}\tag{4-5}$$

当 $H\in(2\pi/3,\ 4\pi/3]$

$$\begin{cases}R=I(1-S)\\G=I\left[1+\dfrac{S\cos(H-2\pi/3)}{\cos(\pi-H)}\right]\\B=3I-(R+G)\end{cases}\tag{4-6}$$

当 $H\in(4\pi/3,\ 2\pi]$

$$\begin{cases}G=I(1-S)\\B=I\left[1+\dfrac{S\cos(H-4\pi/3)}{\cos(5\pi/3-H)}\right]\\R=3I-(B+G)\end{cases}\tag{4-7}$$

有关 HIS 表色系的更多内容可以参见相关文献。

(4) CMY 表色系　在印刷、摄影等由减色混色再现彩色的相关领域，把 RGB 的补色青(Cyan)、品红(Magenta)、黄(Yellow)作为原色的表色系称为 CMY 表色系。实际印刷中为更好地再现黑色，进一步加入了黑色(blacK)，称为 CMYK 表色系。

关于 RGB、CMY、HSI 的示意图可以用下面的正六棱锥近似(图 4-4)。

(5) Lab 表色系　针对 RGB 和 CMYK 模型色彩特性不足并依赖于设备的缺陷，CIE 制定了 Lab 表色模式。Lab 表色系的色彩空间比 RGB 空间大且与设备无关，它可以表示更多的颜色。

Lab 表色模型中，L 分量是亮度，a 分量的正数代表红色、负数代表绿色；b 分量正数代表黄色、负数代表蓝色，各分量范围分别为 $L \in [0, 100]$、$a \in [-128, 127]$、$b \in [-128, 127]$，中间是渐变值与对应颜色，如图 4-5。

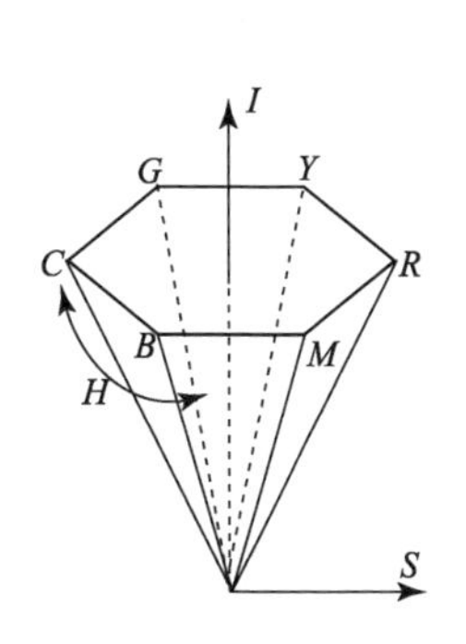

图 4-4　RGB、HSI、CMY 关系示意图

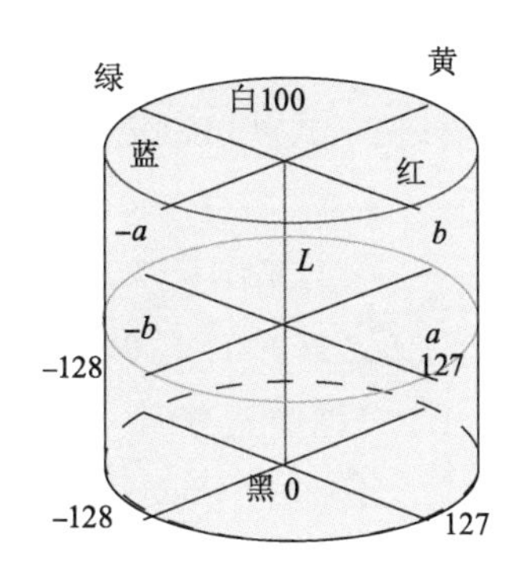

图 4-5　Lab 颜色模型

RGB 转换到 Lab 色系需要以下三步骤：

① 把区间值为[0, 255]的 R、G、B 经过下式转换成 r、g、b。

$$
\Gamma(x)=\begin{cases}\left(\dfrac{0.055+x/255}{1.055}\right)^{2.4} & x>(255\times 0.04045)\\ \dfrac{x/255}{12.92} & 其他\end{cases} \quad (4-8)
$$

式中：x 分别代换成 R、G、B 值，则得到 r、g、b。

② r、g、b 经过如下矩阵转换成 x、y、z。

$$
\begin{pmatrix}x\\y\\z\end{pmatrix}=\begin{pmatrix}0.412453 & 0.357580 & 0.180423\\0.212671 & 0.715160 & 0.072169\\0.019334 & 0.119193 & 0.950227\end{pmatrix}\begin{pmatrix}r\\g\\b\end{pmatrix} \quad (4-9)
$$

③ x、y、z 转换成 L、a、b。

首先定义如下函数 $f_{Lab}(t)$，

$$
f_{Lab}(t)\triangleq\begin{cases}t^{1/3},\ if & t>\left(\dfrac{6}{29}\right)^3\\ \dfrac{1}{3}\left(\dfrac{29}{6}\right)^2 t+\dfrac{4}{29}, & 其他\end{cases} \quad (4-10)
$$

于是，按下式就可以把 x、y、z 转换成 L、a、b：

$$
\begin{cases}L=116f_{Lab}(y/1.0)-16\\ a=500\left[f_{Lab}(x/0.950456)-f_{Lab}(y1.0)\right]\\ b=200\left[f_{Lab}(y1.0)-f_{Lab}(z/1.088754)\right]\end{cases} \quad (4-11)
$$

4.1.1.2 图像直方图

图像直方图(histogram)是以灰度级为横坐标、纵坐标是各灰度级出现的像素数所形成的图，它是灰度级的函数，因此，也称灰度直方图(gray level histogram)。图像直方图具有图像的平移、旋转、缩放不变性等优点。在图像处理中的分割阈值、求算物体面积、图像检索与分类、数字化监察等很多领域，它都是一个有用工具。图4-6给出了一幅图像及其对应的直方图。

直方图还有另外的一种定义形式。假设有一幅连续图像 $f(x, y)$，其灰度级从中心向边缘平滑渐减过渡，连接图像内所有灰度级为f_1的点形成一条闭合的边界线，其所包围的面积为A_1，根据前面假设，边界线内所有点灰度均应该大于等于f_1。这种将连续图像中由灰度级f边界线所包围的面积的函数叫做图像的阈值面积函数$A(f)$ 。同样方法，由更大灰度值f_2的边界线包围的面积为A_2，由此，直方图有以下定义：

图 4-6 图像与其直方图

$$H(f)=\lim_{\Delta f\to 0}\frac{A(f)-A(f+\Delta f)}{\Delta f}=-\frac{\mathrm{d}}{\mathrm{d}f}A(f) \qquad (4-12)$$

由于随着f的增加$A(f)$在减小，所以出现负数。可见，一幅连续图像的直方图是其面积函数导数的负数。如果把图像看成二维随机变量，则面积函数相当于其累计分布函数，而灰度直方图相当于其概率密度函数。

对于离散函数，我们取$\Delta f=1$，则式(4-12)变为

$$H(f)=A(f)-A(f+1) \qquad (4-13)$$

因此，数字图像中任一灰度级f的面积函数就是大于等于灰度值f的像素个数。

直方图具有以下性质：

① 直方图不表示图像的空间信息。直方图仅能够回答各灰度级的像素数多少，而不能回答像素的空间位置，就是说，如果用直方图代替图像，则全部空间信息都被丢失。

② 任一特定的图像都有唯一的直方图，但反之并不成立。即

由图像计算直方图具有充分性，但不具有必要性。

③ 直方图具有可加性。若一副图像由若干个不相交的区域构成，则整幅图像的直方图是这若干个区域直方图之和。由于直方图表示的是各灰度级的像素数，所以这个性质是显而易见的。

④ 若一幅图像包含一个灰度均匀一致的对象物体且背景与物体对比度很强，假设物体的边界是由灰度级 g 定义的边界线(轮廓线)，则：

$$\int_{g}^{\infty} H(f)\,\mathrm{d}f = \text{对象的面积} \tag{4-14}$$

这里所说的均匀一致并不是要求对象灰度值完全相等，只是说与背景相比没有太大的起伏。如果图像中包含多个对象，并且所有对象边界线处的灰度都为 g，则式(4-14)给出的是所有对象的面积之和；如果 $g=0$ 则上式给出图像的面积。

另外，还可以根据归一化灰度直方图和面积函数计算图像的概率密度函数和累积分布函数。

在图像比较与分割中很有实际应用价值一个方法是直方图均衡化，所谓直方图均衡化(histogram flattening 或者 histogram equalization)就是使每一灰度级上都具有相同像素数的一种运算方法。

便于说明起见，假设输入图像像素的大小为 16×16(总像素数256)，有 8 个灰度级，直方图如图 4-7 (a)所示。对此图像进行直方图均衡化后，各灰度级的像素数应该为 256÷8=32。具体调整次序按 0、1、2…即灰度从低到高的次序进行。因为 2+14+42>32，所以输入灰度 0、1 的全部像素以及灰度 2 中的 16 个像素调整到灰度为 0 的里面中来。接下来确定像素数超过 64(32×2)的灰度值，由于 2+14+42+70>64，所以输入灰度是 2 中的剩余的 26 个像素及输入灰度是 3 的里面的 6 个像素调整到输出灰度 1 中，依次类推，即完成了直方图均衡化，见图 4-7 (b)。

由于采用离散公式，使用的概率密度函数是近似的，原直方图上频数较少的某些灰度级要并入一个或几个灰度级中，故直方图均

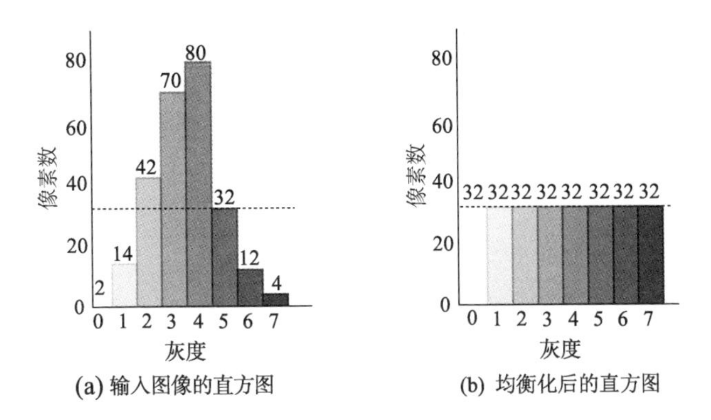

(a) 输入图像的直方图　　(b) 均衡化后的直方图

图 4-7　直方图均衡化前后像素变化

衡化的结果只能是一种近似的、非理想的均衡结果。因此，一般情况下对离散图像的直方图均衡化并不能产生完全平坦的直方图。图 4-8 是直方图均衡化前后效果与各灰度级像素数变化图。

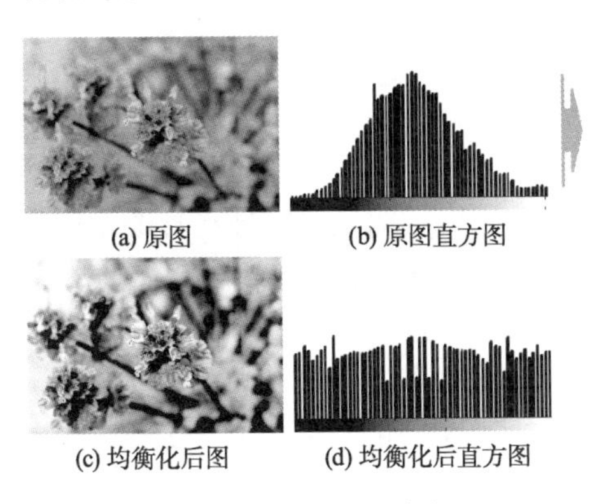
(a) 原图　　(b) 原图直方图

(c) 均衡化后图　　(d) 均衡化后直方图

图 4-8　直方图均衡化

4.1.1.3　图像噪声

图像在获取、传输及处理过程中，可能受一些随机误差的影响而产生退化，这种退化叫噪声(noise)。理想的噪声是白噪声(white noise)，它有恒常的功率谱，就是说噪声的强度不随频率的增加而衰减。白噪声是退化估计中的常用模型，这种模型的优点是计算简单。比如我们熟知的高斯噪声就是白噪声的一个特例，服从正态分布的随机变量具有高斯曲线型的概率密度，其一维概率密度函数为 $p(x)$：

$$p(x) = \frac{1}{\sigma\sqrt{2\pi}} e^{-\frac{(x-u)^2}{2\sigma^2}} \tag{4-15}$$

式中：μ 和 σ 分别是随机变量的均值和标准差。很多实际问题中的噪声都可用高斯噪声来近似。

另外一种常见噪声是加性噪声(additive noise)，常出现在老式的摄像机中，可用如下的模型来表示：

$$f(x, y) = g(x, y) + \xi(x, y) \tag{4-16}$$

式中：噪声 ξ 和输入图像 g 是相互独立的变量；f 是实际图像信号。因此，信噪比(signal to noise ratio)定义为：

$$SNR = \frac{\sum_{(x, y)} f^2(x, y)}{\sum_{(x, y)} \xi^2(x, y)} \tag{4-17}$$

可见，信噪比是观察到的信号平方和与噪声平方和之比，它是衡量图像品质的一个指标，SNR 越大越好。

在很多情况下，噪声的幅值与信号本身的幅值有关。如果噪声的幅值比信号的幅值大很多时，可以写成下式：

$$f(x, y) = g(x, y) + \xi(x, y)g(x, y) \approx \xi(x, y)g(x, y) \tag{4-18}$$

这是乘性噪声(multiplicative noise)。电视光栅退化和胶片材料退化都是乘性噪声的例子。

当量化级别不足时会出现量化噪声(quantization noise)。例如，仅有 50 个级别的单色图像，这种情况下会出现伪轮廓。量化噪声能够简单的消除，比如对图像中较少出现的灰度值区域采用较大的量化间隔即非等距量化，就可减轻量化噪声。

以上是几种常见的噪声，实际上，噪声的种类有很多，比如冲激噪声、胡椒盐噪声等。与这些噪声的种类比，人们往往更关心如何抑制噪声。抑制噪声的方法可以根据具体情况采取相应策略，如果事先已知噪声参数可以使用图像复原技术控制噪声。如果对噪声没有任何先验知识，可以采用局部的图像平滑手法抑制噪声。需要注意，平滑的目的是抑制噪声和小的扰动，即抑制高频部分，与此同时，平滑也会模糊边缘，因此，在不希望模糊边缘的情况下，应选择不弱化边缘的算法。

4.1.2 图像分割

在对图像的研究和应用中，人们往往只对其中的某些目标感兴趣，这些目标通常对应着灰度、颜色、纹理等图像中具有一定特性的区域。只有准确地将目标从背景中提取出来，才有可能对目标进行进一步利用，从而将原始的图像数据转化为具有一定意义的信息。目前虽然已经有多种成熟的图像分割方法，并在医学，工业等领域有了多年的研究，但是不同领域的图像有不同的图像特征，加上不同领域进行图像分割和识别的目的也大相径庭，例如医学图像和森林遥感图像的特征和应用目的就有很大的不同，这些方法不可能原封不动的照搬到林业图像上来，因此，林业图像分割算法的研究仍然是当前林业图像处理和分析的热点问题。

所谓图像分割(image segmentation)就是根据某种均匀性的原则将图像分成若干个有意义的部分，使得每一部分都符合某种一致性的要求，而任意两个相邻部分的合并都会破坏这种一致性。图像分割在很多情况下可归结为图像像素点的分类问题，它具备以下特征：

① 分割出来的同一个区域中的像素应该具有某些相同性质，而且区域内的像素应当是连通的。

② 分割后得到的不同区域中的像素应该具有一些不同的性质。

③ 各子区域是互不重叠的，即区域边界是明确的。

大多数的图像分割方法只是满足上述部分特征，到目前为止，虽然已经提出了上千种图像分割算法，但是还没有一种通用的方法可以很好地兼顾这些特征，原因在于实际图像的千差万别，以及在图像获取和传输过程中噪声以及光照不均等因素造成的图像质量下降；同时，也没有统一的准则对图像分割的好坏进行评价，这些算法的实现方式各不相同，然而大都基于图像像素的两个性质：不连续性和相似性，所谓相似性是指图像中同一区域内部的像素具有某种相似的特性，如像素灰度值、色彩值相等或相近，像素排列所形成的纹理相同或相近，所谓不连续性是指区域之间边界上像素特性的不连续，如灰度值的跳跃或者纹理结构的突变等。

4.1.2.1 典型方法

（1）大津法　大津(Otsu)法是由日本学者大津在 1979 年提出的一种自动寻找阈值的方法，该算法是在判别分析最小二乘法原理的基础上推导出的，基本原理是确定一个最佳阈值，使最佳分类状态的类间分离性最好，即使目标和背景之间的类间方差最大。

假设图像的灰度范围为 $[0, L-1]$，图像像素总数为 N，阈值设为 T，灰度值小于 T 的区域 A 的像素个数计为 n，大于 T 区域的 B 的像素个数计为 m，f_i 为像素值，p_i 为像素值为 f_i 的概率，则区域 A 和 B 的概率分别为：

$$P_A = n/N \tag{4-19}$$

$$P_B = m/N \tag{4-20}$$

区域 A 和 B 的平均灰度值分别为：

$$\mu_A = \frac{1}{P_A}\sum_{0}^{T} f_i p_i \tag{4-21}$$

$$\mu_B = \frac{1}{P_B}\sum_{T}^{L-1} f_i p_i \tag{4-22}$$

两个区域的总体类间方差为：

$$\sigma = P_A P_B(\mu_A - \mu_B) \tag{4-23}$$

让 T 在 $[0, L-1]$ 范围内依次取值，使得 σ 为最大的灰度值即为最佳阈值。图 4-9(b)是用大津法处理原图[图 4-9(a)]的结果。

(a) 原图

(b) 大津法

(c) 对称交叉熵

图 4-9 图像分割

(2) 对称交叉熵 如果找到图像中一个灰度值 t_s，通过如下方法把图像变为只有前景和背景两个灰度级的新图像 I_{new}：

$$I_{new}=\begin{cases}a & \text{if } g \leqslant t_s \\ b & \text{other}\end{cases}$$

且新旧图像间满足约束条件：① $g_i \in \{a, b\}$；② $\sum_{g\leqslant t_s} gh_g = \sum_{g\leqslant t_s} a$；③ $\sum_{g>t} gh_g = \sum_{g>t} b$。显然，$h_g$ 是灰度为 g 的像素数即灰度直方图，a 是 $g\leqslant t_s$ 的灰度平均值，b 是 $g>t_s$ 的灰度平均值时，容易满足此约束条件，其中：

$$a=\frac{\sum_{g\leqslant t_s} gh_g}{\sum_{g\leqslant t_s} h_g},\ b=\frac{\sum_{g>t_s} gh_g}{\sum_{g>t_s} h_g}$$

那么，t_s 的取值是多少能够得到这个新图像？Brink（1996）使用对称交叉熵全局阈值，即使下式值 d_t 达到最小的 t_s，就能够把图像分割成只有前景和背景两大类的新图像(I_{new})。

$$d_t=\sum_{g=0}^{t_s} ah_g \log\frac{a}{g}+\sum_{g=t_s+1}^{255} bh_g \log\frac{b}{g} \tag{4-24}$$

对称交叉熵法给出了一个优化的阈值，这个数值相比大津算法更加接近于最优的阈值(Li，1993)。图 4-9(c)是用对称交叉熵法对图 4-9(a)的处理结果。

（3）聚类法　图像分割可以看作是像素点的分类过程，空间聚类就是基于这种思想，把图像分割的过程看作是在由原始图像的灰度、纹理以及其他统计参数共同构成的多维特征空间中进行聚类分析。通过对不同特征变量的选择，被识别的对象点就会在特征空间中聚集成团，一般来说，空间聚成的团常常对应图像中的目标，然后再将它们映射回原图像空间得到分割的结果。

聚类分析的一般过程为用适当的相似性准则对图像像素分类，用类间距离等测度对所分的子类检测，看彼此是否能明显分开，如果不能，就要对某些子类进行合并。反复对生成的结果再分类、检测和合并，直到没有新的子类生成或满足某一条件为止。聚类的方法有很多，下面我们介绍一个应用较多的K-均值聚类法。

令 $x=(x_1, x_2)$ 代表一个特征空间中某一特征点的坐标，$g(x)$ 代表这个点的特征值，μ 表示 x 对应类的所有像素的特征平均值，则该特征点与其对应的类之间的距离为；

$$d=\|g(x)-\mu\|^2 \tag{4-25}$$

$$L=\sum_{i=1}^{K}\sum_{x\in Q_j^i}\|g(x)-\mu_j^{(i+1)}\|^2 \tag{4-26}$$

式中：Q_j^i 表示第 i 次迭代后，类 j 的特征点集合；μ_j 表示第 j 类的均值；L 表示特征点与其对应类均值的距离和；K-均值聚类法就是使上式值最小化。具体步骤如下：

① 任意选K个初始类均值，$\mu_1^{(1)}$ ，$\mu_2^{(1)}$ ，$\cdots\mu_K^{(1)}$ 。

② 在第 i 次迭代时，根据下述准则将每个特征点归属于 K 类之一，$(j=1, 2, \cdots, K, l=1, 2, \cdots, K, j\neq i)$

$$\text{if}\quad \|g(x)-\mu_l^{(i)}\|<\|g(x)-\mu_l^{(i)}\| \tag{4-27}$$

则 $x\in Q_l^{(i)}$ ，即将每个特征点归类到离它最近的类。

③ 对 $j=1, 2, \cdots, K$ ，更新类均值 $\mu_j^{(i+1)}$

$$\mu_j^{(i+1)}=\frac{1}{N_j}\sum_{x\in Q_j^i}g(x) \tag{4-28}$$

式中：N_j 为 Q_j^i 中特征点的个数。

④ 如果对所有的 $j=1, 2, \cdots, K$，有 $\mu_j^{(i+1)}=\mu_j^i$，则算法收敛；否则转至②继续下一步迭代。

运用K-均值聚类算法时，并没有分类数目的先验知识，因此，初始聚类中心的选择、分类数目以及特征空间的选择对最终的分类结果都有一定的影响。可以先采用不同的K值进行聚类，根据聚类品质确定最后的分类数。图4-10(b)是设置K=4时的分割结果。

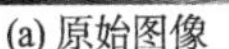

(a) 原始图像　(b) K=4时的分割结果　(c) K=2时的分割结果

图4-10　K-均值聚类值分割

(4) 区域生长法　区域生长法是一种较古老的图像分割方法，区域生长的基本思想是根据定义的准则将具有相似性质的像素或子区域聚合成更大区域；或者先将图像分割成很多一致性较强(如区域内像素灰度值相近)的小区域，然后按一定规则将小区域融合成大区域，实现图像分割。区域生长法认为像素之所以可以被分割成一类，关键在于属于同类的像素都有一些性质是满足某种相似性准则的。基本方法是以一组“种子”点作为生长的起点，然后将“种子”像素周围邻域中与“种子”性质相似的像素合并到种子像素所在的区域中，从而逐步增长区域，直至没有可以合并的点为止。

区域生长的一个关键是选择合适的生长或相似准则，即性质或特征向量的选择。常用的性质有像素邻接区域之间的平均灰度、区域灰度分布统计性质、区域形状等。相似性准则的选择不但依赖于所考虑的问题，而且也依赖于图像数据的类型。例如，林业中对于不同树种的区域的提取，仅依靠色彩作为准则，效果就会受到影响，另外在区域生长过程中还需要考虑像素间的连通性，否则会产生无意义的结果。

区域生长实现的步骤如下：按顺序扫描图像，找到第一个还没有归属的像素(x_0, y_0)，以该像素为中心，考虑中心的8邻域像素(x, y)，如果(x, y)满足生长准则，将(x, y)与(x_0, y_0)合并在同一区域内，继续生长；如果不满足生长准则，则停止生长。直到处理完全部像素。

（5）绿率法　对于前景与背景差异较大的图像，可以根据前景特点进行分割。比如珍贵树种经营，由于价格昂贵，往往得到人们精心的照料，除草等田间劳动得以常态化进行，因此，虽为生长在自然场景中的树木，但是与背景存在较大的不同。如果B、G、R分别是彩色图像中像素蓝绿红通道中的灰度值，由于树冠是绿色的，因此树冠像素中的G应该占据BGR中的较大比重，以此作为树冠图像分类提取的一个指标通常能得到很满意的结果。

定义：

$$r_g = \frac{G}{B + G + R} \tag{4-29}$$

我们把r_g叫作绿率(green ratio)。然后计算每个像素的r_g值，当r_g大于某阈值ϑ时，则该像素属于植物体，否则该像素归类为背景像素，即：

$$p_{bgr} = \begin{cases} 植物，当 r_g > \vartheta \\ 背景，其他 \end{cases} \tag{4-30}$$

此时问题的难点是如何确定阈值ϑ，如果ϑ太大，可能所有像素都成为背景；相反，ϑ太小则所有像素都归类为植物体。大量实验表明$\vartheta \in [0.35, 0.42]$通常能取得很好的分类效果。图4-11中$(a_1)$、$(b_1)$是原图，$(a_2)$、$(b_2)$是分别使用$\vartheta = 0.41$和$\vartheta = 0.40$的分割结果。可以看到，对于集约经营程度较高的林分，该分类提取的效果较好。实际上，即使很复杂的图像，如果背景非绿色或者与前景的绿色存在较大差异，用该算法提取植物通常也能取得较好的结果。

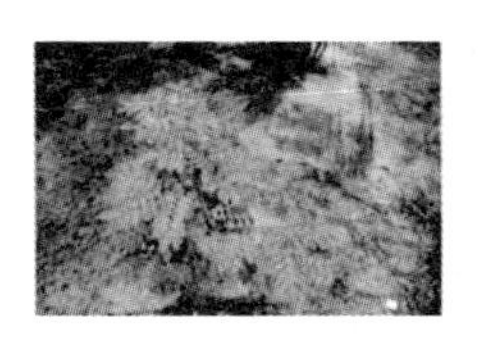

(a$_1$) 原图1

(a$_2$) 分割结果,ϑ=0.41

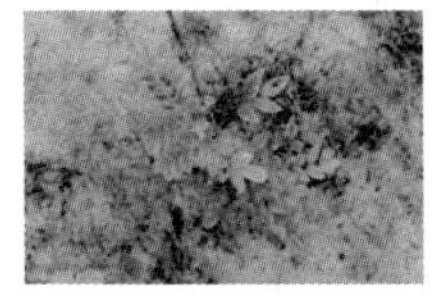

(b$_1$) 原图2

(b$_2$) 分割结果,ϑ=0.40

图 4-11　G 率图像分割

需要说明的是，遍历图像时首先要判断像素是否为黑色（R=G=B=0），如果是黑色表明不是树冠，不进行处理，直接变为背景；如果 R+G+B>0，则进一步计算 r_g 并判断该像素归属，当 $r_g \leqslant \vartheta$，则把 RGB 全置换成 0，直至最后完成整张树冠图像分类提取。

4.1.3　频域分析

图像处理除了直接操作图像像素的空间域处理法外，还可以先把图像转换到频率域，在频率域内处理结束后，再返回空间域。频域分析法在物理上更直观，由于使用连续函数，也便于进行数学分析。频域分析的一个基本思路是通过滤波的方法实现既定目标。

滤波是对特定频率或该频率以外的频率进行有效滤除，进而得到一个特定频率或消除一个特定频率的过程，其中，用于实现滤波的软硬件叫作滤波器。如同滤网把杂质滤除一样，经过滤波器过滤后的电磁波由于消除了干扰杂讯变得“纯净”，从而更加适合特种目的分析或应用。

频域滤波的一般过程：

$$\left.\begin{array}{l} f(x, y) \xrightarrow{\text{频域变换}} F(u, v) \\ \text{设计滤波器} \quad H(u, v) \end{array}\right\} H(u, v) \cdot F(u, v) =$$

$$\dddot{F}(u, v) \xrightarrow{\text{频域逆变换}} \dddot{f}(x, y)$$

即首先对原图像 $f(x, y)$ 进行频域变换，将图像从空域变换到频域得到频域图像 $F(u, v)$，然后用滤波器 $H(u, v)$ 与 $F(u, v)$ 相乘得到原图像频域成分被改变的新频域图像 $\dddot{F}(u, v)$，最后将改变后的频域图像逆变换回空域得到频域滤波后的图像 $\dddot{f}(x, y)$。

涉及两个问题：一个是滤波器设计；另一个是频域变换方法，接下来我们分别做简单介绍。

4.1.3.1 滤波器设计

滤波器是具有频率选择作用的运算处理系统或电路，具有滤除噪声和分离各种不同信号的功能。滤波器有多种分类形式，比如按处理信号形式，滤波器可以分为模拟滤波器和数字滤波器，按功能分为低通滤波器、带通(或带阻)滤波器、高通滤波器，按传递函数的微分方程阶数可分为一阶、二阶和高阶微分滤波器。

(1) 低通滤波　图像或者信号的能量大部分集中在幅度谱的低频和中频部分，而在较高频段除了人们关心的边缘信息外也集中着噪声信息，因此，通过适当降低高频成分能够减弱噪声的影响，它在图像处理中表现为图像平滑。

① 一维低通滤波器。

1) 矩形滤波器　让信号与矩形脉冲做卷积可以实现局部平均，这种局部平均具有减弱高频噪声的作用。它类似于每个像素用其周围矩形像素的平均值取代。矩形脉冲滤波函数如式(4-31)，图 4-12为其函数图。矩形滤波器宽度不宜过大，否则可能会出现极性反转情况。

$$\square(t)=\begin{cases}E, & |t| \leqslant \tau/2 \\ 0, & |t| > \tau/2\end{cases} \tag{4-31}$$

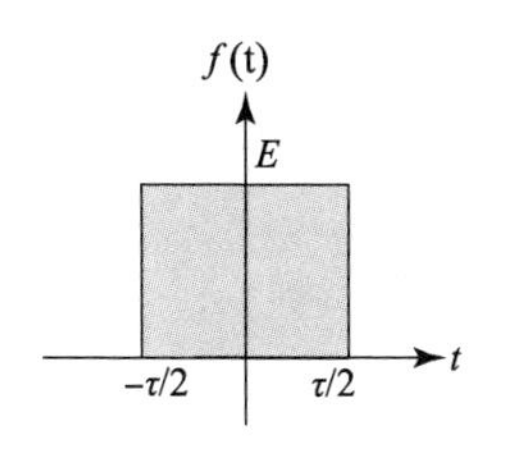

图 4-12 矩形脉冲

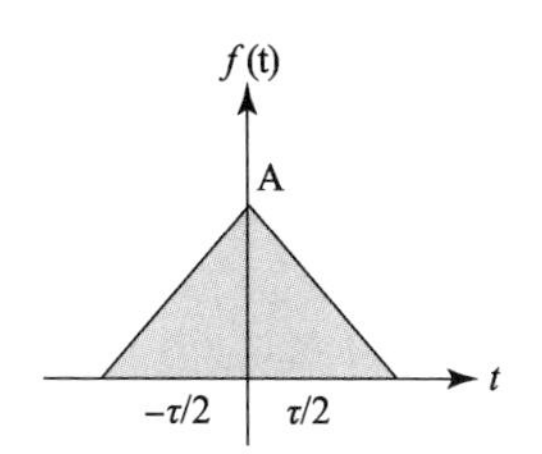

图 4-13 三角形脉冲

2）三角形滤波器 式(4-32)是三角脉冲函数，图 4-13 是其函数图。使用三角脉冲作为低通滤波器的冲激响应，效果上具有加权平均作用，并且该滤波器可以在较大的宽度内使用，而不必像矩形滤波器那样担心极性反转。

$$\nabla(t)=\begin{cases}A(1+2t/\tau), & -\tau/2\leqslant t<0\\ A(1-2t/\tau), & 0\leqslant t<\tau/2\end{cases} \tag{4-32}$$

3）高斯低通滤波器 高斯函数是应用极其广泛的一个函数，式(4-33)、(4-34)是高斯函数的通常书写形式及其频谱(图 4-14)。由于高斯函数的傅氏变换也是一个高斯函数，因此，不论在空域还是在频域高斯函数都可作为具有平滑效果的低通滤波器使用。操作上可以通过空域卷积或频域作乘积来实现。

$$f(t)=\frac{1}{\sqrt{2\pi}\sigma}e^{-t^2/2\sigma^2} \tag{4-33}$$

$$F(\omega)=e^{-\sigma^2\omega^2/2} \tag{4-34}$$

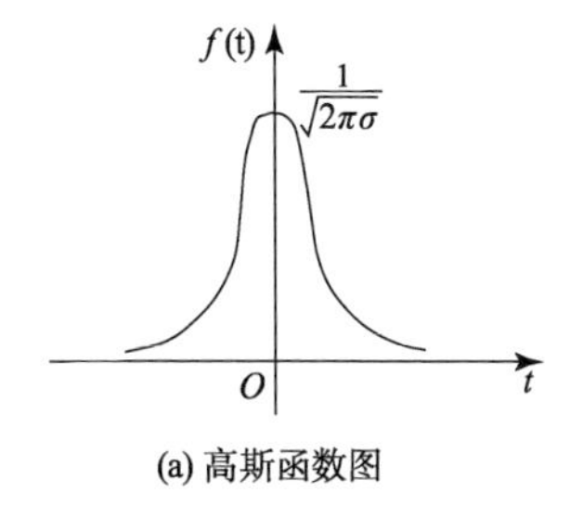

(a) 高斯函数图

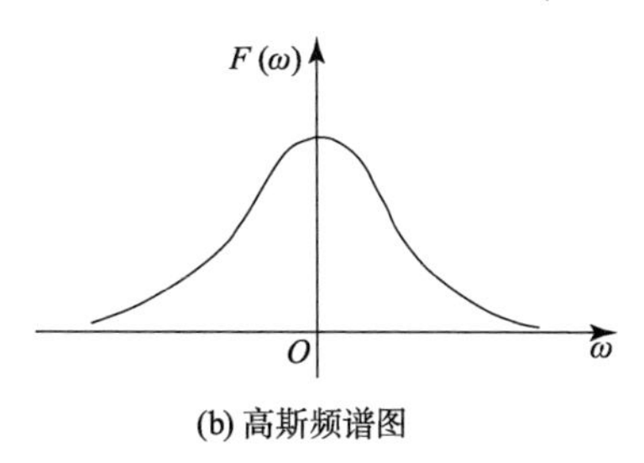

(b) 高斯频谱图

图 4-14 高斯函数与其频谱图

② 二维低通滤波器。一维低通滤波器在问题分析时无疑是便利的。由于图像是二维的，从应用简单起见，这里再给出几个经典低通滤波器。

1）理想低通滤波器

$$H(u, v)=\begin{cases}1, & \tau(u, v) \leqslant \tau_0 \\ 0, & \tau(u, v) > \tau_0\end{cases} \quad (4-35)$$

式中：τ_0 是域值，$\tau(u, v)=\sqrt{u^2+v^2}$ 是从点（u, v）到频谱原点的距离。实际上，这是一维矩形滤波器的二维扩展形式。理想低通滤波器剖面如图 4-15（a）所示。

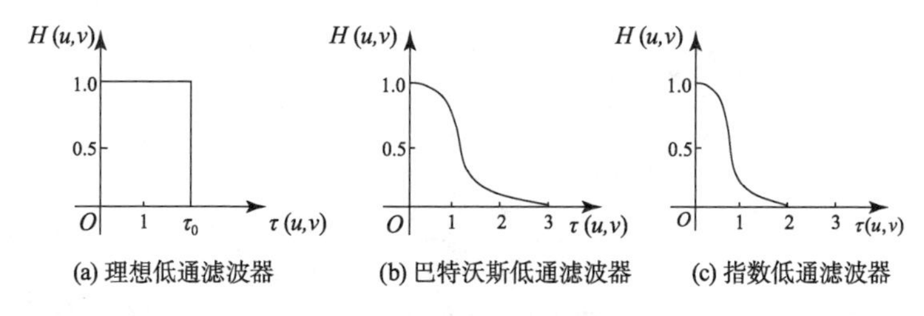

图 4-15　低通滤波器剖面示意图

2）巴特沃斯低通滤波器　n 阶巴特沃斯低通滤波器函数为：

$$H(u, v)=\frac{\tau_0^2}{\tau_0^2+\tau^2(u, v)} \quad (4-36)$$

图 4-15(b) 是巴特沃斯低通滤波器剖面图，与理想低通滤波器比，巴特沃斯低通滤波器在通过频率和滤除频率间没有明显的间断而呈现一个平滑的过渡，从效果上要好于理想低通滤波器。

3）指数低通滤波器　指数低通滤波器也是图像处理中常用的一种平滑滤波器。其函数式为

$$H(u, v)=e^{-[\tau(u, v)/\tau_0]^n} \quad (4-37)$$

图 4-15(c) 是指数低通滤波器剖面图，与巴特沃斯低通滤波器比衰减的更快些，因此，用该滤波器滤波的图像比用巴特沃斯低通滤波器滤波的图像稍微模糊些。

（2）带通滤波 形式上，带通或带阻滤波器在设计上并不困难，增加一个“开关”就可实现带通或带阻滤波，比如，希望允许位于频率［s_1，s_2］之间的能量通过，设计如下滤波器函数通过卷积即可实现滤波：

$$F(\omega)=\begin{cases}1, & f_1 \leqslant |\omega| \leqslant f_2 \\ 0, & |\omega| < f_1,\ |\omega| > f_2\end{cases} \tag{4-38}$$

$F(\omega)$ 是一对矩形脉冲，可以认为 $F(\omega)$ 是由矩形脉冲 $\square(t)$ 和冲激函数 $\delta(t)$ 做卷积所得，令：

$$\omega_0=\frac{f_1+f_2}{2},\ \Delta\omega=f_2-f_1 \tag{4-39}$$

则带通滤波器的滤波器函数可以写为：

$$F(\omega)=\square\left(\frac{\omega}{\Delta\omega}\right)[\delta(\omega-\omega_0)+\delta(\omega+\omega_0)] \tag{4-40}$$

于是，此滤波器的冲激响应：

$$f(t)=2\Delta\omega\frac{\sin(\pi\Delta\omega t)}{\pi\Delta\omega t}\cos(2\pi\omega_0 t) \tag{4-41}$$

当不希望［s_1，s_2］之间频率的能量通过时，对式(4-35)进行非运算，即：

$$F(\omega)=\begin{cases}0, & f_1 \leqslant |\omega| \leqslant f_2 \\ 1, & |\omega| < f_1,\ |\omega| > f_2\end{cases} \tag{4-42}$$

与之相对，式(4-37)、式(4-38)分别变为：

$$F(\omega)=1-\square\left(\frac{\omega}{\Delta\omega}\right)[\delta(\omega-\omega_0)+\delta(\omega+\omega_0)] \tag{4-43}$$

$$f(t)=\delta(t)-2\Delta\omega\frac{\sin(\pi\Delta\omega t)}{\pi\Delta\omega t}\cos(2\pi\omega_0 t) \tag{4-44}$$

此时，变成一个带阻滤波器。

进一步，考察式(4-37)，如果用一个非负单峰函数 $K(\omega)$ 替代其中的矩形脉冲 $\square(t)$，得到一个更为通用的滤波器函数，

$$F(\omega)=K(\omega)[\delta(\omega-\omega_0)+\delta(\omega+\omega_0)] \tag{4-45}$$

其冲激响应为：

$$f(t)=2k(t)\cos(2\pi\omega_0 t) \tag{4-46}$$

比如 $K(\omega)$ 是高斯函数，则式(4-42)、式(4-43)分别转换为：

$$F(\omega)=E\mathrm{e}^{-\sigma^2\omega^2/2}\cdot[\delta(\omega-\omega_0)+\delta(\omega+\omega_0)] \tag{4-47}$$

$$f(t)=\frac{2E}{\sqrt{2\pi}\sigma}\mathrm{e}^{-t^2/2\sigma^2}\cos(2\pi\omega_0 t) \tag{4-48}$$

(3) 高通滤波　高通滤波是低通滤波的相反操作，它保留高频、抑制低频，即高频信号能正常通过，而低于临界值的低频信号被阻隔、减弱的一种滤波方式，主要用来消除低频噪声，也称低截止滤波器，是图像锐化的一种常用方法。

以下给出几个高通滤波器函数：

① 理想高通滤波器

$$H(u,\ v)=\begin{cases}0, & \tau(u,\ v)\leqslant\tau_0\\ 1, & \text{Other}\end{cases} \tag{4-49}$$

式中参数同式(4-35)。

② 巴特沃斯高通滤波器。n 阶巴特沃斯高通滤波器函数为：

$$H(u,\ v)=\frac{\tau^2(u,\ v)}{\tau_0^2+\tau^2(u,\ v)} \tag{4-50}$$

③ 指数高通滤波器。其函数式为：

$$H(u,\ v)=\mathrm{e}^{-[\tau_0/\tau(u,\ v)]^n} \tag{4-51}$$

4.1.3.2　傅里叶变换

由前文可以知道，可以在频域中对图像进行各种滤波，把空域图像转换到频域有多种方法，其中最简单常用的是利用傅里叶(Fourier)变换使图像在空域和频域中进行转换。傅里叶变换是线性系统分析的有力工具，它是可分离和正交变换中的一个特例，能够定量地分析诸如数字图像之类的数字化系统，把傅里叶变换的理论同图像理解相结合，有助于解决大多数图像处理问题。

接下来，我们先介绍卷积、傅氏积分，最后是傅里叶变换。

(1) 卷积　卷积(convolution)是通过两个函数 f_1 和 f_2 生成第三

个函数f的一种积分变换方法，有广泛的应用。使用叠加积分可以确切表达线性系统的输入输出关系。如果$f_2(t)$、$f(t)$分别是输入、输出函数，则二者可以通过下式：

$$f(t)=\int_{-\infty}^{+\infty}f_1(t,\ \tau)f_2(\tau)\,\mathrm{d}\tau \tag{4-52}$$

实现一般表达。

考虑线性系统的平移不变性，有：

$$f(t+t_0)=\int_{-\infty}^{+\infty}f_1(t,\ \tau)f_2(\tau+t_0)\,\mathrm{d}\tau \tag{4-53}$$

将t和τ同时减去t_0得到：

$$f(t)=\int_{-\infty}^{+\infty}f_1(t-t_0,\ \tau-t_0)f_2(\tau)\,\mathrm{d}\tau \tag{4-54}$$

比较式(4-52)、(4-54)可得：

$$f_1(t,\ \tau)=f_1(t-t_0,\ \tau-t_0) \tag{4-55}$$

可见，两个变量加减相同量不改变函数值。于是，定义t和τ之差的函数：

$$f_1(t-\tau)=f_1(t,\ \tau)$$

则式(4-52)变成：

$$f(t)=\int_{-\infty}^{+\infty}f_1(t-\tau)f_2(\tau)\,\mathrm{d}\tau \tag{4-56}$$

这就是卷积积分。对于线性系统，输出信号f可由输入信号f_1与表征系统特性的函数f_2卷积得到，f_2称为响应函数。

① 卷积性质。定义$f_1(t)$与$f_2(t)$的卷积记为$f_1(t)\cdot f_2(t)$。

1）卷积满足交换律

$$f_1(t)\cdot f_2(t)=f_2(t)\cdot f_1(t) \tag{4-57}$$

2）卷积满足分配率

$$f_1(t)\cdot[f_2(t)+f_3(t)]=f_1(t)\cdot f_2(t)+f_1(t)\cdot f_3(t) \tag{4-58}$$

证明：

$$f_1(t)\cdot[f_2(t)+f_3(t)]=\int_{-\infty}^{+\infty}f_1(\tau)[f_2(t-\tau)+f_3(t-\tau)]\,\mathrm{d}\tau$$

$$=\int_{-\infty}^{+\infty}f_1(\tau)f_2(t-\tau)\mathrm{d}\tau+\int_{-\infty}^{+\infty}f_1(\tau)f_3(t-\tau)\mathrm{d}\tau$$

$$=f_1(t)\cdot f_2(t)+f_1(t)\cdot f_3(t)$$

3）函数卷积的绝对值小于等于函数绝对值的卷积，即下面不等式成立。

$$|f_1(t)\cdot f_2(t)|\leqslant|f_1(t)|\cdot|f_2(t)| \tag{4-59}$$

4）相关函数

对于两个不同的函数$f_1(t)$、$f_2(t)$，则：

$$R_{12}(\tau)=\int_{-\infty}^{+\infty}f_1(t)f_2(t+\tau)\mathrm{d}t \tag{4-60}$$

称为$f_1(t)$和$f_2(t)$的互相关函数。而积分

$$R_{21}(\tau)=\int_{-\infty}^{+\infty}f_1(t+\tau)f_2(t)\mathrm{d}t \tag{4-61}$$

注意，$R_{12}(\tau)$与$R_{21}(\tau)$结果并不一致，关系如下：

$$R_{12}(-\tau)=R_{21}(\tau) \tag{4-62}$$

用$-\tau$替换式(4-60)中的τ得到：

$$R_{12}(-\tau)=\int_{-\infty}^{+\infty}f_1(t)f_2(t-\tau)\mathrm{d}t$$

令$t=u+\tau$，带入上式可得：

$$R_{12}(-\tau)=\int_{-\infty}^{+\infty}f_1(u+\tau)f_2(u+\tau)\mathrm{d}u=R_{21}(\tau)$$

当$f_1(t)=f_2(t)=f(t)$时，称以下积分：

$$R(\tau)=\int_{-\infty}^{+\infty}f(t)f(t+\tau)\mathrm{d}t \tag{4-63}$$

为函数$f(t)$的自相关函数，简称相关函数。

根据自相关函数定义可知，自相关函数是偶函数，即：

$$R(-\tau)=R(\tau) \tag{4-64}$$

令$t=u+\tau$，可得：

$$R(-\tau)=\int_{-\infty}^{+\infty}f(t)f(t-\tau)\mathrm{d}t=\int_{-\infty}^{+\infty}f(u+\tau)f(u)\mathrm{d}u=R(\tau)$$

② 离散一维卷积　前面的卷积公式都是以连续形式给出的，

但是有很多实际问题不能表示成连续函数，并且从数值计算角度也必须将其离散化，因此，探讨卷积的离散计算算法是必要的。

对于长度分别为 m、n 的离散序列 $f_1(i)$、$f_2(j)$，则某点 i 的卷积计算式为

$$h(i) = f_1(i) \cdot f_2(i) = \sum_j f_1(j) f_2(i-j) \tag{4-65}$$

式(4-65)给出了一个长度为 $m+n-1(\triangleq N)$ 的输出序列。

为了适合矩阵运算，按如下方法构造长度为 N 的序列 f，

$$f(i) = \begin{cases} f_1(i) & 0 \leqslant i \leqslant m \\ 0 & m < i \leqslant n \end{cases} \tag{4-66}$$

按同样方法，根据 $f_2(i)$ 构造 $g(i)$，这样得到两个长度均为N的离散序列。

将 $f(i)$ 表示为 $N \times 1$ 矩阵形式；然后根据 $g(i)$ 构造 $\boldsymbol{G}$ 矩阵，方法为：把 $g(i)$ 放到 $\boldsymbol{G}$ 中第一列，将 $g(N)$ 放入 $g(1)$ 位置，$g(1)$，…，$g(N-1)$ 依次向后移动一位，把这种变化后序列放入 $\boldsymbol{G}$ 中第二列，…，以此类推，得到如下大小为 $N \times N$ 的环矩阵 $\boldsymbol{G}$：

$$\boldsymbol{f} = \begin{pmatrix} f(1) \\ f(2) \\ \vdots \\ f(N) \end{pmatrix}, \quad \boldsymbol{G} = \begin{pmatrix} g(1) & g(N) & \cdots & g(2) \\ g(2) & g(1) & \cdots & g(3) \\ \vdots & \vdots & & \vdots \\ g(N) & g(N-1) & \cdots & g(1) \end{pmatrix} \tag{4-67}$$

于是，离散一维卷积 $\boldsymbol{h}$ 由式(4-68)计算得到。

$$\boldsymbol{h}_{N\times 1} = \boldsymbol{G}_{N\times N} \cdot \boldsymbol{f}_{N\times 1} \tag{4-68}$$

③ 二维卷积　卷积从一维推广到二维不存在任何困难，连续二维卷积表达式如下：

$$h(u, v) = \int_{-\infty}^{+\infty} \int_{-\infty}^{+\infty} f_1(x, y) f_2(u-x, v-y) \, \mathrm{d}x\mathrm{d}y \triangleq f_1(x, y) \cdot f_2(x, y) \tag{4-69}$$

图像是由灰度数据构成的离散阵列，因此，离散二维卷积更加

适合图像的物理意义，计算式如下：

$$h(i, j) = \sum_{m} \sum_{n} f_1(m, n) f_2(i - m, j - n) \tag{4-70}$$

可以模仿离散一维卷积构造矩阵进而完成离散二维卷积的计算，这样使算法变得简洁通用；但是对于二维卷积，矩阵方法计算量庞大，效率不高。

(2) 傅氏积分　若 $f(t)$ 在 $(-\infty, +\infty)$ 上满足：① $f(t)$ 在任一有限区间连续或只有有限个第一类间断点且只有有限个极值点；② $f(t)$ 在无线区间 $(-\infty, +\infty)$ 上绝对可积(即 $\int_{-\infty}^{\infty} |f(x)| \mathrm{d}x$ 收敛)，则有

$$f(t) = \frac{1}{2\pi} \int_{-\infty}^{+\infty} \left[\int_{-\infty}^{+\infty} f(\tau) \mathrm{e}^{-j\omega\tau} \mathrm{d}\tau \right] \mathrm{e}^{j\omega t} \mathrm{d}\omega \tag{4-71}$$

成立，而左端的 $f(t)$ 在它的间断点 t 处，应以 $f(t+0) + f(t-0)/2$ 来代替。所谓的第一类间断点是指，如果 t_0 是 $f(t)$ 的间断点，但左极限 $f(t_0 - 0)$ 及右极限 $f(t_0 + 0)$ 都存在，那么 t_0 称为 $f(t)$ 的第一类间断点，否则是第二类间断点。式(4-71)就是傅氏积分公式。

在线性系统中，三角函数形式具有便利之处，由于

$$\cos\varphi - j\sin\varphi = \mathrm{e}^{-j\varphi} \tag{4-72}$$

所以，式(4-71)转化为

$$\begin{aligned} f(t) &= \frac{1}{2\pi} \int_{-\infty}^{+\infty} \left[\int_{-\infty}^{+\infty} f(\tau) \mathrm{e}^{-j\omega\tau} \mathrm{d}\tau \right] \mathrm{e}^{j\omega t} \mathrm{d}\omega \\ &= \frac{1}{2\pi} \int_{-\infty}^{+\infty} \left[\int_{-\infty}^{+\infty} f(\tau) \mathrm{e}^{j\omega(t-\tau)} \mathrm{d}\tau \right] \mathrm{d}\omega \\ &= \frac{1}{2\pi} \int_{-\infty}^{+\infty} \left[\int_{-\infty}^{+\infty} f(\tau) \cos\omega(t-\tau) \mathrm{d}\tau + j\int_{-\infty}^{+\infty} f(\tau) \sin\omega(t-\tau) \mathrm{d}\tau \right] \mathrm{d}\omega \end{aligned}$$

因为 $\int_{-\infty}^{+\infty} f(\tau) \sin\omega(t-\tau) \mathrm{d}\tau$ 是 ω 的奇函数，有 $\int_{-\infty}^{+\infty} \left[\int_{-\infty}^{+\infty} f(\tau) \sin\omega(t-\tau) \mathrm{d}\tau \right] \mathrm{d}\omega = 0$，因此，

$$f(t)=\frac{1}{2\pi}\int_{-\infty}^{+\infty}\left[\int_{-\infty}^{+\infty}f(\tau)\cos\omega(t-\tau)\mathrm{d}\tau\right]\mathrm{d}\omega \tag{4-73}$$

又由于 $\int_{-\infty}^{+\infty}f(\tau)\cos\omega(t-\tau)\mathrm{d}\tau$ 是 ω 的偶函数，所以

$$f(t)=\frac{1}{\pi}\int_{0}^{+\infty}\left[\int_{-\infty}^{+\infty}f(\tau)\cos\omega(t-\tau)\mathrm{d}\tau\right]\mathrm{d}\omega \tag{4-74}$$

(3) 傅里叶变换定义与性质

① 傅里叶变换定义　若函数 $f(t)$ 满足傅氏积分条件，则在 $f(t)$ 的连续点处，下式成立。

$$f(t)=\frac{1}{2\pi}\int_{-\infty}^{+\infty}\left[\int_{-\infty}^{+\infty}f(\tau)\mathrm{e}^{-j\omega\tau}\mathrm{d}\tau\right]\mathrm{e}^{j\omega t}\mathrm{d}\omega \tag{4-75}$$

设

$$F(\omega)=\int_{-\infty}^{+\infty}f(t)\mathrm{e}^{-j\omega t}\mathrm{d}t \tag{4-76}$$

则

$$f(t)=\frac{1}{2\pi}\int_{-\infty}^{+\infty}F(\omega)\mathrm{e}^{j\omega t}\mathrm{d}\omega \tag{4-77}$$

可以看到，$f(t)$ 和 $F(\omega)$ 通过指定的积分运算可以相互表达。式(4-76)叫作 $f(t)$ 的傅氏变换式，记为

$$F(\omega)=\Im[f(t)]$$

$F(\omega)$ 叫作 $f(t)$ 的象函数。式(4-77)叫作 $F(\omega)$ 的傅氏逆变换式，记为

$$f(t)=\Im^{-1}[F(\omega)]$$

$f(t)$ 叫作 $F(\omega)$ 的象原函数。信号处理中 $F(\omega)$、$f(t)$ 又分别叫作传递函数和冲激响应。

象函数和象原函数构成一个傅氏变换对。由于 $\omega=2\pi s$，$\mathrm{d}\omega=2\pi\mathrm{d}s$，代入式(4-75)有，

$$f(t)=\int_{-\infty}^{+\infty}\left[\int_{-\infty}^{+\infty}f(\tau)\mathrm{e}^{-j2\pi s\tau}\mathrm{d}\tau\right]\mathrm{e}^{j2\pi st}\mathrm{d}s \tag{4-78}$$

此时，令：

$$F(s)=\int_{-\infty}^{+\infty} f(\tau)\,\mathrm{e}^{-j2\pi s\tau}\,\mathrm{d}\tau=\Im[f(\tau)] \tag{4-79}$$

则式(4-78)转化为：

$$f(t)=\int_{-\infty}^{+\infty} F(s)\,\mathrm{e}^{j2\pi st}\,\mathrm{d}s=\Im^{-1}[F(s)] \tag{4-80}$$

这是用频率 s 表示的象函数和象原函数。

为了方便查找，表 4-1 列出了几个常见函数的傅里叶变换。

表 4-1　几个常用函数的傅氏变换

函数	象原函数 $f(t)$	象函数(频谱) $F(\omega)$
傅里叶核	$\dfrac{\sin(\omega_0 t)}{\pi t}$	$\begin{cases}1, & \lvert\omega\rvert \leqslant \omega_0\\ 0, & \text{其它}\end{cases}$
高斯分布函数	$\dfrac{1}{\sqrt{2\pi}\sigma}\mathrm{e}^{-\frac{t^2}{2\sigma^2}}$	$\mathrm{e}^{-\frac{\sigma^2\omega^2}{2}}$
单位脉冲函数	$\delta(t)$	1
矩形单脉冲	$\begin{cases}E, & \lvert t\rvert \leqslant \tau/2\\ 0, & \text{其他}\end{cases}$	$2E\sin\left(\dfrac{\omega\tau}{2}\right)/\omega$
矩形射频脉冲	$\begin{cases}E\cos(\omega_0 t), & \lvert t\rvert \leqslant \dfrac{\tau}{2}\\ 0, & \text{其他}\end{cases}$	$\dfrac{E\tau}{2}\left[\dfrac{\sin(\omega-\omega_0)\dfrac{\tau}{2}}{(\omega-\omega_0)\dfrac{\tau}{2}}+\dfrac{\sin(\omega+\omega_0)\dfrac{\tau}{2}}{(\omega+\omega_0)\dfrac{\tau}{2}}\right]$
周期性脉冲函数	$\sum_{t=-\infty}^{+\infty}\delta(t-nT)$	$\dfrac{2\pi}{T}\sum_{t=-\infty}^{+\infty}\delta\left(\omega-\dfrac{2n\pi}{T}\right)$
钟形脉冲	$A\mathrm{e}^{-\beta t^2}$，$(\beta>0)$	$\sqrt{\pi}A\beta^{-\frac{1}{2}}\mathrm{e}^{-\frac{\omega^2}{4\beta}}$
三角形脉冲	$\begin{cases}\dfrac{2A}{\tau}\left(\dfrac{\tau}{2}+t\right), & -\dfrac{\tau}{2}\leqslant t<0\\ \dfrac{2A}{\tau}\left(\dfrac{\tau}{2}-t\right), & 0\leqslant t<\dfrac{\tau}{2}\end{cases}$	$\dfrac{4A}{\tau\omega^2}\left(1-\cos\dfrac{\tau\omega}{2}\right)$

（续）

函数	象原函数 $f(t)$	象函数（频谱）$F(\omega)$
指数衰减函数	$\begin{cases} 0, & t < 0 \\ e^{-\beta t}, & t \geqslant 0 \quad \beta > 0 \end{cases}$	$\frac{1}{\beta + j\omega}$
单位函数	$u(t)$	$\frac{1}{j\omega} + \pi\delta(\omega)$
余弦函数	$\cos(\omega_0 t)$	$\pi[\delta(\omega + \omega_0) + \delta(\omega - \omega_0)]$
正弦函数	$\sin(\omega_0 t)$	$j\pi[\delta(\omega + \omega_0) - \delta(\omega - \omega_0)]$
	$u(t)e^{jat}$	$\frac{1}{j(\omega - a)} + \pi\delta(\omega - a)$

② 一维离散傅里叶变换与反变换（IDFT1） 如果 $\{f_0, f_1, \cdots, f_{N-1}\}$ 是一个均匀采样的序列，则一维离散傅里叶变换（DFT1）序列 $\{F_k\}$ 由下式得到：

$$F_k = \frac{1}{\sqrt{N}} \sum_{i=0}^{N-1} f_i e^{-j2\pi\frac{k}{N}i} \tag{4-81}$$

一维离散傅里叶变换的反变换（IDFT1）为：

$$f_i = \frac{1}{\sqrt{N}} \sum_{i=0}^{N-1} F_k e^{j2\pi\frac{k}{N}i} \tag{4-82}$$

式中：$i \geqslant 0$，$n \leqslant N-1$。

③ 二维傅里叶变换与反变换 图像由横纵二维坐标处的灰度值构成，因此，离散二维傅里叶变换可以直接操作图像。二维傅里叶变换、反变换定义如下：

$$F(u, v) = \int_{-\infty}^{+\infty} \int_{-\infty}^{+\infty} f(x, y) e^{-j2\pi(ux+vy)} dxdy \tag{4-83}$$

$$f(x, y) = \int_{-\infty}^{+\infty} \int_{-\infty}^{+\infty} F(u, v) e^{j2\pi(ux+vy)} dudv \tag{4-84}$$

$f(x, y)$ 是 (x, y) 处的灰度值，$F(u, v)$ 是它的谱。图 4-16 给出了一幅图像及其频谱图，从图中看不出什么，但是它对于分析等有重要作用。

(a) 原图　　　　(b) 傅立叶频谱图

图 4-16　傅里叶变换频谱图

前面是连续函数的傅里叶变换与反变换式。如果 $g(i, j)$ 是一个 $N \times N$ 的数组，则其二维离散傅里叶变换(DFT2)为：

$$G(m, n) = \frac{1}{N} \sum_{i=0}^{N-1} \sum_{j=0}^{N-1} g(i, j) \mathrm{e}^{-j2\pi\left(\frac{m}{N}i + \frac{n}{N}j\right)} \tag{4-85}$$

上式可以分解成水平和垂直两部分分别进行运算，

$$G(m, n) = \frac{1}{\sqrt{N}} \sum_{i=0}^{N-1} \left[\frac{1}{\sqrt{N}} \sum_{j=0}^{N-1} g(i, j) \mathrm{e}^{-j2\pi\frac{m}{N}i} \right] \mathrm{e}^{-j2\pi\frac{n}{N}j} \tag{4-86}$$

即先按图像行计算 DFT，再对此结果按列计算 DFT，从而完成整个傅里叶变换。

二维离散傅里叶反变换(IDFT2)为

$$g(i, j) = \frac{1}{N} \sum_{m=0}^{N-1} \sum_{n=0}^{N-1} G(m, n) \mathrm{e}^{j2\pi\left(\frac{m}{N}i + \frac{n}{N}j\right)} \tag{4-87}$$

或者

$$g(i, j) = \frac{1}{\sqrt{N}} \sum_{m=0}^{N-1} \left[\frac{1}{\sqrt{N}} \sum_{n=0}^{N-1} G(m, n) \mathrm{e}^{j2\pi\frac{m}{N}i} \right] \mathrm{e}^{j2\pi\frac{n}{N}j} \tag{4-88}$$

④ 傅里叶变换的性质

1）线性性质

如果 $F_1(\omega) = \Im[f_1(t)]$，$F_2(\omega) = \Im[f_2(t)]$，$a$、$b$ 是常数，则

$$\Im[af_1(t)+bf_2(t)]=aF_1(\omega)+bF_2(\omega) \tag{4-89}$$

这个性质是很明显的。同样，傅氏反变换也具有线性性质

$$\Im^{-1}[aF_1(\omega)+bF_2(\omega)]=af_1(t)+bf_2(t) \tag{4-90}$$

2）位移性质

$$\Im[f(t\pm t_0)]=\int_{-\infty}^{+\infty}f(t\pm t_0)\mathrm{e}^{-j\omega t}\mathrm{d}t$$

令 $t\pm t_0=x$，

$$\Im[f(t\pm t_0)]=\int_{-\infty}^{+\infty}f(x)\mathrm{e}^{-j\omega(x\mp t_0)}\mathrm{d}x$$

$=\mathrm{e}^{\pm j\omega t_0}\int_{-\infty}^{+\infty}f(x)\mathrm{e}^{-j\omega x}\mathrm{d}x=\mathrm{e}^{\pm j\omega t_0}\Im[f(t)]$，即

$$\Im[f(t\pm t_0)]=\mathrm{e}^{\pm j\omega t_0}\Im[f(t)] \tag{4-91}$$

式(4-91)表明，函数 $f(t)$ 沿 t 轴向左或者向右位移 t_0 的傅氏变换等于 $f(t)$ 的傅氏变换乘以因子 $\mathrm{e}^{j\omega t_0}$ 或者 $\mathrm{e}^{-j\omega t_0}$。同样，频谱函数 $F(\omega)$ 沿 ω 轴向右或者向左位移 ω_0 的傅氏反变换等于原函数 $f(t)$ 乘以因子 $\mathrm{e}^{j\omega_0 t}$ 或者 $\mathrm{e}^{-j\omega_0 t}$，即

$$\Im^{-1}[F(\omega\mp\omega_0)]=f(t)\mathrm{e}^{\pm j\omega_0 t} \tag{4-92}$$

3）微分性质

如果 $f(t)$ 在 $(-\infty，+\infty)$ 上连续或只有有限个可去间断点，且当 $|t|\rightarrow 0$，则

$$\Im[f'(t)]=j\omega\Im[f(t)] \tag{4-93}$$

根据定义，$\Im[f'(t)]=\int_{-\infty}^{+\infty}f'(t)\mathrm{e}^{-j\omega t}\mathrm{d}t$，利用分部积分性质得到

$$=f(t)\mathrm{e}^{-j\omega t}\Big|_{-\infty}^{+\infty}+j\omega\int_{-\infty}^{+\infty}f(t)\mathrm{e}^{-j\omega t}\mathrm{d}t$$

$$=j\omega\Im[f(t)]$$

这表明，一个函数导数的傅氏积分变换等于这个函数的傅氏变换乘以因子 $j\omega$。进一步，若 $f^{(k)}(t)$ 在 $(-\infty，+\infty)$ 上连续或只有有限个可去间断点，且 $\lim\limits_{|t|\rightarrow+\infty}f^{(k)}(t)=0$，$(k=1，2，\cdots，n)$，则有

$$\Im[f^{(n)}(t)]=(j\omega)^n\Im[f(t)] \tag{4-94}$$

同样，若 $\Im[f(t)]=F(\omega)$，则存在

$$\frac{\mathrm{d}^n F(\omega)}{\mathrm{d}\omega^n}=(-j)^n\Im[t^n f(t)] \tag{4-95}$$

4）积分性质

积分后函数的傅氏变换等于这个函数的傅氏变换除以 $j\omega$。即如果当 $t\to+\infty$ 时，$\int_{-\infty}^{t} f(t)\,\mathrm{d}t\to 0$，则

$$\Im\left[\int_{-\infty}^{t} f(t)\,\mathrm{d}t\right]=\frac{1}{j\omega}\Im[f(t)] \tag{4-96}$$

因为，$\frac{\mathrm{d}}{\mathrm{d}t}\int_{-\infty}^{t} f(t)\,\mathrm{d}t=f(t)$，所以，$\Im\left[\frac{\mathrm{d}}{\mathrm{d}t}\int_{-\infty}^{t} f(t)\,\mathrm{d}t\right]=\Im[f(t)]$，再根据微分性质 $\Im\left[\frac{\mathrm{d}}{\mathrm{d}t}\int_{-\infty}^{t} f(t)\,\mathrm{d}t\right]=j\omega\Im\left[\int_{-\infty}^{t} f(t)\,\mathrm{d}t\right]$，所以 $\Im\left[\int_{-\infty}^{t} f(t)\,\mathrm{d}t\right]=\frac{1}{j\omega}\Im[f(t)]$。

5）乘积定理

若 $F_1(\omega)=\Im[f_1(t)]$，$F_2(\omega)=\Im[f_2(t)]$，则

$$\int_{-\infty}^{+\infty} f_1(t)f_2(t)\,\mathrm{d}t=\frac{1}{2\pi}\int_{-\infty}^{+\infty}\overline{F_1(\omega)}F_2(\omega)\,\mathrm{d}\omega \tag{4-97}$$

或者

$$\int_{-\infty}^{+\infty} f_1(t)f_2(t)\,\mathrm{d}t=\frac{1}{2\pi}\int_{-\infty}^{+\infty}F_1(\omega)\overline{F_2(\omega)}\,\mathrm{d}\omega \tag{4-98}$$

式中：$f_1(t)$、$f_2(t)$ 均为 t 的实函数；$\overline{F_1(\omega)}$、$\overline{F_2(\omega)}$ 分别为 $F_1(\omega)$、$F_2(\omega)$ 的共轭函数。

证明：

$$\begin{aligned}\int_{-\infty}^{+\infty} f_1(t)f_2(t)\,\mathrm{d}t&=\int_{-\infty}^{+\infty} f_1(t)\left[\frac{1}{2\pi}\int_{-\infty}^{+\infty}F_2(\omega)\mathrm{e}^{j\omega t}\,\mathrm{d}\omega\right]\mathrm{d}t\\&=\frac{1}{2\pi}\int_{-\infty}^{+\infty}F_2(\omega)\left[\int_{-\infty}^{+\infty}f_1(t)\mathrm{e}^{j\omega t}\,\mathrm{d}t\right]\mathrm{d}\omega\end{aligned}$$

因为 $e^{j\omega t}=\overline{e^{-j\omega t}}$，而 $f_1(t)$ 是 t 的实函数，故 $f_1(t)e^{j\omega t}=\overline{f_1(t)e^{-j\omega t}}$，所以

$$\int_{-\infty}^{+\infty}f_1(t)f_2(t)\,dt=\frac{1}{2\pi}\int_{-\infty}^{+\infty}F_2(\omega)\left[\int_{-\infty}^{+\infty}\overline{f_1(t)e^{-j\omega t}}dt\right]d\omega$$

$$=\frac{1}{2\pi}\int_{-\infty}^{+\infty}F_2(\omega)\overline{\left[\int_{-\infty}^{+\infty}f_1(t)e^{-j\omega t}dt\right]}d\omega$$

$$=\frac{1}{2\pi}\int_{-\infty}^{+\infty}\overline{F_1(\omega)}F_2(\omega)\,d\omega$$

同理有，

$$\int_{-\infty}^{+\infty}f_1(t)f_2(t)\,dt=\frac{1}{2\pi}\int_{-\infty}^{+\infty}F_1(\omega)F_2(\omega)\,\bar{d}\omega$$

6）瑞利定理

定义能量积分

$$E=\int_{-\infty}^{+\infty}[f(t)]^2dt \tag{4-99}$$

如果能量积分存在，且有 $F(\omega)=\Im[f(t)]$，则象原函数和象函数的能量间存在如下关系，

$$\int_{-\infty}^{+\infty}[f(t)]^2dt=\frac{1}{2\pi}\int_{-\infty}^{+\infty}[F(\omega)]^2d\omega \tag{4-100}$$

这个定理叫作瑞利(Rayleigh)定理。

如果设 $f_1(t)=f_2(t)=f(t)$，根据乘积定理，有

$$\int_{-\infty}^{+\infty}[f(t)]^2dt=\frac{1}{2\pi}\int_{-\infty}^{+\infty}F(\omega)\overline{F(\omega)}d\omega$$

$$=\frac{1}{2\pi}\int_{-\infty}^{+\infty}[F(\omega)]^2d\omega=\frac{1}{2\pi}\int_{-\infty}^{+\infty}E_\rho(\omega)\,d\omega$$

式中，

$$E_\rho(\omega)=[F(\omega)]^2 \tag{4-101}$$

叫作能量谱密度。

7）卷积定理

两个函数卷积的傅氏积分等于这两个函数傅氏积分的乘积，即如果 $\Im[f_1(t)] = F_1(\omega)$ ，$\Im[f_2(t)] = F_2(\omega)$ ，则

$$\Im[f_1(t) \cdot f_2(t)] = F_1(\omega) \cdot F_2(\omega) \tag{4-102}$$

或

$$\Im^{-1}[F_1(\omega) \cdot F_2(\omega)] = f_1(t) \cdot f_2(t) \tag{4-103}$$

根据傅氏变换以及卷积的定义很容易证明上式，因为，

$$\begin{aligned}
\Im[f_1(t) \cdot f_2(t)] &= \int_{-\infty}^{+\infty} [f_1(t) \cdot f_2(t)] \mathrm{e}^{-j\omega t} \mathrm{d}t \\
&= \int_{-\infty}^{+\infty} \left[\int_{-\infty}^{+\infty} f_1(\tau) f_2(t-\tau) \mathrm{d}\tau\right] \mathrm{e}^{-j\omega t} \mathrm{d}t \\
&= \int_{-\infty}^{+\infty} \int_{-\infty}^{+\infty} f_1(\tau) \mathrm{e}^{-j\omega\tau} f_2(t-\tau) \mathrm{e}^{-j\omega(t-\tau)} \mathrm{d}\tau \mathrm{d}t \\
&= \int_{-\infty}^{+\infty} f_1(\tau) \mathrm{e}^{-j\omega\tau} \left[\int_{-\infty}^{+\infty} f_2(t-\tau) \mathrm{e}^{-j\omega(t-\tau)} \mathrm{d}t\right] \mathrm{d}\tau \\
&= F_1(\omega) \cdot F_2(\omega)
\end{aligned}$$

同理，

$$\Im[f_1(t) \cdot f_2(t)] = \frac{1}{2\pi} F_1(\omega) \cdot F_2(\omega) \tag{4-104}$$

即 两个函数乘积的傅氏变换等于这两个函数傅氏变换卷积的 $1/(2\pi)$ 倍。

傅里叶变换是应用最为广泛的一种数学方法，但是它在表述时间和位置方面具有局限性，如果有此方面要求，可以考虑使用加博(Gabor)变换。加博滤波器与人眼作用相仿，能够在频域不同尺度、不同方向上提取相关的特征，在纹理识别等方面效果较好，有兴趣的读者可以参考相关文献，这里不再赘述。

4.1.4 图像纹理

4.1.4.1 纹理概述

图像纹理(image texture)是客观存在的，但是目前还没有一个明确的数学定义，它基本停留在人们的感知上，它是一种反映图像

中同质现象的视觉和触觉特征。纹理不同于图像的灰度特征，它通过像素间邻域的灰度分布来表现，具有局部序列的重复性、非随机排列、纹理区域内大体均匀的特性(图 4-17)。

图 4-17　图像纹理样例

由于纹理特征不是基于像素点的特征，它在包含多个像素点的区域中进行统计计算。在模式匹配中这种区域性特征有优势，不会因为局部的偏差而无法匹配成功，区分在粗细、疏密等方面具有较大差别的纹理图像时，利用纹理特征是一种有效的方法。但是当纹理之间的粗细、疏密等信息相差不大时，用纹理特征很难反映出人的视触感觉上的差别。

4.1.4.2　图像纹理的统计分析法

(1) 灰度共生矩阵　灰度共生矩阵(gray level co-occurrence matrix, ***GLCM***)是应用最为广泛的一种纹理统计方法。哈拉利克(Haralick et al., 1973)通过统计一定距离和一定角度上特定灰度的像素对的数目。灰度级 a、b 的灰度共生矩阵 ***C*** 定义如下：

$$\boldsymbol{C}_{ab} = \sum_{x=1}^{M}\sum_{y=1}^{N}(P_{xy} = a)\,\hat{}\,(P_{x'y'} = b) \tag{4-105}$$

图像坐标 (x', y') 与 (x, y) 的关系如下：

$$\begin{cases} x' = x + d\cos(\theta) \\ y' = y + d\sin(\theta) \end{cases} \forall\{d \in 1, \max(d)\}\,\hat{}\,(\theta \in 0, 2\pi) \tag{4-106}$$

式中：x、y 分别为像素的图像横、纵坐标；M、N 为图像的行数和列数；d 为距离，单位是像素数，比如水平方向上 (x', y') 是 (x, y) 的下一个像素 $d=1$，下二个像素 $d=2$；θ 为与水平方向的夹角，比如 8 邻域 $\theta=0°$、45°、90°、135°。

对于灰度级为 L 的图像，灰度共生矩阵是 L×L 的计数矩阵，它表示了所有像素可能的组合，***GLCM***(i, j)的值就是图像中所有的前像素灰度是 i、相邻像素灰度为 j 的对数。需要注意的是，如果(x，y)与(x+a，y+b)相邻，是指与 x 相隔 a 个像素，与 y 相隔 b 个像素。如果像素 B 在像素 A 右、右下、下、左下且满足：

a=1、b=0 → (x，y)和 (x+a，y+b)夹角 0°；

a=1、b=1 → (x，y)和 (x+a，y+b)夹角 45°；

a=0、b=1 → (x，y)和 (x+a，y+b)夹角 90°；

a=−1、b=1 → (x，y)和 (x+a，y+b)夹角 135°。

这与我们平时所说的相邻一致。如果 $|a|>1 \vee |b|>1$，则与我们平时所说的相邻不一致。

图 4−18(a)是 4×5 图像的灰度值，最大灰度值是 8，所以 ***GLCM*** 的大小是 8×8。图像（a）中，前面的像素值是 5{f(x，y)=5}、下一像素值是 7{ f(x+1，y+0)=7}的个数共 2 个，所以其灰度共生矩阵第 5 行第 7 列的数字是"2"(b)，表示由"灰度 5"转为"灰度 7"的意思。同理，图像中前面像素值是 6、下一像素值是 8 的个数共 1 个，所以 ***GLCM***(6，8)=1。图(c)表示了方向，图(d)考虑距离为 2 的情况，此时相邻的含义是间隔 2 个像素。

由于图像大小不同，计数个数千差万别，所以应用中常使用 ***GLCM*** (i, j) 除以 ***GLCM*** 整个矩阵的计数总和 S，即归一化的 $p(i, j)$ =***GLCM*** $(i, j)/S$ 。见图 4−18。

目前的灰度图像灰度级一般为 256 级，直接由此计算灰度共生矩阵时运算量很大，因此，在实际应用中往往采用在保持图像原形的情况下降低图像灰度级的办法，比如直方图均衡化后把灰度除以 16 或 32 取整便可以将 0~255 降到 16 级或 8 级，然后来计算较低

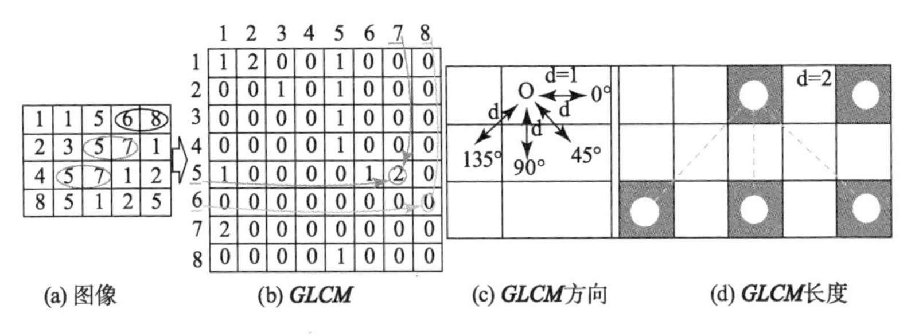

(a) 图像　(b) *GLCM*　(c) *GLCM*方向　(d) *GLCM*长度

图 4-18　灰度共生矩阵理解

灰度级图像的共生矩阵，以便减小共生矩阵的尺寸。实验结果显示，灰度级由 256 变为了 16 或 8 级后，虽然图像颜色显得很暗，但是对纹理特征的影响很小。

基于灰度共生矩阵，哈拉利克提出了多个纹理统计量，下面是常用的纹理指标。

① 能量(angular second moment)

$$asm = \sum_i \sum_j p_{ij}^2$$

该指标反映了图像灰度分布均匀程度和纹理粗细度。如果共生矩阵的所有值均相等，则 asm 值小；相反，如果 ***GLCM*** 元素值大小不一，则 asm 值大。当共生矩阵中元素集中分布时，此时 asm 值较大。

② 对比度(contrastratio)

$$con = \sum_i \sum_j (i-j)^2 p_{ij}$$

如果像素值与其领域像素值的灰度值对比明显，即图像亮度值变化很快，则对比度值较大。该参数反映了图像的清晰度和纹理沟纹深浅程度。纹理沟纹越深则对比度越大，效果清晰；反之则沟纹越浅，图像模糊。

③ 熵(entropy)

$$ent = -\sum_i \sum_j p_{ij} log\ (p_{ij})$$

熵反映了图像信息量情况，它表示了图像中纹理的非均匀程度或复杂程度。当 ***GLCM*** 中所有元素有最大的随机性，或者 ***GLCM***

中所有值接近相等或者 ***GLCM*** 中元素分散分布时，熵较大。简单地说，图像越复杂熵越大，反之则较小。

④ 相关性(correlation)

$$\mathrm{cor} = \left(\sum_i \sum_j ijp_{ij} - \mu_x \mu_y\right) / \sigma_x \sigma_y$$

μ_x、μ_y 和 σ_x、σ_y 分别是 p_x、p_y 的均值和偏差。

相关性表征了图像纹理的一致性，或者说相关性表示了灰度级在行或列方向上的相似程度，值的大小反应了局部灰度相关性，值越大则相关性越大。

⑤ 逆差矩(inverse different moment)，也叫做同质性(Homogeneity)

$$\mathrm{idm} = \sum_i \sum_j p_{ij} / [1 + (i - j)^2]$$

反映了图像纹理的同质性即纹理的清晰程度和规则程度，纹理清晰、规律性较强、易于描述的，则该值比较大；杂乱无章的，难于描述的，该值比较小。

(2) 局部二值模式　局部二值模式(local binary pattern，LBP)是一种用来描述图像局部纹理特征的算子。

LBP 算子定义为在 3×3 的窗口内，以窗口中心像素为阈值，将相邻的 8 个像素的灰度值与其进行比较，若周围像素值大于中心像素值，则该像素点的位置被标记为 1，否则为 0。这样，3×3 邻域内的 8 个点经比较可产生 8 位二进制数(通常转换为十进制数即 LBP 码，共 256 种)，即得到该窗口中心像素点的 LBP 值，并用这个值来反映该区域的纹理信息。

$$LBP(x_c, y_c) = \sum_{p=0}^{p-1} 2^p v(i_p - i_c) \tag{4-107}$$

其中，$LBP(x_c, y_c)$ 是当前 c 位置的 LBP 值，i_p、i_c 分别是 p 和 c 位置的像素值，$v(x)$ 由下式计算得到：

$$v(x) = \begin{cases} 1 & i_p \geqslant i_c \\ 0 & i_p < i_c \end{cases} \tag{4-108}$$

用 3×3 窗口遍历图像，以窗口中心像素为阈值，将邻域内 8 个像素的灰度值与阈值比较，若周围像素值大于中心像素值，则该像素位置被标记为 1，否则为 0。如图 4-19(a)左上角像素值 101≥中心像素值 85，所以图 4-19(b)对应位置是 1；图 4-19(a)右上角像素值 50<85，所以图 4-19(b)对应位置是 0…。最终 3×3 邻域内的 8 个点经比较产生 8 位二进制数，将其转换为十进制数就是 LBP 码，大小刚好是 0~255 之间的 256 个数。用此 LBP 码替代中心像素点位的灰度值，该值反映了区域内的纹理信息。当全部像素置换成 LBP 码后，图像就变成了 LBP 码像。

101	90	50
78	85	12
188	33	221

(a) 图像模板

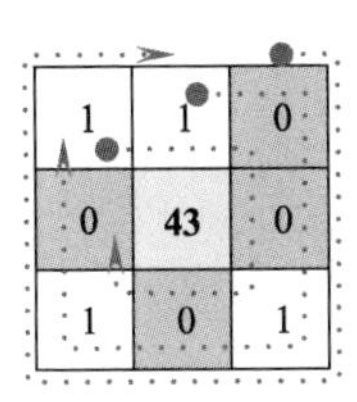

(b) 领域取值与最终结果

$11001010_{(2)}=202_{(10)}$　$10101100_{(2)}=172_{(10)}$

$10010101_{(2)}=149_{(10)}$　$01011001_{(2)}=89_{(10)}$

$00101011_{(2)}=43_{(10)}$　$10110010_{(2)}=178_{(10)}$

$01010110_{(2)}=86_{(10)}$　$01100101_{(2)}=101_{(10)}$

(c) 最终结果的计算方法

图 4-19　局部二值模式计算

细心的读者可能会发现一个问题，从邻域像素内任意起点开始按顺时针方向都可以计算一个 LBP 码，那么从哪个像素开始？为了使结果具有旋转不变性，每一个起点的 8 位都要计算 1 次[图 4-19(b)]，然后把结果最小的作为当前中心像素的 LBP 码[图 4-19(c)]。图 4-20右图是左图的 LBP 码图。

由于实际问题的纹理大小、粗细存在差异，如果仅用 3×3 窗口会使应用受到很大限制，因此研究者提出了更大半径的圆形模板。

图 4-21(a)是 3×3 LBP 模板，如果模板半径加 1，如何计算

图 4-20 LBP 图例

LBP 码？图 4-21(b)由于只考虑 8 个像素，最大值是 2^8(256)，可以直接套用前面的方法。图 4-21(c)有 16 个像素，按前文的方法有 65536(2^{16})种类型，此时超过 256 种灰度级，所以计算后要进行归一化。另外一种操作方法是取相邻 2 个像素值的平均与中心像素值比较，从而可以简单地按前文的方法计算 LBP 码。当然，模板半径可以继续加大，但是带来一个问题是：产生的模式数急剧加大。比如 7×7 模板外围矩形有 24 个像素，不考虑内部其他像素就可产生 $2^{24}=16777216$ 模式，如此多的模式对于纹理提取、识别、分类及信息的存取都是不利的，也不利于纹理表达，所以需要对原始 LBP 模式进行降维。有各种方法，比如从 1 到 0 或从 0 到 1 的跳变数模式(uniform pattern)。模式数降低后不会丢失信息，可减少高频噪声带来的影响，使纹理分析简化。

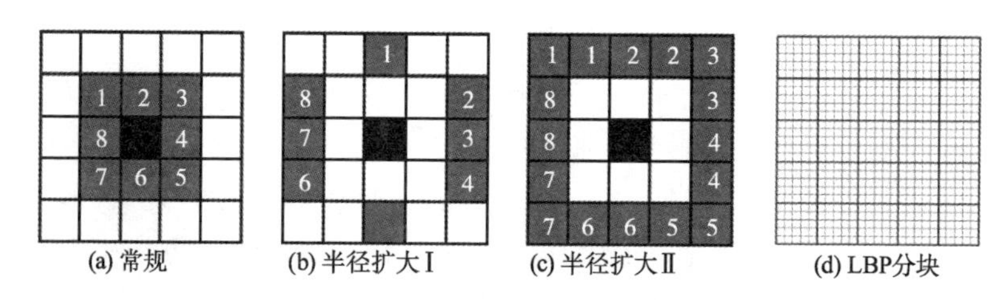

图 4-21 LBP 算子模式

应用中通常不是直接使用 LBP 码图，而是把 LBP 码图的直方图作为特征向量用于进一步的分类识别。由于码图表示的是图像特征，这些特征与位置信息相关，为减少位置配准的影响，通常将一幅图像划分为若干子区[图4-21(d)]，在各个子区内提取LBP码，并建立LBP码的统计直方图，最后用多个这样的直方图来描述整张图像。

基于LBP进行特征向量提取分类的步骤总结如下：① 将图像划分为多个小区；② 计算每个小区中像素的LBP值；③ 统计各个小区的LBP码直方图，并归一化；④ 连接各小区直方图，建立整幅图像的LBP纹理特征向量；⑤ 根据纹理特征向量进行分类识别。

4.2　立木生长参数图像计测与诊断

地面图像及低空的无人机图像、浮空器图像等是图像理解中的主要数据源，与卫星影像和航空影像比，这些图像具有更高的分辨率、更大的机动性且可以获得林分内部图像，从中可以解译出更加丰富的信息。然而此类研究很薄弱，本节的几个例子，旨在给出一些理解图像的思路，希望能够起到抛砖引玉的作用。

4.2.1　植物光需求判定

植物体有机质来源是光合作用，而光合作用的基本要素是光，适宜光照的植物颜色鲜绿、生长壮硕[图4-22(a)]，光照不足植物长势较弱、颜色黄白[图4-22(b)]；光线过强则发生灼伤，叶片卷曲、枯黄。经营者正是利用这些植物生长状态的自然反应而采取相应措施。林业智能的任务是让机器替代人去自主解析、经营植物。

4.2.1.1　植物光需求状态判定

有很多种方法可以判定植物的光需求状态，如绿率法、生长量法等，下面我们用图像直方图来判断植物的光需求状态。对比大量图片发现，根据彩色图像直方图中的R分量峰值变化通常可以很好判断当前植物的光摄入情况。下面以银中杨(*Salix alba* var. *tristis*)为例从图像直方图角度来判断当前植物对光生长的需求状况。

为屏蔽背景因素对分析的影响，首先分割图像提取前景。图4-23是采用Lab空间内的最小距离法进行的分割结果，其中(a)

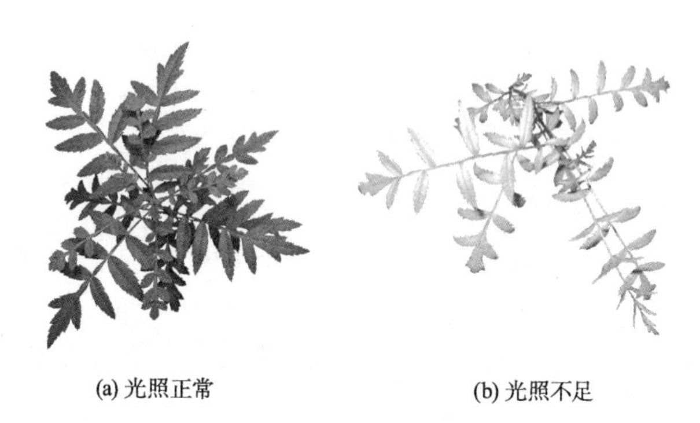

(a) 光照正常　　(b) 光照不足

图 4-22　光强与文冠果表象

是包含植物、阴影、土壤等的原始图像，植物体图像是要保留的前景部分，其他部分是需要去除的背景；(b)是不改变前景把背景像素值用0值替代得到的分割结果。值得说明的是，在后续的分析中宁可把更多的部分置入背景，就是说，前景部分越"纯"，分析结果越准确。

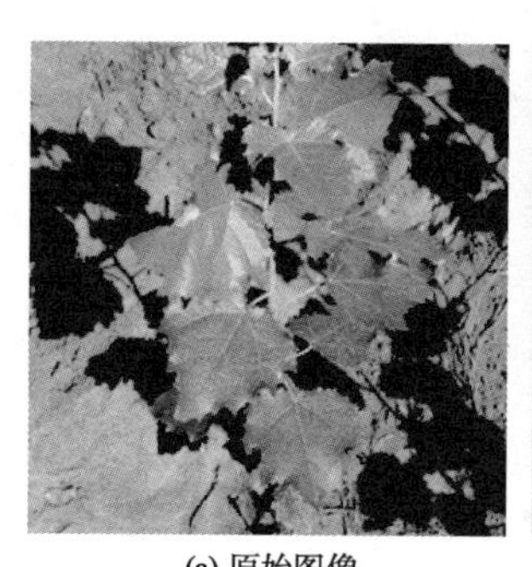

(a) 原始图像

(b) 去除背景后的研究图像

图 4-23　提取银中杨图像

为了能够准确分析苗木图像的需光情况，在RGB空间绘制前景图像的R、G、B直方图(图4-24)，易见，几条线的变化相对简单且有明显的峰值。测试了很多图像，发现背景越复杂的图像其R、G、B直方图越显复杂，但是其前景图像直方图却与图4-24类似，简单且规律性强，不同图像前景直方图的差异主要表现在各曲

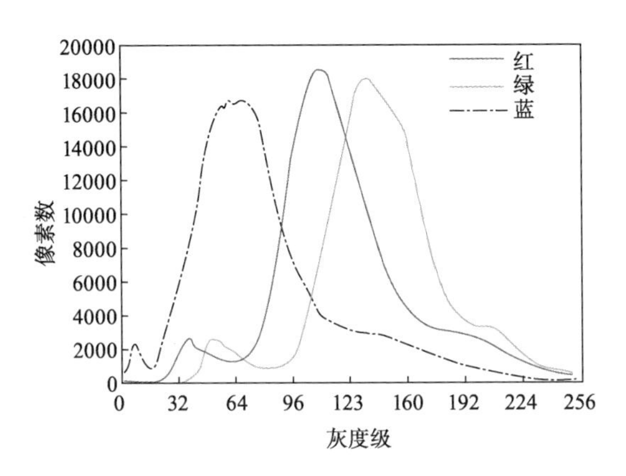

图 4-24 不同光照图像及其前景 R 分量直方图

线峰值对应的灰度值和曲线间的相关度上，由此推断，利用此指标可以推断植物的某些生理状况。

植物的光合作用分为光反应和暗反应两个阶段，光反应是暗反应发生的前提条件，暗反应只有发生了光反应才能持续发生。在光照射下，两个具有重要作用的叶绿素 a 吸收高峰在 440nm 附近的蓝光区域和 680nm 附近的红光区域，叶绿素 b 的吸收高峰分别为 470nm 和 650nm，与叶绿素 a 吸收高峰波长接近，从而使处于 500~600nm 之间吸收很少的绿光反射出来而被摄影机捕捉到，致使植物图像呈现绿色。在光饱和点之前随着光强的增加，光合作用加速，植物浓绿；但是当光照不足时，光合速率降低，植物吸收红光以及蓝光数量减少，使更多的红光和蓝光反射出来。根据加色原理，红、绿光合成黄色，红、绿、蓝合成白色，从摄影机获取的图像看，光不足时植物表现为黄色或趋于白色，与之相符。

研究大量图像发现，图像直方图中的 R 分量曲线随着光照的减少，逐步向右移动，并且与 G 分量曲线的相关度增加，植物表现出黄色、黄白色。图 4-25 (a)是光照正常植物图像，(c)是林下的光照不足植物，(b)是这两张图像的 R 直方图。可以看到，图(a)的 R 直方图峰值出现在灰度级 113 附近，而图(c)的峰值出现在 200

前后，两线交于150。由此，当R直方图峰值对应的灰度级大于150时，可能当前植物光照不足。另外，从R-G两条直方图线的相关度看，光照正常的植物处于0.4~0.5前后，而光照不足的植物通常大于0.7。

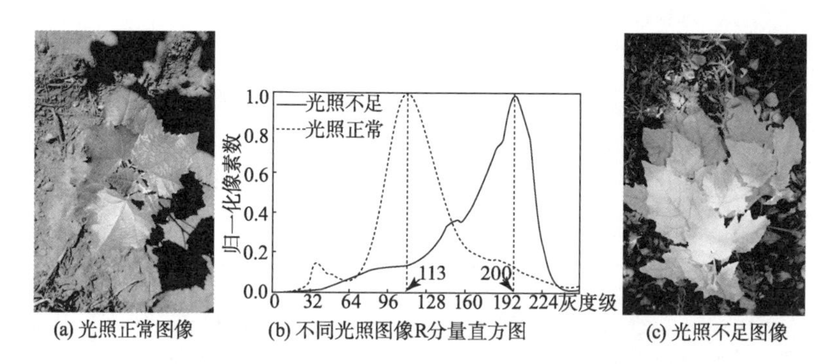

(a) 光照正常图像　(b) 不同光照图像R分量直方图　(c) 光照不足图像

图4-25　不同光照图像及其前景R分量直方图

由此我们推断，生长在光照适宜环境中的植物的R分量直方图曲线各灰度级分布接近正态曲线，对于生长旺盛期植物的峰值出现在[0，256]的中间即128位置前后，且该曲线与G直方图曲线相关度较低。当R分量直方图曲线出现左偏或右偏且与G(或B)分量曲线的相关度增加，则植物生长可能存在异常。本例光照不足的情况，R分量直方图峰值明显右移且与G直方图分量曲线相关度增加。

4.2.1.2　干旱与光照不足的图像辨析

植物干旱也出现发黄症状，同时伴随打蔫、萎缩等现象。这里对水分不足的植物图像与光不足图像做一个简单比较。

直观上，结合植物形态和背景图像来判断植物水分供求状况将有助于得到正确的结果，考虑一致性，以下仅从植物反射光性质方面做一些分析。参照图像直方图的做法，在Lab空间统计缺水和缺光苗木图像b分量各分级的像素数，发现，植物干旱图像最多的像素数对应的b值较大，而光照不足植物图像的b值较小。从测试的一些图像看，水分不足的拥有最多像素峰值的b均大于50，而光不足的b比50小。图4-26是干旱和光不足图像的归一化像素数与b的曲线图，由此可见，这种方法把水不足与光不足两种状态区分开来。

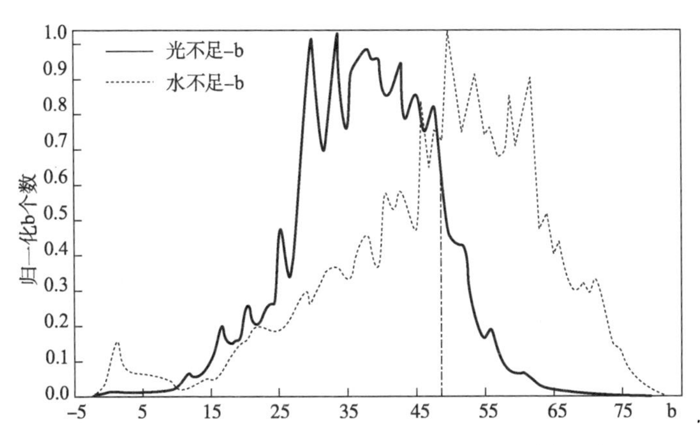

图4-26 光、水不足图像的各b对应的像素数比较

这里我们分析了水分、光照不同所引起的植物图像直方图的变化。由于图像生成受诸多因素影响，为确保正确性，实际应用中多使用几种判断准则如形态、纹理等进行综合判断。

4.2.2 植物的水分需求判断

人类根据是否萎蔫、变色等植物体外在形态、颜色等特征来判断植物是否干旱，这也是机器理解植物水分供求状态的基本思路。

4.2.2.1 植物水分供求分析

水是生命的要素，它在新陈代谢、维持生命体存在中肩负着不可替代的作用；同时，生命体对水的需求近于苛刻，过多或者过少的水都不能使生命体正常运转。因此，水一直是经营中的最基本措施。

首先来看几副图像。图4-27是昭林六号杨(*Populus×xiaozhuanica* W. V. Hsu et Liang ‘Zhaolin-6’)的4幅图像，仔细观察图像，(a)比

(b)浓绿一些，与(d)比较(c)似乎有点暗，没有经验的人可能会认为(a)、(b)是正常状态，而(c)、(d)可能过于干旱。实际上，(b)是水分供应适当的苗木，(a)水分稍多；(c)、(d)尽管在表象上都出现了黄色，但是引起的原因并不一样，(c)是干旱所致，而(d)是过涝所致。就是说(a)、(c)、(d)要采取相应措施，否则会影响苗木正常生长。

(a) 水多 (b) 正常 (c) 干旱 (d) 过涝

图 4-27 植物的不同水分表象

计算机也能够对图像中的植物水分需求状况做出判断。下面就以昭林六号杨苗木为例，给出基于直方图的植物水分需求分析方法。

为了排除不必要的干扰，首先通过图像分割的方法剥离掉背景，然后计算并绘制前景直方图，得到图 4-28。

由图 4-28 可以看到，对于水分供求适当的苗木，其 R、G、B 波段的直方图分布比较均匀，而其他几张图 R 曲线向右偏移，尤其是(c)、(d)。由此推断，可以把 R、G 曲线的亲疏关系作为判断苗木水分供求状况的一个指标。衡量两种属性之间关系最常用的是相关系数，我们引用这一概念来分析两组样本的相似程度。相关系数($correl$)的计算式如下：

$$correl = \frac{\sum_{i=0}^{255}(x_i - \bar{x})(y_i - \bar{y})}{\sqrt{\sum_{i=0}^{255}(x_i - \bar{x})}\sqrt{\sum_{i=1}^{n}(y_i - \bar{y})}} \qquad (4-109)$$

式中：x_i、y_i 分别是 R、G 波段各灰度级的像素数。由式(4-109)计算图 4-27 中(a)、(b)、(c)、(d)中 R、G 分量直方图的相关系数分别为 0.43、0.32、0.99 和 0.90。可以看出，*correl*<0.4 表明当前水分供求平衡，R、G 分量相关程度较低，植物处于正常生长状态。否则，可能是土壤水分供应出现异常，特别 *correl*>0.8 时，说明 R、G 这 2 条曲线很接近，植物出现大量黄色，需要向经营者发出警报！

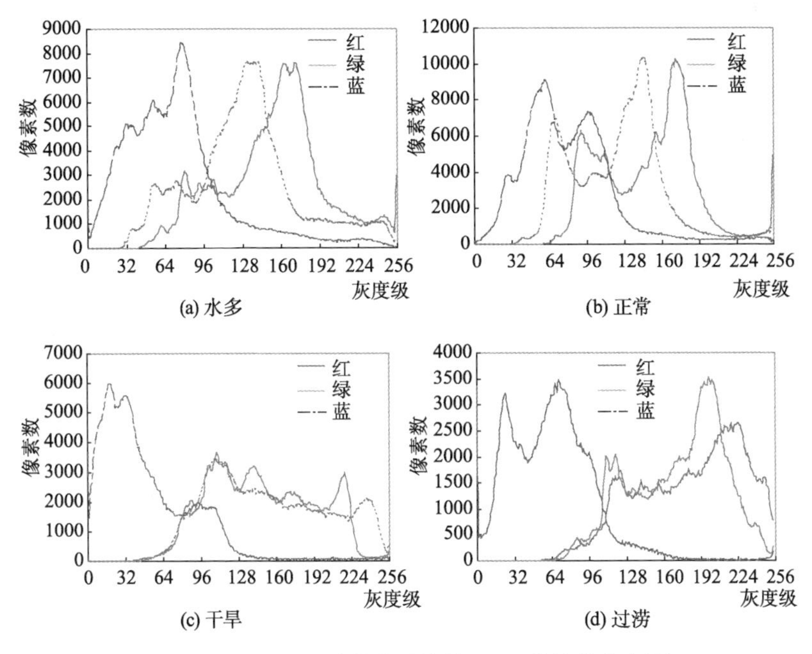

图 4-28　不同水分状态图像的 RGB 分波段直方图

比较图 4-28(c)、(d)和(a)、(b)的直方图发现，黄色较多的植物，在高灰度级 R 出现频数要大于 G 出现的频数。据此，分别 R、G 统计灰度级 224 以后的像素数和 S_r 及 S_g，如果 $S_r/S_g>1$ 表明植物出现异常，报警！测试了一些图片，有趣的是，干旱引起发黄的图像的 S_r/S_g 数值均较大。

4.2.2.2 土壤干旱及过涝分析

从前面试验图像看，如果直接从 R、G、B 直方图判定是干旱还是过涝引起的植物发黄比较困难。我们可以把发黄植物图像从 RGB 颜色模型转化到 HSI 模型中进行进一步的判断，计算方法参见式(4-4)。由于供给植物的水分多少不同，导致植物出现不同的颜色表现，现在的问题是，我们希望找出致使植物出现黄色特征的原因是否一致。从植物生长角度，尽管是相似的外在颜色特征即色调接近，但是其形成机理并不一致，所以饱和度也应该会有不同。为便于分析，我们把饱和度放大到[0, 255]范围内，类似于直方图做法，统计土壤过涝以及干旱两种植物图像的各饱和度对应像素数，然后再把像素数归一化到[0, 1]并绘直方图(图 4-29)。

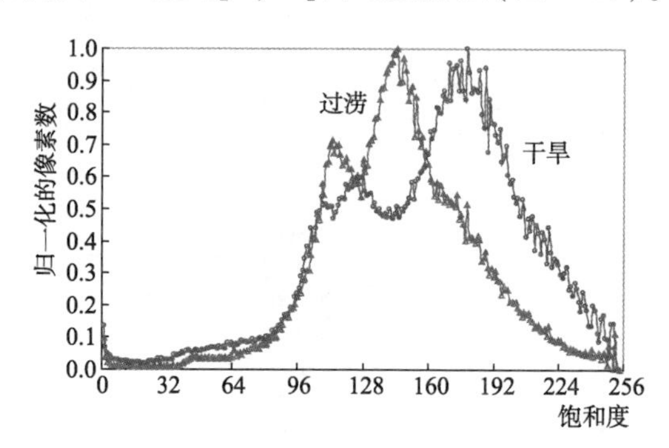

图 4-29　不同水分图像饱和度分布

从图 4-29 可以看到，过涝致黄与干旱致黄图像具有最多像素数的饱和度值不同，前者出现在 145(即[0, 1]区间的 0.57)，后者出现在 179(0.70)。如果以这两峰之间的曲线相交处饱和度为界 160(0.63)，很明显，右侧是干旱使植物致黄，左侧是过涝使植物致黄。由此，就把水分不足与水分过多这两种状态有效地区别开来。

需要说明的是，由于植物生长的复杂性，目前在图像研究的诸多方向都很少有通用于各应用领域的实现方法，通常与具体图像有很大的相关性，因此，本书侧重提供一种分析思路。

4.2.3 植物体养分含量的图像计测法

了解植物体和土壤的养分含量对于经营有重要意义。传统方法是通过取样后化验得到结果，这种方法不仅速度慢，最糟糕的是，如果对植物体取样则是破坏性的，或者至少是损伤性的。而基于图像或光谱计测植物养分含量的方法不仅快速而且无损。接下来我们以获取氮、磷含量为例，简单介绍这种植物养分含量的无损计测方法。

4.2.3.1 土壤速效氮含量的图像计测法

植物体内的蛋白质、叶绿素和许多酶等都有氮的成分，氮缺少和过量都会造成植物新陈代谢紊乱，影响植物体内的物质合成与转化，在表象上也会出现明显的指示。以速效氮为例，其丰缺主要表现在颜色和植株生长状态两方面，缺氮的植株表现出均匀黄化、植株偏矮等特征，而氮过量则造成植株颜色偏绿、生长旺盛。由于植物体氮素来自土壤，所以了解土壤氮素含量可以直接指导经营工作。

文献表明，RGB 系统的颜色参数与氮素含量有比较明显的关系，但 HSI 与 Lab 系统同样可以表现出颜色的差异，且表达的信息量比较大。由于珍贵树种经营与农作物经营类似，通常采用精细经营模式，但是不同经营者所采取的措施却不完全相同。适应这种实际情况，氮素水平我们也设置低(水平一：0~50 kg/hm^2)、中(水平二：100~150kg/hm^2)、高(水平三：200~250kg/hm^2)3 个水平，分别每个施氮水平研究 RGB、HSI、Lab 颜色系统与土壤中的速效氮含量之间的关系，建立了如下的基于植物图像参数的土壤氮素估测方程，以此实现氮含量计测。

$$y = c_0 + \sum_{i=1}^{3}\sum_{j=1}^{2}\left[c_{(4i+2j-5)}k_1 + c_{(4i+2j-4)}k_2\right]x_i^j \tag{4-110}$$

式中：y 是土壤速效氮含量，单位：mg/kg；$x_1 \triangleq L$、$x_2 \triangleq a$、$x_3 \triangleq b$ 是檀香图像 Lab 系统中各通道的所有像素颜色均值，拟合的模型参数如表 4-2。

表 4-2　土壤速效氮含量估测模型拟合参数

指标	i↓ j→	j=1	j=2		
$c_0=-2.565$	i=1	$c_1=-1.953$	$c_2=-43.753$	$c_3=0.040$	$c_4=0.098$
	i=2	$c_5=-121.172$	$c_6=190.851$	$c_7=0.603$	$c_8=-0.947$
	i=3	$c_9=74.703$	$c_{10}=-56.170$	$c_{11}=-0.22$	$c_{12}=0.166$
水平一：	$k_1=1$、$k_2=0$,	水平二：	$k_1=0$、$k_2=1$,	水平三：	$k_1=1$、$k_2=1$

模型拟合数据 160 组，来自海南文昌的 5 年生檀香树，拟合模型的确定指数 $R^2=0.775$。

此预测方程在经营者熟知其施氮水平下方可使用，但对于部分林场，由于疏于管理等问题，导致施氮水平未知，为解决该问题，我们不进行氮水平分组，按同样的方法直接拟合方程，得到 Lab 系统中的土壤氮含量预测方程如下：

$$y=0.069L^2-30.381L+0.755a^2-146.990a+0.1103b^2-38.109b+13687.963 \quad (4-111)$$

4.2.3.2　植物体全磷含量的图像计测法

一般认为，植物生长发育必需碳、氢、氧、氮、磷、硫、钾、钙、镁、铁、锰、锌、铜、钼、硼和氯 16 种必要元素，除了碳、氢、氧主要来自大气和水以外，其余元素均靠植物从土壤中吸收。上节我们用三元二次方程从植物的图像特征推演其根系所处土壤的速效氮含量，本节我们以降香黄檀幼树为例探讨植物体自身冠层叶片养分含量的无损计测方法。磷是植物营养生长的三大要素之一，是核酸、核蛋白、磷脂等重要化合物的组成元素，直接参与植物体内各种代谢过程，当严重缺磷时会抑制细胞分裂。尤其是中国南方土壤普遍缺磷，而大部分珍贵树种仅在华南部分省份才能生存，磷素诊断成为提高培育和经营珍贵树种的关键，因此，接下来我们用非线性混合模型方法来估测植物体单位重量中的全磷含量。

混合效应模型不需要假设数据中的观察值相互独立，由于我们的问题的观察值存在不相互独立情况，因此，选用混合效应模型来实现对叶片全磷含量的图像估计。混合效应模型的另一个优势是增加了随机效应项，因此，在分组数据等分析中表现出了很强的优势。它的基本形式如下：

$$\begin{cases} y_i = f(u_i,\ v_i) + e_i \quad i=1,\ \cdots,\ m \\ u_i = a_i\beta + b_i\tau \\ \tau \sim N(0,\ D) \\ e_i \sim N(0,\ \sigma^2 R_i) \end{cases} \tag{4-112}$$

式中：y_i 为第 i 个观测组，每组的观测数分别为 n_i；f 为含有固定效应参数向量 u_i 和随机效应参数向量 v_i 的函数；β 为 $p\times1$ 维固定效应向量；τ 为含方差-协方差矩阵 D 的 $q\times1$ 维随机效应向量；a_i 和 b_i 为相应的设计矩阵各组对应的向量；e_i 为服从正态分布的误差向量；σ^2 为方差；R_i 为各组的方差-协方差矩阵；D 为随机效应的方差-协方差矩阵。

模型拟合数据来自海南东北部的琼山、文昌、定安等县市，共120组，我们基于这些数据建立植物体磷含量计测模型。首要的问题是，对于以图像参数为自变量的单位重量叶片全磷含量估计模型，如果使用混合模型，f、u、v 分别是什么？经过对多种函数类型以及不同图像参数的大量尝试之后，最终选择如下：

$$f_{ij} = a_1 e^{(a_0+b_i)x_{ij}} + \frac{a_2}{y_{ij}} + \varepsilon_{ij} \tag{4-113}$$

式中：f_{ij}为第 i 个地区第 j 株树叶片全磷含量(g/kg)，$i=1$，2，3，$j=1$，2，…30；a_0、a_1、a_2 为模型固定参数；b_i 为模型随机参数；ε_{ij}为模型误差项；x_{ij}为对应于f_{ij}的彩色图像变成灰度后的图像归一化灰度值；y_{ij}为对应于f_{ij}的 $r+g-b$ 值。在色性中，r 为暖色，b 为冷色，g 为中性色，y_{ij}大小给人以距离不同之感，为便于描述，我们把 $r+g-b$ 叫作“暖距”。从实际数据情况看，暖距对全磷含量影响不是等比例的，且越接近 0 与全磷含量关系越紧密，因此用倒数形式。为不被零除起见，程序不使用 $y_{ij}=0$ 的数据，本批次数据未遇到这种情况。最终的参数拟合结果如表 4-3。

表 4-3　植物体磷含量预测模型拟合参数

固定参数			随机参数			决定系数
a_1	a_2	a_0	b_1	b_2	b_3	R^2
2. 733725	-0. 68664	0. 183799	0. 269372	-0. 02674	-0. 24264	0. 903

植物体内营养元素的亏盈会以外在的明暗、颜色等表现出来，这是图像预测的基础，可以看到，从图像可以较好地估计出降香黄檀当前树冠单位重量的全磷含量。并且模型把几个地区统一到一起，固定参数 a_0、a_1、a_2 保持不变，通过随机参数 b_1、b_2、b_3 变化适应不同地区，从而增加了模型的适用范围。

4.2.4　树木病虫害的图像诊断

病虫对树木的危害也是影响其生长的重要因素之一，比如松毛虫害、白粉病大量暴发，导致树木生长停滞甚至死亡。因此，早发现或早预防病虫害是重要的经营措施。近年来随着物联网技术的逐步应用，大量传感器设置于林内，数据被高频传回，从中早发现病虫害成为可能。实际上，快速解析包括图像在内的传感数据是人工智能中的一个研究重点。

4.2.4.1　虫害诊断

虫害种类多种多样，我们以热带树种最常见、破坏性大的咖啡豹蠹蛾虫害为例，给出受虫害危害图像的识别方法。如图 4-30 是受到咖啡豹蠹蛾危害的檀香树干与叶片，轻者生长减缓，重者出现死亡，应尽早开展诊断与治疗。

(1) 特征变换与筛选　受虫害后，树木纹理发生了巨大变化，

图 4-30 咖啡饱蠹蛾危害的树干与叶片

因此采用 4.1.4 节讲述的纹理方法计算纹理参数，结合径向基核函数-支持向量机(RBF-SVM)和后反馈神经网络(BPNN)可能会得到更高的准确度。

由于虫害区域树皮脱落，纹理相对平滑，而健康区域和排泄物区域纹理较复杂，其混淆程度比较大，而虫害区域的特征值相对突出，于是将健康区域和排泄物区域归为一类，虫害区域作为另一类进行处理。150 个训练样本的 8 种纹理特征的数值呈现出两种分布：虫害区域数值相对较大(能量均值与方差、相关性均值与方差)，虫害区域数值相对较小(熵均值与方差、对比度均值与方差)。我们把这几个纹理特征结合起来，用“多纹理特征”即通过差异扩大的方法，增强虫害区域与其他两个区域的区分度。将虫害区域数值相对较大的特征与数值较小的特征做差，共获得 16 种多纹理特征，并以 3∶2 的比例随机选择训练样本和测试样本。通过逻辑斯蒂二分类选取排名前 8 位的特征，如表 4-4 所示，其中多纹理特征所得的总体精度在 72%~80%之间，与原始数据相比，分类精度稳定且有所增加。为消除所选多纹理特征之间的共线性，使用主成分分析(PCA)技术，提取出累计贡献率达到 92%的前 4 个主成分作为后期机器学习中的多纹理特征。

表 4-4　单纹理与多纹理特征的总体分类精度比较

单纹理	精度（%）	多纹理	精度(%)
能量均值	58	能量与熵均值	78
能量方差	58	能量方差-熵均值	80
熵均值	80	能量与熵方差	72
熵方差	74	能量方差-对比度均值	72
对比度均值	72	能量与对比度方差	78
对比度方差	76	相关性与熵均值	72
相关性均值	62	相关性方差-熵均值	80
相关性方差	54	对比度方差-熵均值	78

由于健康区域图像呈现灰白色，排泄物区域呈现红色，所以，使用颜色特征可以比较明显地将这两种图像识别出。但野外图像获取无法控制光照强度，为了尽可能减小不同光强对颜色分量的影响，使用颜色相对值，即计算该通道特征值与 3 种通道特征值总和的比值，可以有效地提高区分度。该部分不考虑虫害区域，研究排泄物区与健康区分类精度，分类方法选择逻辑斯蒂二分类。对每种通道进行特征筛选时，选择两种区域分类精度均超过 70%的特征作为输入变量。以 R 通道为例，表 4-5 描述了 R 通道原始特征与相对颜色特征分类精度(%)。从表 4-5 中可以看出，对于均值、*X* 轴差值、*Y* 轴峰值和信息熵，使用相对值明显提高了其分类精度，而对于 *X* 轴最大值和 *X* 轴最小值，效果并不明显。所以试验最终筛选出 R 通道的均值、*X* 轴差值、*Y* 轴峰值、信息熵和 G 通道的均值以及 B 通道的 *Y* 轴峰值、信息熵作为后期机器学习中的颜色特征。

表 4-5　R 通道原始特征与相对颜色特征分类精度　　%

颜色特征	原始数据		相对颜色数据	
	Ⅰ	Ⅱ	Ⅰ	Ⅱ
均值	84	94	98	98
X 轴最大值	56	82	44	100

（续）

颜色特征	原始数据		相对颜色数据	
	Ⅰ	Ⅱ	Ⅰ	Ⅱ
X 轴最小值	100	38	46	52
X 轴差值	62	40	70	84
Y 轴峰值	72	26	86	98
信息熵	60	58	90	100

注：Ⅰ是排泄区，Ⅱ是健康区。

（2）不同特征筛选及分类方法分析　使用 RBF-SVM 和 BPNN 对传统 PCA 处理得到的纹理数据，然后基于多纹理数据进行二分类处理，其中排泄物与健康区域分为一类，虫害区域为另一类。为方便计算后期三种区域的分类正确率，将排泄物区域和健康区域分别进行精度计算。

数据显示，无论采用何种分类方法，多纹理特征下得到的分类精度远高于单纹理特征，总体分类结果最大相差 18.89%。BPNN 在单纹理和多纹理特征下的分类精度均高于 RBF-SVM，说明在样本量比较大且规律不明显时适合使用 BPNN。在完成虫害区域识别的基础上，继续将得到的排泄物与健康区域的分类结果作为第二次分类的样本，特征向量为筛选出的颜色特征，此时与传统 PCA 处理后的结果相比，相对颜色特征有效地减小了光照的影响，分类结果比较理想。同时，使用 RBF-SVM 得到的最终分类精度要优于 BPNN，说明对于数据量小、维数较高的相对颜色特征，使用 RBF-SVM 结果比较好。

对于受咖啡豹蠹蛾危害的檀香树干区域识别，我们使用了机器学习方法进行三分类，得到的精度要低于两次二分类，这是由于两次二分类减小了相关性较小向量的参与，降低了训练出错的概率，提高了分类精度。而同样使用两次二分类，BPNN 与 RBF-SVM 相结合的方法优于仅使用其中一种，原因是 BPNN 与 RBF-SVM 相比，在样本较大、规律相对较弱的情况下的学习能力更强，适用于虫害区域识别，而 RBF-SVM 在小样本高维数据中表现出更好的稳定性，可以适用于健康区域和排泄物区域的分类识别。

从实验数据得知，利用 BPNN 在大样本数据中优秀的训练学习能力将虫害区域识别出，再利用 RBF-SVM 在小样本高维数据的稳定性，对健康区域和排泄物区域进行分类识别，最后通过对这两种方法结合，使总体分类精度达到 91.11%。

4.2.4.2 病害诊断

病害是虫害外由真菌、细菌、病毒等侵入植物体或者因为冻灼、养分失调、旱涝等所引起的一系列植物疾病的总称。从森林经营角度，防治植物病害非常严峻，防治的难点在于病害种类的确定，只有对病医治才能事半功倍。从图像识别的角度，识别出具体病害种类是首要的工作，建立病害图库通过深度学习或神经网络方法是一种解决策略。

由于每一种植物病害的致病机理不同，只有了解每一种病害或主要病害才能因病施治。比如炭疽病是很多热带树种的主要病害，该病危害嫩叶、花果和嫩梢，树木感病后出现许多圆形的褐色小点，周围有浅紫色晕圈，并逐渐扩大成圆形、多角形或不规则的褐色病斑(图 4-31)。炭疽病的侵染能力非常强，只要条件适宜，就会迅速蔓延，发病初期叶片会出现紫色或紫褐色病斑，严重时导致树木叶片大量提前落叶，给树木健康造成严重影响，尽早检测出病害并及时采取措施，对经营具有重大意义。此方面文献也较多，如 Wu 等(2017)给出了一种檀香叶炭疽病和白粉病的图像鉴定方法，有兴趣的读者可以参考，本书不再赘述。

4.2.5 林分碳储量计测法

在全球变暖以及人们环境意识提高的背景下，由于碳交易等需求，森林碳储量测算成为人们关注的重要问题，但是由于其测算工作量、资金等消耗巨大，一直成为林业、生态等领域从业者们的难题。从目前人们使用的碳储量测算方法看，主要有样地实测法、生

图 4-31　炭疽病危害的叶片与正常叶片

理生态模型法和遥感反演法。样地实测法也称收获法是国内外普遍采用的方法，分为皆伐法、平均生物量法和相对生长法三类，该方法的优点是精度高，但是要耗费大量的人财物力且具有破坏性。生理生态模型法是基于植物生理因子或生态环境因子建立模型，从而估算森林碳储量，优点是不需要太大的工作量即可估算碳储量。但是由于到目前为止人类还没有完全弄清植物生理生态机理，因此，它基本停留在研究阶段。遥感反演法在大范围的森林碳储量估算方面有一定优势，但是该方法总体估计精度偏低，且由于设备等原因使应用受到一定限制。

由于数字相机已经非常普及，甚至智能手机都具备照相功能，物联网中的视频传感器还可以源源不断地传回图像，如果能解决算法问题，则基于地面图像进行碳储量计测将变得非常简单实用。下面我们对这种方法从图像采集到碳储量计测的整个过程进行介绍。由于基于地面图像估测碳储量与使用材积表计算材积的步骤一致，姑且我们就把这种方法叫作图像表法。首先要建立某树种的图像表，然后就可以根据图像表计算出该树种的碳储量，由于应用基本是代入问题，关键是建立图像表，所以这里重点讨论建表过程。

4.2.5.1　图像数据采集

建立图像表的数据要有代表性，必须包含各种年龄、大小、疏密等不同的样地，样地数至少要 50 块以上，样地面积不小于半亩，比如使用 20m×20m 的方形样地。

由于图像表建立过程中，需要实际的碳储量数据，所以获取的样地数据要包括测树因子和图像两部分，之后使用图像表仅有图像即可。测树因子按常规测树方法测量立木胸径和树高等数据，目的是计算样地碳储量。图像采集点(摄影点)要均匀地分布于样地内，然后按照一定的规则采集图像即可。

如图 4-32，用卷尺和红绳划定 20m×20m 样地，从起点开始每间隔 10m 进行一次样地林分的纵剖面和树冠图像拍摄，对纵剖面可以按北→东北→东→东南→南→西南→西→西北的次序。镜头平行于坡面，持稳相机纵向摄影各 1 张，或者如图 4-32 所示只采集样地内图像。同时，在每个摄影中心点，镜头对准树冠，摄取树冠(横向)图像 1 张图。图 4-33(a)、(c)分别是兴安落叶松[*Larix gmelinii*(Rupr.)*Kuzen*]林内的纵向和横向图像。

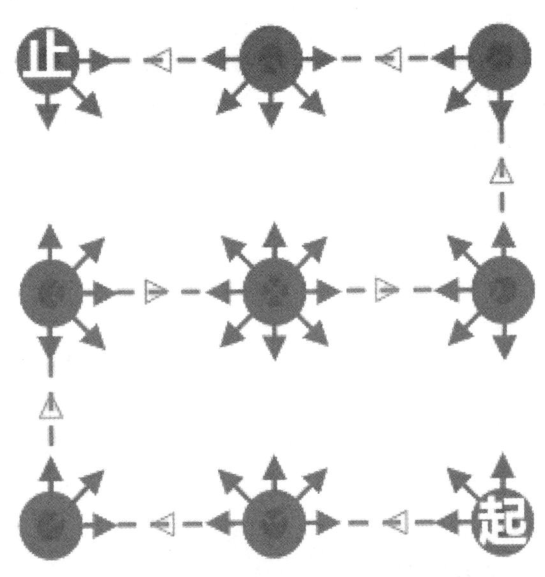

图 4-32　摄影路线与方向

4.2.5.2　计算密闭度和郁闭度

在2.1.3节林分密度计测方法中，我们讲了林分密闭度和郁闭度的计算方法。从图像处理的角度这个过程就是二值化，是把千万种可能变成“是树”或“不是树”两种可能的过程，图4-33(b)、(d)是分别基于对称交叉熵对图(a)和(c)的计算结果，从而把不确定性变成确定性。

(a) 纵断面原图　(b) 纵断面二值图　(c) 冠层原图　(d) 冠层二值图

图4-33　林内图像

由于照相机等摄影器材采用中心投影，而计算郁闭度等参数使用水平投影是合理的，我们在400m^{2}样地内对两种投影方式进行比较，取样地中心和4个角点共5张图像的中心投影均值与水平投影比较，误差小于1%，在允许误差范围内，所以可以忽略中心投影对结果的影响。

需要注意的是，由于密闭度和郁闭度计算结果与碳储量估计精度有直接联系，所以进行碳储量计测时使用的二值化算法一定要与建立图像表时使用的算法一致。

4.2.5.3　构建图像表

得到林分密闭度和郁闭度后，问题转化为如何由这两个变量来求解碳储量。在自然界我们能够看到，碳储量多的林分通常高大、密集，它所对应的林分密闭度也大，因此，我们有理由相信碳储量与密闭度存在正相关关系。进一步我们思考两个问题：

第一，如果仅由密闭度一个参数估计碳储量，则日后应用时仅摄取纵向图像即可，不需要横向的冠层图像无疑给应用带来方便。由于具有相同郁闭度的林分，林分高度可以不同，而高矮不同的两种林分碳储量肯定不同，所以把密闭度作为主要变量、郁闭度作为辅助变量符合自然现象，或者索性就使用密闭度一个自变量。

第二，在一个垂直分布的山体上，能够看到随着海拔高的增加平均树高也在发生着变化，就是说海拔影响树高，然而不同林分高的图像可能具有相同的密闭度，因此基于密闭度的碳储量估测有必要把海拔因素纳入进来。简单方法是把海拔作为自变量，但是自然现象告诉我们，海拔的影响没有这样明显，并且多一个变量应用就会繁琐一些，所以分段考虑海拔更加有益。

为了理解方法的操作步骤并验证方法的可行性，我们在大兴安岭西北麓的兴安落叶松［*Larix gmelinii*（Rupr.）Kuzen］林内，分别选择树木大小、密度等不同的林分设置面积为 333. 3m^2 的样地 64 块，样地中心海拔 402~1099m。实测样地林木胸径、树高等因子，并在样地内均匀布设摄影点位采集分辨率为 3456×5184 像素的纵向和冠层图像。然后由测树因子查材积表获取单株立木材积，统计样地单位面积的蓄积量，并将其转换为公顷碳储量(因变量 y)。从样地图像中抽取各图像密闭度，最终把所有图像密闭度的算数平均值作为本样地的林分密闭度(自变量 x)。建模时，把海拔设置成虚拟变量 k 并分成两级，如果样地中心海拔高度小于等于 750m 时 k=0，否则 k=1。

接下来的核心问题是使用怎样的模型形式。通过测试大量模型发现，与参数更多、形势复杂的众多模型比，利用地面图像以线性形式就可以很好地估测单位面积林分碳储量，这给模型参数求解以及实际应用都带来了极大的方便。具体拟合结果如下：

不考虑海拔高度(确定指数 $R^2=0.852$)：

$$y = -13.7046 + 150.9334x \tag{4-114}$$

以 750m 为界，把样地分为低、高两类(确定指数 $R^2=0.944$)：

$$y = (-8.6871 - 15.609k) + 157.7323x \qquad (4\text{-}115)$$

式中：y 为单位面积的林分碳储量；x 为林分平均密闭度；k 为虚拟变量，样地中心海拔大于 750m 时 $k = 1$，其他 $k = 0$。

图 4-34 是根据式(4-114)、(4-115)绘制的兴安落叶松单位面积碳储量随林分密闭度的变化图。

一直以来，林业上使用材积表实现对林地蓄积量的估计，从本例可以看到，通过建立起来的图像表，可以实现对单位面积林木碳储量或蓄积量的估计，并且该方法在估计单位面积林木碳储量或蓄积量方面的效率要远远高于目前的测径方法，它通过手机扫描一周图像立即就可得到该点为中心的林木公顷蓄积量或碳储量。因此，通过建立某一树种广泛样地的图像表，然后以此为基础估计该类型的单位面积林地蓄积量将可能成为未来一种全新的快速测算方法。

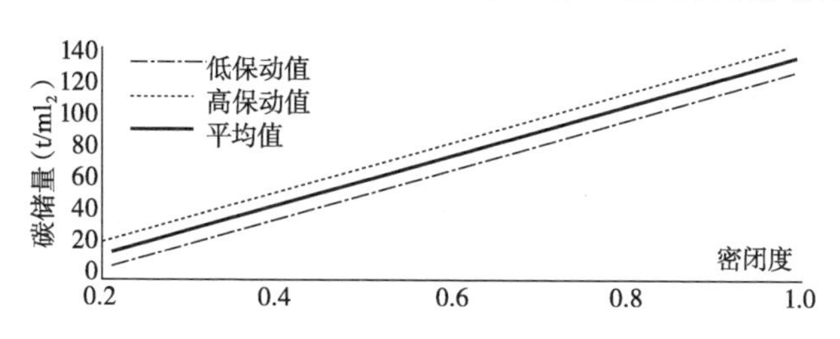

图 4-34　兴安落叶松林林分密闭度与碳储量走势

第5章 常用森林计测仪器

5.1 激光测树仪

某些珍贵树种或特定研究，需要计测树木的多部位直径，即需要进行完备直径系测量。所谓树木的完备直径系指从一株树木的根部直径(地径)开始每隔一定高度测量一个直径，直到树梢的全高范围，由这些任意高度处直径数值组成的数据系列。显而易见，如果具备树木的完备直径系，则不仅可以了解树木生长过程、获取削度方程，还可以得到树干材积、出材率等很多数据，相当于解析木的另一种做法，这对集约经营具有重要的现实意义。实际测量不可能达到特别密集，只要能满足生产、科研需要，其他未测量值由计算得到，进而构成一个满足需求的直径完备系。测定树木任意部位直径有多种方法，比如地面激光扫描法。这里介绍一种手持多高度位直径测定法。

5.1.1 测径原理

如果已知 |OD| =s，∠COD=a，∠AOB=b，则通过三角函数可以换算出圆 C 的直径。

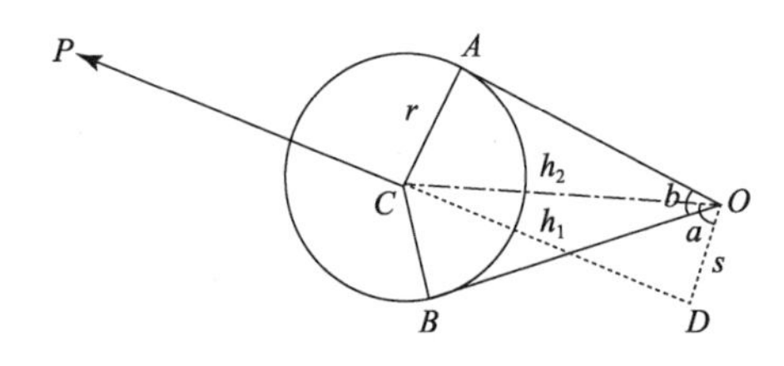

图 5-1 非接触测径原理

$$|CD| = h_1 = s \cdot \tan a$$

$$d = 2r = 2h_2 \cdot \sin\frac{b}{2} = \frac{2s}{\cos a} \cdot \sin\frac{b}{2}$$

如果仪器中加入倾角传感器获取倾角 a，利用激光光栅宽度改算出 O 点到圆的两条切线所夹角度，则给出一个已知距离 s(测点到树干基部的水平距离)，仪器就可以得到 CD 间的长度(待测部位到地面的高度)和圆的直径(树木待测部位直径)。这就是目前很多激光测树器测定树木任意高度处直径的工作原理。

5.1.2　测径方法

5.1.2.1　测径步骤

下面以快特能(CRITERION) RD1000 测树仪[图 5-2(a)]为例，说明测量单棵树任意高度位直径的方法。

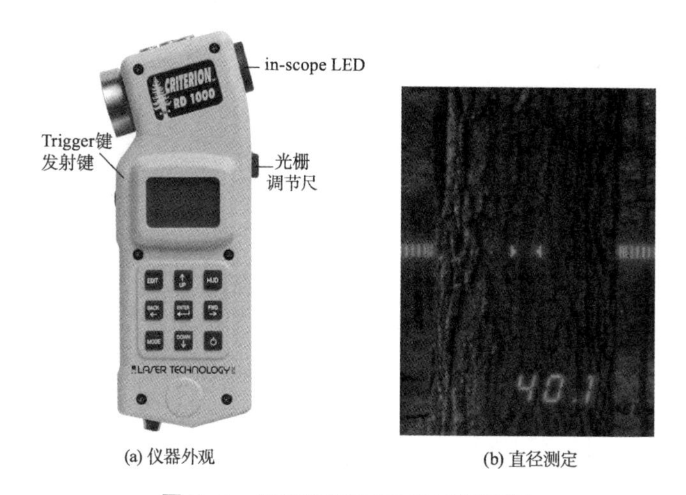

(a) 仪器外观　　(b) 直径测定

图 5-2　CRITERION RD1000 测树仪

(1) 选择合适树木测点

① 基本要求：测点选择在能够通视树木全体，且最好与树木基部在同一等高线上。

② 测点到树木的水平距离：测点到树木的水平距离大小与仪

器可以测量的最大直径有关，水平距离越大则仪器可以测定的树木直径越大。通常情况下，测点到树木的水平距离保持在10m就可以满足绝大多情况下的实际应用。根据图5-1的原理图，水平距离是从树干中心起算的，所以实际测树时测点要向树的方向移动基部直径½的距离。

(2) 把仪器固定在三脚架上。

(3) 开启测树仪　按开关“⏻”2~3s，快特即能被开启。

(4) 向仪器输入测点到树木中心的水平距离　按模式键“MODE”调入Diameter模式，手动输入测点到树木的水平距离，按回车键“ENTER”进入下一步。

手动输入水平距离方法：显示屏中“HD”闪烁时，按编辑键“EDIT”按钮，然后利用增加“UP”或者减小“DOWN”按钮调节水平距离大小，直到显示距离与实际距离一致后，按回车键“ENTER”后输入完毕。

(5) 给出树高的参考原点　按一次Trigger键激活in-scope LED。in-scope LED激活后，里面出现“BASE”以及红色光标“ON”，按住Trigger键同时调整测树仪，使“ON”对准树木基部后松开，此点作为树高的参考原点。

(6) 测径　再按Trigger键不松开状态下，同时从树的基部开始向树干的任意部分移动，in-scope LED里所显示的高度值随着移动而变化，达到待测树高位的高度后，松开Trigger键，固定此位置，然后使用光栅调节尺调节光栅宽窄，使光栅边缘与树干两侧相切[图5-2(b)]，则测得的直径值即为树木此高度的直径。

(7) 解除固定状态，重复步骤(6)，可以测得其他高度处的树木直径。

5.1.2.2　外业工具与记录表

完备直径系测量可能用到的工具有激光测树仪、三脚架、GPS、生长锥、围尺、皮尺、测高仪、激光测距仪等。

记录表格主要是各高度位直径，可以按树木从根到梢次序在记录纸上从底部开始向上记录，这样便于检查(表 5-1)。每株树的直径测定数量可以控制在 20 个以内，下边树木直径变化大可以间隔密集一些，上边可以间隔疏些，但是根径、胸径和树高必须测量。除此之外，树木年龄、冠下高、冠幅以及经纬度、海拔、坡度、坡位、坡向、土壤、生活力、层次、林分类型也需要记录，这样便于日后应用中寻找到更加具有代表性的树木。

表 5-1　完备直径系外业测量

调查木基本信息					
树号		生 活 力		东经(°)	
树 种 名		层次		北纬(°)	
年龄(年)		林木类型		坡度(°)	
冠下高(m)		土壤名称		坡位	
冠 幅 (m)		海拔(m)		坡 向	
距地面高(m)	直径(cm)	距地面高(m)	直径(cm)	距地面高(m)	直径(cm)
0. 0					
1. 3					
…	…	…	…	…	…
	0. 0				

温馨提示

- 树木在已有样地内选择，这样不仅可以减少测量项目，还能获取树木更多的生长环境信息。
- 对于幼树测定，由于树木高度较低，测定间隔不易过大，比如从根颈开始每隔 50cm 测定一个直径值。能够手工直接测量的部分(比如 1.8m 以下部分)最好直接测量。
- 每一个树种的测定株数可以考虑按胸径从 6cm 到最大胸径止，按 2cm 间隔选择一颗树木测定一个完备系列，各粗度级别分别测量 3~5 株，这样便建立了该树种的详细信息表。
- 树冠大小测量取东西南北两个方向的平均值。

5.2 布鲁莱斯测高仪

5.2.1 基本结构

布鲁莱斯测高仪的基本结构见图 5-3。

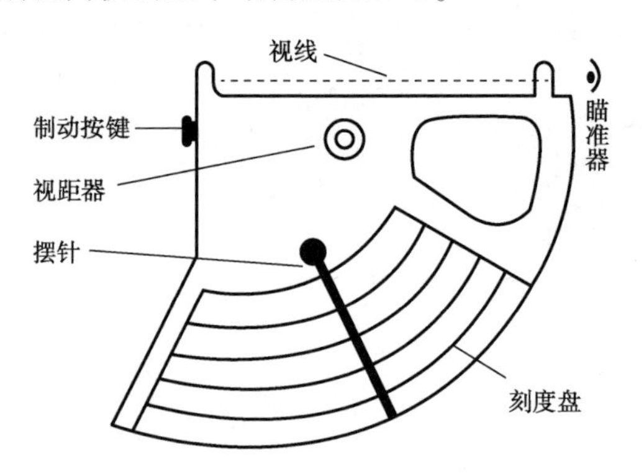

图 5-3 布鲁莱斯测高器示意图

5.2.2 工作原理

在布鲁莱斯测高器(图 5-3)的指针盘上，分别有 10m、15m、20m、30m 几种不同水平距离的高度刻度。使用时先测出测点至树木水平距离且要等于这几个水平距离中的一个，测高时，按动仪器背面制动按钮让指针自由摆动，用瞄准器对准树梢后按下制动钮固定指针，在刻度盘上读出对应于所选水平距离的树高值，再加上测者眼高即为树木全高 h。

布鲁莱斯测高仪是基于三角原理。

(1) 图 5-4 (a)，已知测点 O 到树干 A 的水平距离 L，用仪器观测树梢 B 得到仰角 a，则树高为：

$$h=h_0+L\cdot\tan(a) \tag{5-1}$$

h_0 是眼高。可以看到要得到树高 h 需要量测一个水平距离 L。

(2) 如果测点在坡地上方，待测树木在坡下[图 5-4(b)]，首先瞄准树基得到 h_2，然后瞄准树梢得到 h_1，则树高为：

$$h=h_1+h_2=L\cdot[\tan(a_1)+\tan(a_2)] \tag{5-2}$$

(3) 如果测点在坡下，待测树木在坡上[图 5-4(c)]，首先瞄准树基得到 h_2，然后瞄准树梢得到 h_1，则树高为：

$$h=h_1-h_2=L\cdot[\tan(a_1)-\tan(a_2)] \tag{5-3}$$

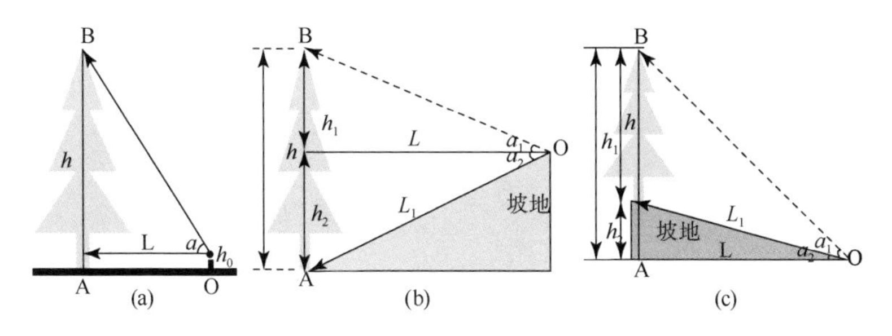

图 5-4　三角测高原理示意图

布鲁莱斯测高仪优点是操作简单，易于掌握，缺点是需要量测一个水平距。

布鲁莱斯测高器的测高误差在±5%。为获得比较正确的树高值，应注意：①水平距接近树高时测高误差比较小；②当树高太小时，不宜用布鲁莱斯测高，可采用长杆直接测高；③对于阔叶树应注意确定主干梢头位置，以免测高值偏高或偏低。

5.2.3　注意事项

找不到树梢或者多个树梢，选择最高点作为树梢。

5.3　超声波测高仪

超声波测高仪是一款用于高度、距离、角度和环境温度等的常用林业测量仪器，通常能对同一树木进行多次重复测量。这种仪器一般由测高仪和反射器两部分组成，测高仪发射信号后，反射器接收并返回信号，并以此计算距离。由于使用超声波而不是像激光器那样需要直接探查待测物，因此对于遮挡林分测定有一定优势。

5.3.1 基本结构

图 5-5 是瑞典生产的一款使用较为广泛的超声波测高仪，接下来简单介绍其使用方法、基本设置等内容。

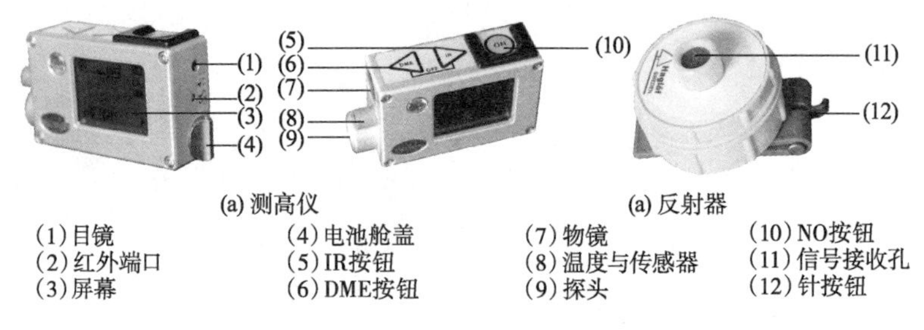

图 5-5　VertexⅣ超声波测高仪

5.3.2 参数设置

5.3.2.1 安装电池

测高仪和反射器各需要一节五号电池，逆时针旋转测高仪电池舱盖和反射器后盖，装好电池后再盖好即可使用。如果长期不用仪器把电池取出，以防电池漏液腐蚀仪器。

5.3.2.2 开机 \ 关机

按「ON」键开机，同时按下测量模式键和红外通讯端口键「DME」+「IR」关机，不操作仪器 25s 则自动关机，或者完成 6 次测高后自动关机。

5.3.2.3 启动 \ 关闭反射器

在树高等测量中，需要有反射器配合使用，但是反射器没有开关，依靠测高仪对其进行开关。

发射器启动：在测高仪关机状态下，将测高仪探头对准反射器信号接收孔，保持二者距离在 5cm 以内，连续按住 DME 键「DME」不放，听到反射器发出“嘀嘀”两声，表明开启接收器成功。

发射器关闭：在测高仪关机状态下，将测高仪探头对准已经开启的反射器信号接收孔，保持二者距离在 5cm 以内，连续按住

DME 键「DME」不放，听到反射器发出“嘀嘀嘀嘀”四声，表明接收器成功关闭。另外，如果连续 20min 不使用仪器，则反射器自动关闭。

5.3.2.4　设置功能

可以对仪器的一些基本信息进行设置，这些基本信息包括测距仪到接收器距离设定、长度单位、角度单位、偏移补偿、发射器到地面的高度等。

按下仪器的「ON」键开机，通过按动「IR」或者「DME」键，当屏幕上出现设置『SETUP』字样时，再次按「ON」键，进入设置菜单。

(1) 公制 \ 英制　对使用的长度单位进行设置，有公制和英制两种选择。

按动「IR」或者「DME」键在「METRIC」和「FEET」间进行选择，出现需要的制式是按「ON」键确认并进入下一设定。

(2)「DEG」\「GRAD」\「%」　在度、坡度、百分数间进行转换。按动「IR」或者「DME」键进行选择，按「ON」键确认，进入下一设置。

(3) P. Offset　P. Offset 是 Pivot Offset 即偏移补偿，是从仪器前面顶点到仪器正面的虚拟交叉点的距离，一般为 0. 3m。利用箭头「IR」或者「DME」键可以改变这个数值，按「ON」键确认并进入下一设置。

(4) T. Height　T. Height 是 Transponder Height，是发射器中心到地面的高度(图 5-6)。一般为 1. 3m。利用箭头「IR」或者「DME」键可以改变数值大小，按「ON」键确认并进入下一设置。该参数设置好后，以后使用仪器时，必须把发射器插到胸径位置。

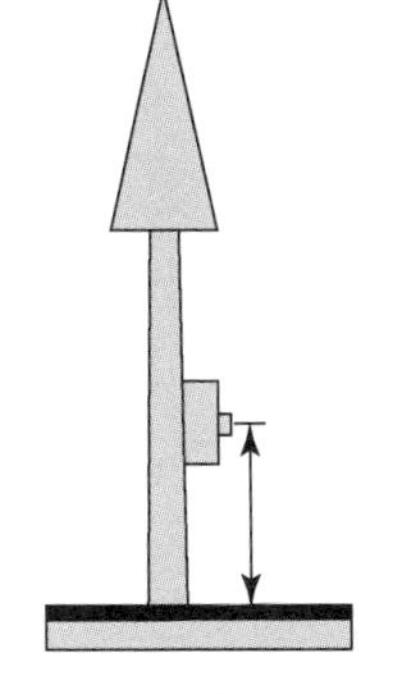

图 5-6　发射器到地面的高度

5.3.2.5　M. Dist

M. Dist 是 Manual distance 的简写，仪器到被测物之间的距离，如果没有发射器，这个参数必须通过人工测量并进行设定。利用箭头「IR」或者「DME」键可以改变数值大小，按「ON」键确认并进入下一设置。

5.3.2.6　BAF

BAF 是林分断面积系数的英文 Basal Area Factor 首字母缩写，此功能用来计算区域内树木的最小直径。当树木到测点间的距离越近时，BAF 越大，一般情况下，选择 BAF 为 1，测量半径大约 25m。利用箭头「IR」或者「DME」键可以改变数值大小，按「ON」键确认并完成全部设置。

5.3.2.7　对比度

按下仪器的「ON」键开机，通过按动「IR」或者「DME」键，当屏幕上出现设置『CONTRAST』字样时，再次按「ON」键，进入对比度设定状态。利用箭头「IR」或者「DME」键可以在 80~127 之间进行选择，感觉对比度合适后，按「ON」键确认完成设置。

5.3.2.8　蓝牙

按下仪器的「ON」键开机，通过按动「IR」或者「DME」键，当屏幕上出现设置「BLUETOOTH」字样时，再次按「ON」键，进入蓝牙设置状态。屏幕首先出现『CODE>12345』，这是在其他设备上显示的蓝牙号码，按动「IR」键，出现『CODE>-NONE-』，再按「IR」键，又回到『CODE>12345』…，按「IR」键设置生效，进入下一步，出现『BLUETOOTH> --』，按「IR」键，开启蓝牙，出现『BLUETOOTH>ON』，「IR」是反复键(当然也可使用「DME」键)，确定后按「ON」键生效。

设定好蓝牙后就可以与其他设备进行数据通讯。蓝牙需要更多的电能，因此，用完后最好关闭。

5.3.2.9　定标

首先把仪器放置在待测环境中 10min 以上，使仪器和环境温度达到平衡，然后启动反射器，并利用钢尺等测量工具，使测高仪探头与发射器信号接收孔之间保持 10m 距离，按下仪器的「ON」键开机，通过按动「IR」或者「DME」键，当屏幕上出现定标『CALIBRATION』字样时，再次按「DME」键，仪器显示 10m 以及摄氏度、华氏度等信息，其后屏幕自动返回上一界面，定标结束。屏幕上会显示摄氏(℃)和华氏(℉)两个温度数值，二者的关系如下：

华氏度=32+1.8×摄氏度。

5.3.3 测量树高的方法

首先熟悉几个在屏幕上常出现的字母：SD是Slope Distance的首字母缩写，表示斜坡距离；HD是水平距离Horizontal Distance的首字母缩写；DEG表示倾斜度Degree；H是高度Height。

① 测量开始前，左手持接收器右手持测高仪，使二者间距离保持在5cm以内，用测高仪对准接收孔，开启反射器，然后按红色「ON」键，进入待测状态。注意，这一操作在每次测量之前仅需要做一次即可。

② 按住接收器的针按钮，露出刺针，把反射器固定在待测的树干1.3m高度处。

③ 选择一个能够看到树梢顶及反射器的观测点，按测高仪的红色「ON」按钮一次，屏幕出现⎣VERTEXIII HEIGHT⎤，再按一次测高仪的红色「ON」按钮，屏幕出现⎣M. DIST⎤，可以测高。

④ 单眼注视目镜，让瞄准镜中红点对准反射器的信号接收孔，按下红色「ON」按钮保持直到瞄准镜中十字丝⎣+⎤的红点消失，松开红色「ON」按钮，在测高仪的显示屏上显示观测点到接收器的距离SD、角度DEG和水平距离HD。再将瞄准镜中十字丝⎣+⎤的红点对准树梢点，这时出现闪烁红十字丝⎣+⎤，按下红色「ON」按钮并保持，直到红十字丝消失，松开红色「ON」按钮，屏幕上显示测得的树高H。需要注意的是，对准信号接收孔和瞄准树梢的两次动作尽可能保持眼高相同。

⑤ 同时按下「IR」+「DME」按钮，关闭测高仪。

⑥ 更换待测树，重复(2)~(5)的步骤，可测另一株待测树木。

⑦ 当全部测定工作结束后，重复(1)的动作关闭反射器。

注意事项

- 测量时要保持仪器和测定环境温度平衡，在测量前至少要超过 10min；
- 不要触摸设备前方的温度感应器。

5.4 激光测距仪

激光测距仪是近年来应用较多的一种野外测距仪器，尤其适合遮挡不是很严重林分中的距离测定。不同类型仪器主要差异在于激光测距长度、存储数据多少等方面，但功能大同小异，本书以国产 HT-307 为例说明其使用方法。

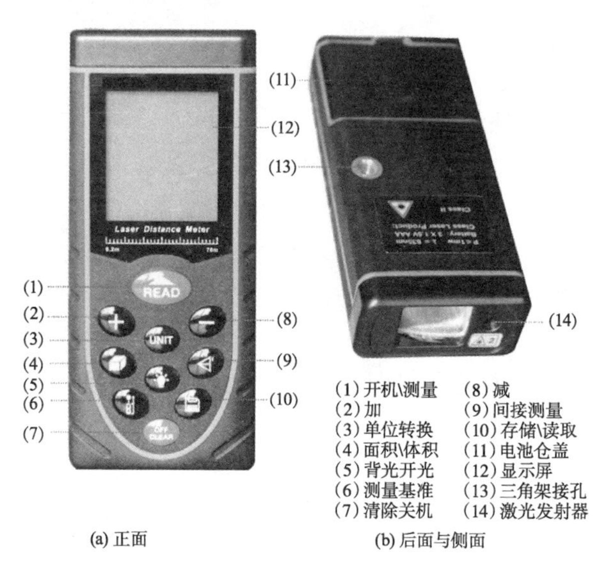

(a) 正面　　(b) 后面与侧面

图 5-7　激光测距仪

5.4.1 功能键与基本设置

5.4.1.1 开机\ 极值测量

按「READ」键开启仪器。

5.4.1.2　测量单位的选择

测量单位可以选择：米(m)、英寸(in)、英尺(ft)，每种对应 2 个精度级别。每按一次「UNIT」键，单位按如下次序变换：

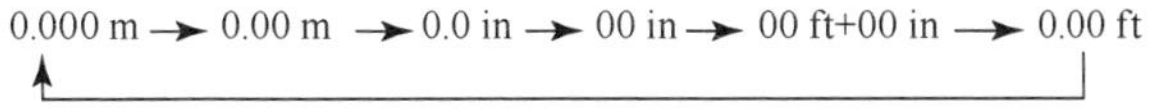

0.000 m → 0.00 m → 0.0 in → 00 in → 00 ft+00 in → 0.00 ft →（返回 0.000 m）

图 5-8　单位变换次序与精度

对于绝大多数林业测量，选择“0.00m”较为合适，即：单位使用 m，测定结果精确到 cm。这种设定仅需要设置 1 次，如果不进行更改，则仪器会一直保持此设定。

5.4.1.3　测量基准选择

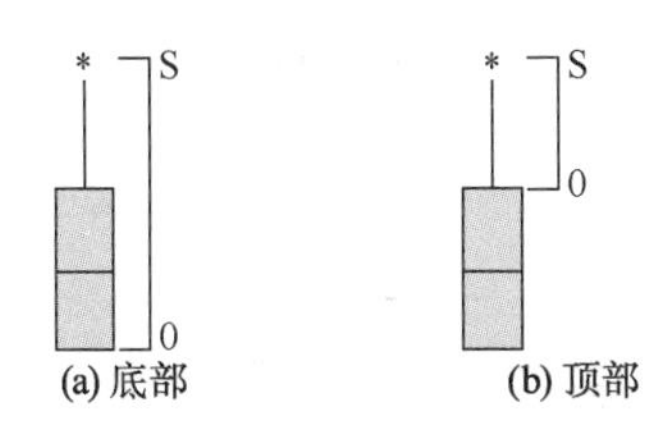

图 5-9　测量基准位置选择

距离测量的起始位置有 2 个，一个是从仪器的后端起算，如图 5-9(a)中从起测点 O 到目标点 S 的距离，这是仪器的默认起始测量点，每次开机仪器都默认从该点起测。另一个是从仪器的前端起算，如图 5-9(b)中从起测点 O 到 S 的距离。「」按钮可以在这 2 个起测点间切换。「」是无极切换键，按一次该按钮是 5-9 (a)，再按一次此按钮是 5-9 (b)，并且仪器保持最后一次按键的状态，直到用户按「」才进行下次切换。

5.4.1.4　背光

如果光线较暗或者仪器显示数字看不清时，可以通过按下背光按钮「」后查看测量数据。「」是背光开\关切换按钮，通过按动可以在二者间切换。

5.4.1.5　关机\清除

点按「OFF CLEAR」按钮清除最近一次测量数据，再点按「OFF CLEAR」一次清除最近一次测量数据……，直到清除全部数据。连续按「OFF CLEAR」3s 则关闭仪器。

5.4.2 基本测量

5.4.2.1 测量长度

开机后，按下红色测量按钮「READ」打开激光，让激光点对准目标，保持仪器不动，再次按下红色测量键按钮「READ」，既可测量从起始点到目标点的距离(图 5-10)。注意起始点的设置，默认从仪器后端起算。

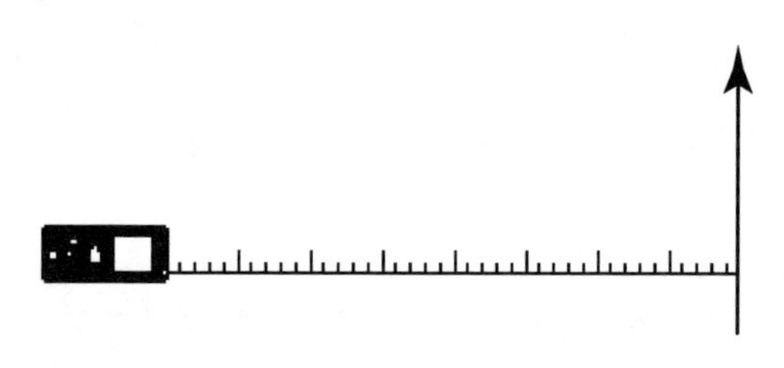

图 5-10 长度测量示意图

5.4.2.2 极值测量

连续按「READ」键，则仪器进入最大\最小值测量状态：

① 激光对准目标，仪器自动记录目标点到起始点间距离，并把该值置于显示屏的上(最大)、中(最小)、下(当前)端位置。

② 激光对准新目标点，仪器自动测量新目标点到起始点间距离，并显示在屏幕的下端当前位置；同时与前次数值比较，† 如果比最大值大，则更新上端的最大值数据，† 如果比最小值小，则更新中间位置的最小值数据，† 在二者之间，则不改变最大最小值数据。

③ 变换新目标点，仪器执行②的步骤，……，直到再次按下「READ」键，极值测量工作结束，最终仪器显示最大值(上端位置)、最小值(中间位置)、最后一次测量值(下端位置)3 个数值。

5.4.2.3 测量面积

按下「□」按钮，屏幕显示『□』，表明进入面积测量状态，先测量长边，再测量宽边，仪器直接给出面积值。至于长边测量哪条、短边测量哪条都没有关系，根据实际测量情况，选择便于测量的方式既可，如图 5-11 的两种测量方法都是正确的。

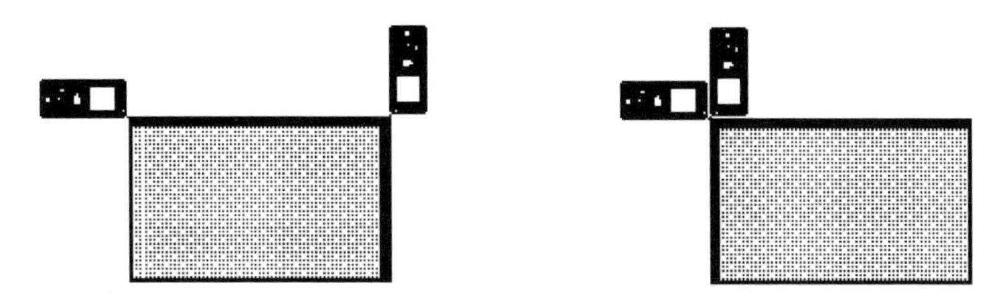

图 5-11　面积测量示意图

5.4.2.4　测量体积

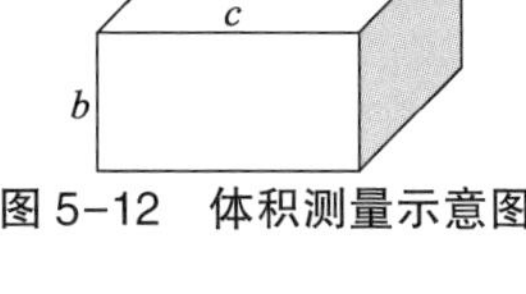

图 5-12　体积测量示意图

连续按「□」按钮 2 次，屏幕显示『□』，表明进入体积测量状态，先测量长度，再测量宽度，最后测量高度(如图 5-12)，则仪器直接给出测量的体积值。同面积测量一样，只要保证测量的是长、宽、高即可，至于是哪条没有关系。

5.4.2.5　间接测距(高)

按「◁」按钮 1 次、2 次、3 次、4 次，屏幕分别出现『◺』、『◺』、『◿』、『◁』图标，仪器可以分别间接测量图 5-13(a)、(b)、(c)、(d)中的距离 h 值。

(1) 间接距离Ⅰ　按「◁」键 1 次，屏幕出现『◺』图标[图 5-13(a)]，遵从仪器提示：① 测量☺到 p 点间距离 s_1；② 测量☺到 q 点间垂直距离 s_2。仪器根据斜边和一个直角边自动计算出另一个直角边 pq 间距离 h：

$$h=\sqrt{s_1^2-s_2^2}$$

(2) 间接距离Ⅱ　按「☺」键 2 次，屏幕仍然保持『◺』图标(图 5-13(b))，但是测量方向存在差异，遵从仪器提示：① 测量☺到 p 点间距离 s_1；② 测量☺到 q 点间距离 s_2。仪器根据两个直角边自动计算出斜边 pq 间距离 h：

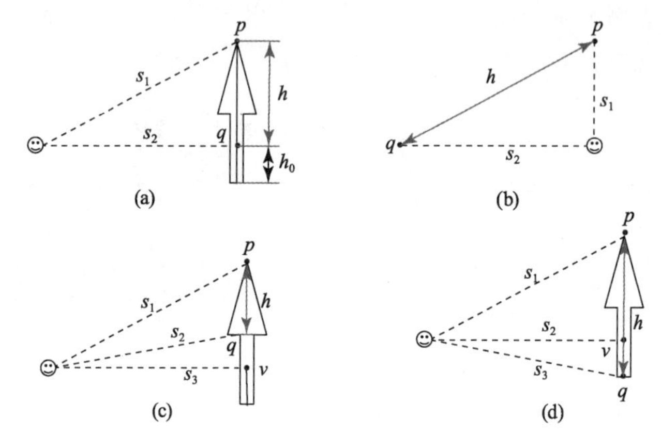

图 5-13　间接测量

$$h=\sqrt{s_1^2+s_2^2}$$

(3) 间接距离Ⅲ　按「⊲」键 3 次，屏幕出现⌊⊿⌉图标［图 5-13(c)］，遵从仪器提示：① 测量☺到 p 点间距离 s_1；② 测量☺到 q 点间距离 s_2；③ 测量☺到 v 点间垂直距离 s_3；仪器根据二次勾股定理，自动计算出 pq 间距离 h：

$$h=\sqrt{s_1^2-s_3^2}-\sqrt{s_2^2-s_3^2}$$

(4) 间接距离Ⅳ　按「⊲」键 4 次，屏幕出现⌊⊿⌉图标（图 5-13d)，遵从仪器提示：① 测量☺到 p 点间距离 s_1；② 测量☺到 v 点间垂直距离 s_2；③ 测量☺到 q 点间距离 s_3；仪器根据二次勾股定理，自动计算出 pq 间距离 h。

$$h=\sqrt{s_1^2-s_2^2}+\sqrt{s_3^2-s_2^2}$$

5.4.2.6　加\减\存储

按「+」、「-」按钮可以进行两段及多段距离相加或者相减；按「💾」键进行数据的存储与读取。

5.4.3　树高测定

5.4.3.1　树高

(1) 方法一　按间接测距按钮「⊲」1 次，屏幕出现⌊⊿⌉图标，按5.4.2.5(1)中方法：①首先测量到树梢的距离；②然后用激光垂直瞄准树干获取水平距；③仪器给出的距离h+仪器到地面的距离h_0就是该待测树木的树高值。

(2) 方法二　按间接测距按钮「⊲」4次，屏幕出现『⊿』图标，按5.4.2.5(4)中方法：①首先测量到树梢的距离；②然后用激光垂直瞄准树干获取水平距；③最后测量到树基的距离，则仪器给出树高值。

5.4.3.2　冠长

按间接测距按钮「⊲」3次，屏幕出现『⊿』图标，按5.4.2.5(3)中方法：①首先测量到树梢的距离；②然后测量到树冠下缘的距离；③最后用激光垂直瞄准树干获取水平距，则仪器自动计算出的数值就是待测树木的冠长值。

5.4.3.3　冠下高

(1) 方法一　按着5.4.2.5(4)的做法：①首先测量到树冠下缘的距离；②然后用激光垂直瞄准树干获取水平距；③最后测量到树基的距离，则仪器给出数值是待测树木的冠下高值。

(2) 方法二

① 测量树高；②测量冠长；③冠下高=树高−冠长。

注意事项

- 不要用激光照射人眼。
- 对于样地等以树木定位为目的的距离测定，一定把仪器放置于三脚架上进行测距。

5.5　土壤养分速测仪

目前市场上有几种类型的土壤养分速测仪，其中基于光反射原理的养分速测仪应用较为广泛，这里以德国生产的Rqflex10土壤养分速测仪为例说明其使用方法。

5.5.1 Rqflex10 土壤养分速测仪组成

仪器尺寸为19cm×8cm×2cm，重量275g，可以在5～40℃温度下正常工作，测量范围4%～90%，分辨率0.1%[图5-14(a)]。

(1) 操作按键包括「MEM」、「TEST」、「START」、「ON/OFF」4个，数据测量、仪器设置等全部由这几个键完成。

(2) 测定时，屏幕下端有一个箭头『▼』指向下端的测试方法储存码，用于提示使用者当前在进行的是哪种测试。

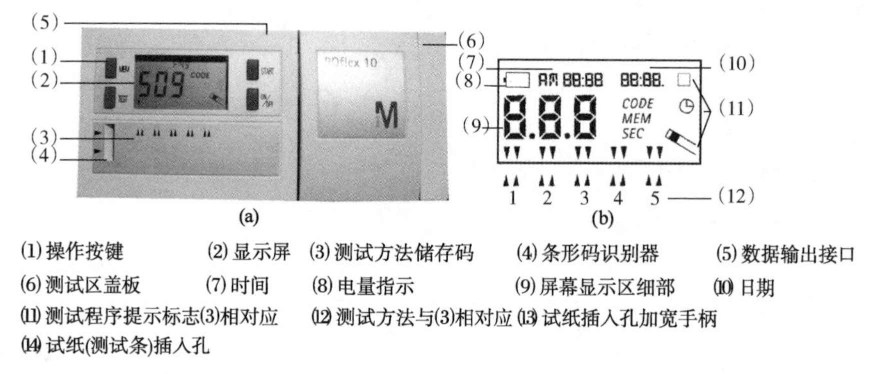

(1) 操作按键 (2) 显示屏 (3) 测试方法储存码 (4) 条形码识别器 (5) 数据输出接口
(6) 测试区盖板 (7) 时间 (8) 电量指示 (9) 屏幕显示区细部 (10) 日期
(11) 测试程序提示标志(3)相对应 (12) 测试方法与(3)相对应 (13) 试纸插入孔加宽手柄
(14) 试纸(测试条)插入孔

图5-14 Rqflex仪器及显示屏

(3) 在第一次使用仪器、使用新批号的测试试纸条、仪器上储存的测试方法已经超过5条或测试新的参数时，都需要使用条形码识别器进行测试内容登录[登录方法参见5.5.3.1(3)节]。每一种测试物品都有相应的条形码，如图5-15所示，条形码上记录了测试相关的所有信息，比如测试波长校正信息、测试方法的校正曲线等。

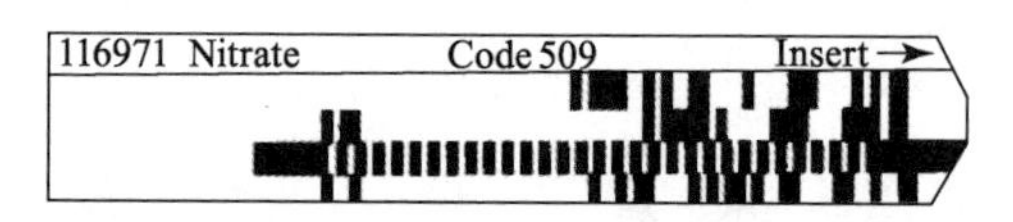

图5-15 5～225mg/L的硝酸根条形码

（4）向试纸插入孔插试纸时，可以通过试纸插入孔加宽手柄轻轻微调空的宽度，插入后放开；测试结束后要从仪器中立即取出测试试纸。

（5）数据输出接口可以把数据传给计算机，注意不能用于外接电源。

5.5.2 仪器可检测的项目

仪器通过与试纸配合完成检测，就是说使用不同的试纸就可以执行不同元素检测。表5-2列出了仪器可以进行的检测内容和范围。

表5-2 Rqflex10能够检测的事项

测试项	测试范围(mg/L)	测试项	测试范围(mg/L)	测试项	测试范围(mg/L)
铵氮	0.2~7，5~20，20~180	镍	10~200	锰	0.5~45.0
硝酸盐	3~90，5~225	双氧水	0.2~20，100~1000	钴	25~450
亚硝酸盐	0.02~1，0.5~25，30~1000	亚硫酸盐	10~200	葡萄糖	1~100
磷酸盐	0.1~5.0，5~120	过乙酸	1.0~22.5，75~400	余氯	0.05~2，0.5~10
钾	1.0~25.0，250~1200	六价铬	1.0~45.0	定影池银	200~5000
二价铁	0.5~20.0，20~200	碳酸根硬度	0.178~7.12	钼	1.0~45.0
镁	5~100	总硬度	0.0356~10.68	硫化物	10~200
铝	5.0~50.0	乙醇	20~200	葡萄酸	0.5~5
pH	1~5，4~9，7~10，9~13	氯根	2~50，50~1000	氰化物	0.02~0.4

（续）

测试项	测试范围(mg/L)	测试项	测试范围(mg/L)	测试项	测试范围(mg/L)
抗坏血酸	25~450	二氧化氯	25~400，47.6~761	果酸	1.0~60.0
铜	5~200	二氧化硫	1~50	蔗糖	250~2500
铬酸盐	1.0~45.0	乳酸	1.0~60.0	酒石酸	500~5000
甲醛	1.0~45.0	总糖	65~650	总酸	2000~14000
铅	20~200	钙	2.5~45.0，5~125	牛奶中尿素	50~500

可以看到，仪器可以检测出众多种类的离子含量。需要说明的是，表中列出的每一个范围都需要一种试纸，比如土壤中的铵氮在0.2~180mg/L范围内都可以检测出，但是需要3种试纸，即0.2~7mg/L、5~20mg/L、20~180mg/L 3个不同范围的土壤铵氮检测试纸；如果土壤铵氮含量在0.2~7mg/L之间，用20~180mg/L试纸检测不出来，同样土壤铵氮含量在20~180mg/L之间时，用0.2~7mg/L试纸也检测不出。当然，如果待测物质含量高于检测试纸上限时，也可以通过稀释样本溶液到监测范围内再行检测，但是最终结果必须考虑稀释的倍数，下文给出了这种方法的详细说明。

5.5.3 仪器设置与使用

5.5.3.1 设置仪器

（1）安装电池　仪器需要4节AAA电池，在初次使用前和屏幕上显示『Low battery』信息时，需在仪器背面电池槽中安装或更换电池。

注意

- 屏幕出现『Low battery』信息时，仪器还可进行约20次测试。
- 仪器没电关机时，测试数据可以保存大约2min，请立即更换电池以免数据丢失。

（2）设置日期时间　初次使用前和更换电池后，仪器需要设置日期和时间。步骤为：① 关闭仪器电源；② 按住「MEM」键后再按「ON/OFF」键开机，2s 后，时间和日期将在屏幕上闪烁显示；③ 用「START」键选择 12h 制或 24h 制；④ 按「TEST」键选择需要修改的时间（时、分）和日期（月、日）；⑤ 按「START」键即可调整日期时间；⑥ 完成后，按「MEM」或「ON/OFF」键即可储存设置的日期和时间。

（3）测试内容登陆　测试内容或测试项登记方法为：

① 从包装盒中取出如图 5-15 代表测试内容的条形码；②按「ON/OFF」键开机，打开测试区的盖子，屏幕上显示『F：50』表示所有 50 种测试参数的测试方法都可以使用，如果数字小于 50（比如『F：42』），表示已经有部分参数测试方法被使用；③每按一次「TEST」键，测试方法储存码移动一次，按 1→2→3→4→5 次序循环，直到显示屏下方的箭头『▼』指向要储存或取代的该测试内容的存储位置；④将代表测试内容的条形码正面向上平滑地从仪器条形码识别器的入口处插进去，当仪器屏幕上正确显示测试条批号靠左的三位数字时，条形码识别工作就完成了，此时将有峰鸣声提醒；⑤将条形码放回包装盒安全存放，但注意不要将条形码放入到放置试纸的铝盒内。

注意，当仪器上储存的测试方法超过了 5 种时

- 当插入了新的条形码后仪器里原来储存的一种方法将被取代；
- 该被取代的测试方法相关的所有储存的数据都将被自动删除；
- 屏幕上闪烁的「MEM」表示测试数据被储存，如果这些数据在以后还有需要，他们也可以被单独处理。
- 需要两个条形码的测试方法：当读取了第一条条形码后，仪器显示屏将显示三位参考号码或提示图标；当读取了第二条条形码后，将只显示三位参考号码。

（4）校准　① 按「ON/OFF」键开机；② 插入透明的上面有很

多条码的标准比色条，按「START」键，屏幕会显示『CAL』，表示仪器进行校准(CALibration)，再取出条形码比色条，插入白色的空白条，按下「START」键，直到屏幕上的『CAL』消失，校准结束。

5.5.3.2 仪器状态与处理方法

仪器使用过程中可能会遇到很多问题，通常屏幕上伴随着相应的状态提示，常见的状态提示以及处理办法如表 5-3。

表 5-3 显示屏提示及处理方法

问题	产生原因	解决办法
无显示	电池没有正确安装或电池没电	检查电池，重新安装 或 更换新电池
LO	测试值低于试纸条的测试量程	选用合适量程的试纸条重新测试
HI	测试值高于试纸条的测试量程	稀释样品重新测试
———	没有已经登陆的测试方法	用条形码登陆测试方法
OPT	光路系统或试纸条适配器脏	清洗光路系统和试纸条适配器，重新开机，如果不行，对仪器进行再校正
ERR	光路错误或试纸条适配器安装错误	清洗光路和适配器，进行再校正
E-1	环境光太强或适配器没有安装正确	在暗的环境里重新测试，如果有必要，在开机前先将仪器的适配器盖板盖好
E-2	测试结果不对	重复测试

5.5.3.3 使用仪器(测试)

仪器有 A、B、C、D 四种测试程序，其基本方法都是一致的，只是测试之前的步骤有少量的不同。但是各种测试程序都有不同的细节，其方法都通过条形码传送到仪器里，并在显示屏上显示与之对应的图标来提示用户当前的测试过程。

(1) 测试 A 该测试只需要考虑试纸条的反应时间，它的提示图标是屏幕上显示的试纸条符号『▬▭』。

测试过程：①按「ON/OFF」键开启仪器；②插入测试条形码或

按「TEST」键，直到显示方法号与测试内容一致；③比较仪器上显示的三位测试方法号与试纸条包装盒上的前三位批号，二者要一致；④按「START」键，仪器显示试纸条的反应时间(秒)和试纸条图标；⑤把试纸条浸入准备好的样品中(浸入时间按试纸条说明书执行)，浸入的同时按「START」键，仪器倒计时；当浸入时间还剩10s时拿出试纸条，甩掉多余的液体；⑥当反应时间还剩5s，仪器“吡…吡”报警，同时屏幕上的试纸条图标将闪烁，此时把试纸条放入试纸插入孔；⑦反应结束后，仪器直接读取数据，以“mg/L”为单位，数据自动储存到仪器里。

(2) 测试B 本测试不只需要考虑测试试纸条的反应时间，还要考虑辅助试剂反应时间。测试B图标是屏幕上显示的时钟符号『ON/OFF』。

步骤为：①按「ON/OFF」键开启仪器；②插入测试条形码或按「TEST」键，直到显示的方法号与测试内容号一致；③比较仪器上显示的三位测试方法号与试纸条包装盒上的前三位批号，二者应该一致；④按「START」键，仪器显示辅助试剂的反应时间(秒)比如120s和时钟图标，然后按试纸条包装盒里的说明书操作；⑤再次按「START」键，开启倒计时时钟；⑥当辅助试剂反应结束时，屏幕显示试纸条图标，同时显示试纸条的反应时间，比如60s；⑦把试纸条浸入准备好的样品溶液中2s左右，浸入的同时按「START」键，仪器倒计时，拿出试纸条，甩掉多余的液体；⑧当反应时间还剩5s，仪器“吡…吡”报警，同时屏幕上的试纸条图标将闪烁，此时把试纸条放入试纸插入孔；⑨反应结束后，数据自动储存到仪器里。当然，也可从仪器直接读取数据，单位：“mg/L”。

(3) 测试C 本测试为校正程序，用未使用的试纸条对仪器进行校正。

过程为：①按「ON/OFF」键开启仪器；②插入测试条形码或按「TEST」键，直到显示方法号与测试内容号一致；③比较仪器上显示的三位测试方法号与测试试纸条包装盒上的前三位批号，二者应该一致；仪器显示空白方形框标记『□』，放入一根未使用过的试纸条；④按「START」键，仪器开始校正，校正的过程参考测试程序 A 或 B。

(4) 测试 D　本测试为校正程序，用已用过的试纸条对仪器进行校正。

操作过程：①按「ON/OFF」键开启仪器；②插入测试条形码或按「TEST」键，直达显示方法号与测试方法号一致；③比较仪器上显示的三位测试方法号与测试试纸条包装盒上的前三位批号，它们应该一致；④按「START」键，仪器显示测试反应时间；⑤按包装说明书把试纸条浸入样品中，甩掉多余液体，同时按「START」键，仪器倒计时；⑥当反应时间还剩 5s，仪器“吡…吡”报警，屏幕上的试纸条标记将闪烁，把第一根试纸条从试纸插入孔插入；⑦当交替的试纸条信号显示时，从仪器中拿出第一根试纸条，然后插入第二根试纸条，同时再次按「START」键；⑧反应结束后，直接读取数据，单位是“mg/L”。

(5) 连续测试　如果有一系列的样品需要测试时，当一个测试已经结束后，只需要再按一下「START」键即可进行下一个测试。在测试 D 的情况下，需要按两次 START 键。无论哪种测试，执行上述操作后，即可进行下一次测试，测试结果可以马上显示并自动储存。

例子：测试一系列样品的硝酸盐含量值。

当进行一系列样品的测试时，倒计时功能不能启动，用户需要自己准备秒表并自行控制反应时间。

① 标准的测试程序 A 已经运行了一次。②将测试试纸条浸入到样品中大约 15s 的时间，然后甩掉试纸条上残留的水珠，等待反应时间的结束。③当 60s 的反应时间结束，将试纸条直接插入仪器的试纸插入孔，按「START」键即可测试。

注意

■ 反应时间必须严格的遵守，否则将产生错误的测试结果。

■ 如果在 2min 内没有按键，仪器将自动关机。

5.5.3.4　数据操作

可以对测试数据进行储存、查看、删除、输出操作。

（1）测试数据存储　测试完成后，仪器自动存储测试结果和测试的日期时间，并在屏幕上显示剩余储存空间，如『F：21』。仪器最多可以储存50组数据，当显示「F：00」时，表示已经没有储存空间，但下一次测试结果仍然将自动储存，只是最早储存的测试数据将被挤出，即存储采用队列格式。

（2）查看存储数据　①按「ON/OFF」键开启仪器；②按「TEST」键直到显示器显示正确的测试内容，三位测试内容代码显示在显示屏上；③按「MEM」键，将显示相关测试内容的最后一次结果将显示。如果没有储存的结果，仪器将发出蜂鸣声，显示屏将继续显示三位测试内容代码；④继续按「MEM」键即可按和测试时间相反的时间顺序显示储存的结果。当屏幕显示三位测试代码并发出蜂鸣声时，表示仪器里已经没有相关内容的储存数据了；⑤如果要查看其他方法的储存数据，按「TEST」键调出相关的测试内容号，按「MEM」键查看相关存储数据；⑥按「ON/OFF」键或者「TEST」键即可结束。

（3）删除测试数据　当测试内容码出现在显示屏上，按住「MEM」键不放，测试结果将在屏幕上闪烁并发出蜂鸣声，3秒后将删除最近一次的存储数据，并在屏幕上显示「000」；按「TEST」键测试方法代码将重新显示。

注意

■ 在用新的条形码时，某一种测试内容相关的所有储存数据将被删除。

（4）输出测试数据　将仪器通过专用电缆和计算机连接起来，使用Rqdata软件即可完成测试数据的输出。

5.5.4　养分元素测量

仪器通过更换不同试纸条的办法来检测不同物质含量，但不论哪种试纸条，从筒中取出后必须立即盖上筒盖。

5.5.4.1 特定摩尔浓度溶液的配置

溶液浓度单位常用“摩尔/升”即摩尔浓度 M(mol/L)。当用纯度为 p(%)的特定物质配置溶液体积为 V(L)、摩尔浓度为 M 的溶液时，所需要的该特定物质的质量 G(g)的计算式为：

$$G=M\times\frac{F}{p}\times V \tag{5-4}$$

式中：F 为该特定物质的分子量(g/mol)。

比如使用含量不小于 96% 的无水 $CaCl_2$，欲配置 1L 浓度为 0.0125mol/L 的 $CaCl_2$ 溶液，则需要该无水 $CaCl_2$ 的质量为($CaCl_2$ 分子量 111)：

$$G-0.0125\times\frac{111}{0.96}\times 1=1.445\text{g}$$

5.5.4.2 主要土壤养分元素测量

每种元素含量测定都需要相应的试剂条，由于原理不同也对应着不同的操作方法。同时，仪器测定值 Rq 也不是最终的结果，需要由下式换算后才能得到最终的结果值。

$$y_{\varphi}=\frac{Rq\times V}{W} \tag{5-5}$$

式中：y_{φ} 为土壤中的待测离子含量(mg/kg)；Rq 为 Rqflex 仪器测量值，(mg/L)；V 为测试样本溶液的体积(ml)；W 为测试土壤样品的干重(g)。

以下介绍土壤氮、磷、钾含量等的测定方法。

(1) 铵根离子(NH_4^+)测量　1000ml 量杯 2 个、精密天平、滤纸、玻璃棒、滴管、药匙、去离子水、150g 待测土样、无水 $CaCl_2$、乙醇、孔径<2mm 的土壤筛、漏斗。

铵根离子测定原理主要有两个：①铵根离子和氯化剂反应生成氯化铵，氯化铵和苯酚化合物作用生成特定光泽的蓝色靛酚衍生物；②铵根离子同奈斯勒试剂(即碱性碘化汞钾试液，其灵敏度大约为 0.15NH_4^+g /L)反应形成一种特定光泽的黄褐色化合物，前者多用于溶液浓度小于 20mg/L 的铵离子测定，大于 20mg/L 的铵离子测定用后面的方法。需要注意的是，低铵根离子浓度(<20mg/L)测试条通常要在2~8℃存储，待测溶液的pH值要求在4~13；而较高铵离子浓度(≥20mg/L)的测试条可以在15~20℃存储，待测溶液的pH值要求在2~12。

每种试剂条都有测量范围，如果待测样本的测量值超过该范围，需要对样本进行稀释、再测试，直到得到一个低于试剂条测量上限的值。最终将所得到的测量值(Bq，仪器读数)乘以相应的稀释因子(ϑ，如果没有稀释 ϑ=1)作为最终的结果(y)：

$$y=\vartheta \cdot \mathrm{Rq} \tag{5-6}$$

测量铵离子的步骤如下(过程见图5-16)：

① 配置0.0125mol/L的 $CaCl_2$ 溶液1000ml　取纯度为96%的无水 $CaCl_2$ 1.445 g放入量杯中，加入1000ml去离子水混合均匀。此溶液即是浓度为0.0125mol/L的 $CaCl_2$ 溶液。

② 配置土壤样品溶液　精确测量150g待测土样放入烧杯中，加入600ml 0.0125mol/L的 $CaCl_2$ 溶液，振荡约1h后，用滤纸滤过待测土壤残渣。

定义符号：〈NH_4^+ | 1〉代表0.2~7mg/L试纸；〈NH_4^+ | 2〉代表5.0~20 mg/L试纸；〈NH_4^+ | 3〉代表20~180mg/L试纸。

③ 取5ml土壤样品溶液于试管中，加入10滴 NH_4^+-1，振荡；对于〈NH_4^+ | 1〉和〈NH_4^+ | 2〉再加入一小勺 NH_4^+-2，加以振荡，此溶液即可用于Rqflex仪器进行铵根离子含量推定。

选择测试A，各 NH_4^+-2 浓度的存储反应时间分别为：

〈NH_4^+ | 1〉→480s，〈NH_4^+ | 2〉→240s，〈NH_4^+ | 3〉→15s

④ 从试纸条管中取1条试纸，将反应区端浸入到试管中，同时按下仪器的「START」按钮，然后保持到规定时间：〈NH_4^+ | 1、2、3〉分别为8min、4min、2s。

⑤ 在反应结束大约10s之前，将试纸条从试管中取出，小心地把多余的液体通过试纸的长边缘吸引到吸水纸巾上。

⑥ 迅速将试纸条全部插入到仪器的试纸插入孔中，注意：要使试纸条反应区和仪器的显示器相对。测定后，结果出现在显示器

上，且被自动保存，保险起见，记录此数值。

⑦ 由式(5-6)，最终的铵根离子含量 $\gamma_{NH_4^+}=4\cdot\vartheta\cdot Bq$（mg/kg）。

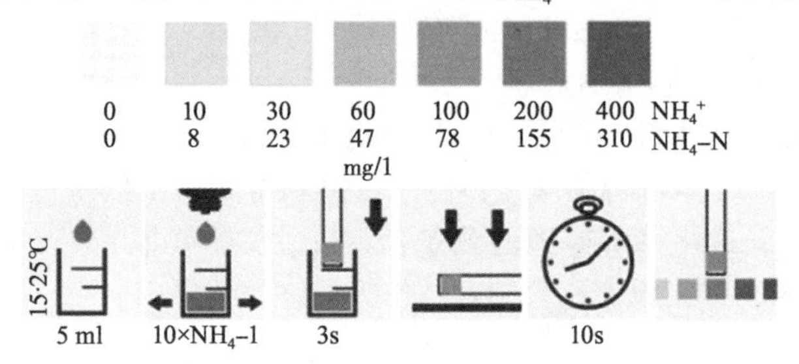

图 5-16　铵根离子测定步骤

注意

- 如果在反应时间之后将试纸插入到仪器的测试孔，重新按下开始按钮可能会产生一个错误的结果。
- 如果测量值超限，可以用蒸馏水稀释待测溶液后再测。
- 在每个工作日结束时，使用蒸馏水或者乙醇彻底清洗试管容器。

（2）硝酸根离子(NO_3^-)浓度测量　本测定需要准备：土壤筛、去离子水、玻璃棒、滴管、250ml 锥形瓶、漏斗、无水 $CaCl_2$、无氮滤纸、电子天平、1000ml 量杯、100g 待测土样、孔径<2mm 的土壤筛。

硝酸根通过还原剂还原成亚硝酸盐，这些亚硝酸盐与芳香族胺化物反应形成一种重氮盐，重氮盐与 N-(1-萘基)-乙二胺反应形成一种特定光泽的紫红色偶氮染料。样品材料可以是适当的预处理的土壤和肥料、各类水、压出的植物或水果汁。测定范围如下：

〈NO_3^- | 1〉编号 116995：3 - 90mg/L NO_3^-，0.7 - 20.3mg/L NO_3-N

〈NO_3^- | 2〉编号 116971：5 - 225mg/L NO_3^-，1.2 - 50.8mg/L NO_3-N

要求：①样品 pH 值范围在 1～12，否则用醋酸钠或酒石酸调整 pH 到该范围内；②样品浓度〈NO_3^- | 1〉>90mg/L 或者〈NO_3^- | 2〉>225mg/L，否则必须用蒸馏水稀释。

硝酸盐测试步骤如下(图 5-17)：

① 配置 0.01mol/L 的 $CaCl_2$ 溶液 500ml。取纯度为 96%的无水 $CaCl_2$(0.01×0.5×111/0.96=)0.578g 放入量杯中，加入 500ml 去离子水混合均匀。

② 精确测量 100g 土样，加入 0.01mol/L $CaCl_2$ 溶液 100ml，振荡 30min，然后用无氮滤纸滤掉残渣，待测。选择测试 A，存储反应时间为 60s。

③ 拿出一根试纸条。把试纸条浸到准备好的土壤样品溶液中 2 秒，然后拿出甩掉多余液体，按 START 键，仪器显示等待时间，在大约反应结束的 10s 之前，将纸条全部放入面对纸条容器中，纸条容器的反应区和显示器相对。反应后，读取显示器上的结果，该结果会被自动保存(mg/L NO_3^-)。

④ 根据式(5-5)，土壤中的硝酸盐含量为 $y_{NO_3^-}=\vartheta.\ Bq$(mg/kg)。

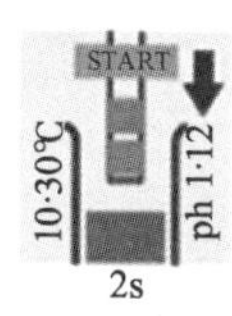

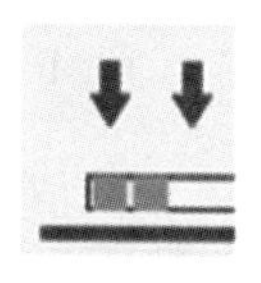

图 5-17　硝酸盐测定步骤

注意

- 若必要的话，可消除干扰硝酸根离子：在 5ml 的样品(pH<10)加 5 滴 10%水性氨基磺酸溶液震荡几次。
- 如果测量值超过测量范围(显示器上显示「HI」，使用蒸馏水稀释样本直到浓度〈NO_3^- | 1〉<90mg/L 或〈NO_3^- | 2〉<225 mg/L。
- 分析结果值必须考虑稀释因素，即最终的分析结果由Ⅲ4-2 计算得到。
- 如果在反应时间之后将试纸插入容器，重新按下开始按钮可能会产生一个错误的结果。
- 用完立即盖住包含试纸的玻璃管；在每个工作日结束时，使用蒸馏水或者乙醇彻底清洗条形适配器。

■ 转换：

单位要求=所给单位×转换因子		
mg/L NO_3-N	mg/L NO_3^-	0.226
mg/L NO_3^-	mg/L NO_3-N	4.43

(3) 磷酸盐(PO_4^{3-})测量

测定需要准备：1000ml 玻璃量杯 2 个、电子天平、去离子水、玻璃棒、乳酸钙、100ml 量筒、250ml 烧杯、滤纸、漏斗、10mol/L 盐酸、滴管、5g 待测土样、孔径<2mm 土壤筛。

在硫酸溶液，正磷酸盐离子 PO_4^{3-} 与钼离子反应形成磷钼酸，被还原为一种特定光泽的磷钼蓝(PMB)，基于此进行磷酸盐测量。测定范围：5～120mg/L PO_4^{3-}，1.6～39.1 mg/L PO_4－P，3.7～89.6mg/L P_2O_5。

如果测量值超过测量范围(仪器显示器上显示『HI』)，需要使用蒸馏水稀释样本溶液使 PO_4^{3-} 浓度值小于 120mg/L 才可以用仪器测量；此时，稀释必须考虑在内，即最终的分析结果要由式(5-5)计算得到。

测定过程如图 5-18。

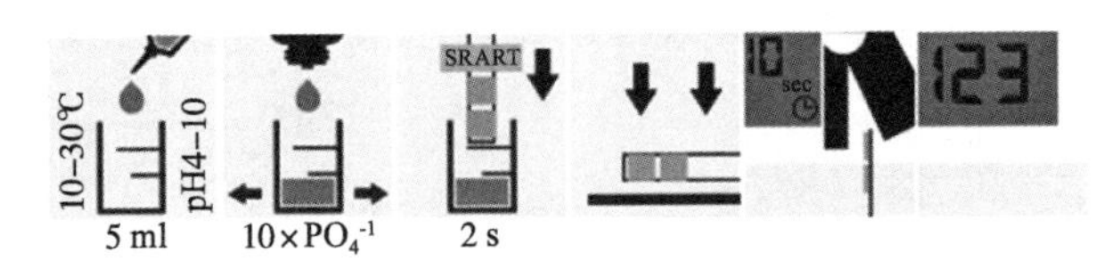

图 5-18　磷酸盐测定步骤

① 提取液配置

1) 取 120g 乳酸钙加入 800ml 沸水(常见 $C_6H_{10}CaO_6 \cdot 5H_2O$ 纯度是98%，由于分子量为 308.29，所以该乳酸钙溶液的摩尔浓度是 0.4768mol/L)，振荡直到完全溶解；等溶液冷却到室温后加 40ml

的 10mol/L 盐酸溶液，然后再加入去离子水，直到总体积为 1000ml。备用。

2）在每次做实验时，取 50ml(a)中制备的提取液，用去离子水稀释到 1000ml(注：溶液 pH 为 3.6)。

② 土壤样品溶液制备。取 5g 干土样碾碎，放入烧杯中并加入 250ml 配置的提取液，振荡 90min 后用滤纸过滤待测。选择测试 A，存储反应时间分别为：90s。

③ 用土壤样品溶液冲洗量管数次，然后加土壤样品溶液至 5ml 刻度，然后加入 10 滴 PO_4-1 振荡使之混合均匀。

④ 拿出一根试纸条，同时把试纸条浸到待处理的样品中 2s，甩掉多余的液体，按 START 键，当反应时间剩余 5s 时，仪器会发出“吡吡”声，反映结束后，直接读取数据，单位 mg/L。

⑤ 根据式(5-5)，计算土壤中的磷酸盐含量 $y_{PO_4^{3-}} = \vartheta \cdot RqV/W$ (mg/kg)。此时，y 为土壤中的磷酸盐数(mg)；Rq 为 Rqflex 仪器测量值(mg/L)；V 为步骤①（b)中的乳酸钙溶液体积数(ml)；W 为土壤样品重量(g)。

注意

■ 如果浓度值超界，则稀释溶液，直到 PO_4^{3-} 浓度值在可测量的范围内(<120mg/L)。

■ 用完立即盖住包含试纸的玻璃管，在每个工作日结束时，使用蒸馏水或者乙醇彻底清洗条形适配器。

■ 转换

所需的	mg/L PO_4^{3-}	mg/L PO_4-P	mg/L P_2O_5
1mg/L PO_4^{3-}	1.000	0.326	0.747
1mg/L PO_4^{4}-P	3.070	1.000	2.290
1mg/L P_2O_5	1.340	0.436	1.000

(4) 钾离子(K^+)测量

本次测定需要准备：1000ml 玻璃量杯 2 个、电子天平、去离子水、玻璃棒、乳酸钙、100ml 量筒、250ml 烧杯、滤纸、漏斗、10mol/L 盐酸、滴管、10g 待测土样、孔径<2mm 土壤筛。

根据钾离子与胺反应形成一种特定光泽的橙色化合物实现测量。测定过程如图 5-19。

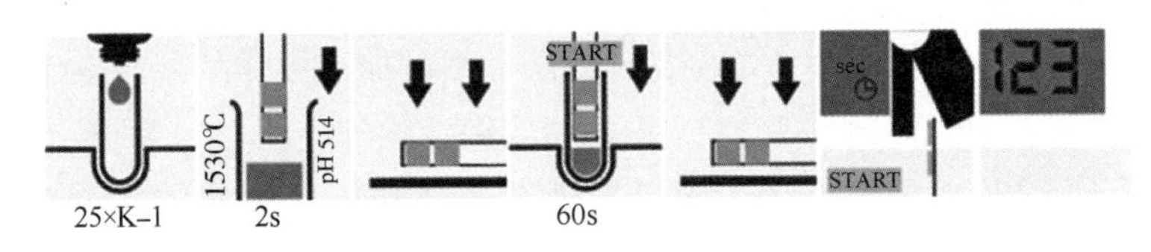

图 5-19 钾离子含量测定步骤

① 提取液配置。参见 4. 4. 2. 3 磷酸盐测定过程①(a)。

② 土壤样品溶液制备。取 10g 干土样碾碎，放入烧杯中并加入 100ml 配置的提取液中，振荡 60min 后用滤纸滤过待测。选择测试 B，存储等待时间 60s，存储反应时间 5s。

③ 竖直放置微型测试管，加入 25 滴 K-1 试剂；拿出一根试纸条。把试纸条浸到准备好的土壤样品溶液中 2s，然后拿出，甩掉多余液体。按 START 键，仪器显示等待时间。再把试纸条放到放有 K-1 溶液的微型测试管中，等待时间结束的同时，立即拿出试纸条，甩掉多余的液体，仪器显示反应时间。最后 5s 时，把试纸条放入测试盒中，然后按 START 键，反应结束，读取数据。数据自动存储，单位 g/L。

④ 根据式(5-5)计算钾含量，即

$$K(mg/kg)=\frac{\text{Rqflex 测量值}(mg/L)\times(b)\text{中所取溶液体积}(ml)}{\text{样品重量}(g)}$$

注意

- 如果测量值超过测量范围(显示器上显示『HI』)，使用蒸馏水稀释样本直到K离子浓度小于1.2g/L。
- 样本溶液pH必须在5~14范围内，否则需要使用氢氧化钙调整pH。

(5) 亚铁离子(Fe^{2+})测量

本测定需要准备：1000ml玻璃量杯、电子天平、玻璃棒、100ml量筒、250ml锥形瓶、滤纸、漏斗、1mol/L盐酸、滴管、10g待测土样、活性炭、孔径<2mm土壤筛、pH试纸。

检测Fe^{2+}离子主要有0.5~20mg/L和20~200mg/L 2种试剂条，主要原理是在酸性溶液中，Fe^{2+}离子和三嗪衍生物(或2-2-双吡啶)形成一种特定光泽的红色络合物，以此来监测Fe^{2+}离子浓度。

测定过程如见图5-20。

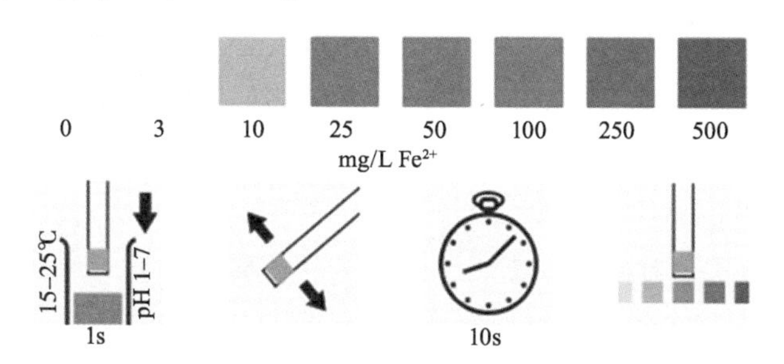

图5-20 亚铁离子含量测定步骤

① 准备待测量的土壤溶液。

1) 在烧杯中放入用2mm孔径筛子过筛的10g风干土壤样品，然后加入1mol/L的盐酸100ml和一勺活性炭摇匀1h；

2) 调节土壤悬浮液的pH到3。摇匀的土壤悬浮液的pH值应为1~2，用10%NaOH溶液调节土壤悬浮液pH到3；

3) 用滤纸去除滤渣，将滤液收集到容量瓶中。全部过滤完后用清水冲洗滤渣3次，直到最后容量瓶内液体总体积为200ml，混合拌匀。选择测试 A，存储反应时间 15s。

② 按下仪器的「START」按钮，在反应时间内将试纸反应区端浸入到准备好的 5~40℃的 200ml 测试样本中 2s。

③ 取出试纸条，小心地把多余的液体通过试纸的长边缘吸引到达吸水纸巾上。

④ 在反应结束 5s 前，迅速将试纸条全部插入到仪器的试纸插入孔中，注意：要保证试纸条反应区和仪器的显示器相对。测定后，读取显示器上的结果。结果会被自动保存。

⑤ 根据式（5－5），测试土壤的亚铁离子含量为：$y_{N}H_4^+ = 10 \cdot \vartheta \cdot Bq$(mg/kg)。

Fe^{3+}离子测定：如果已知总铁，则 Fe^{3+}离子也可得到。在 10ml 样品添加大约 10mg 抗坏血酸并晃动，大约 1min 后进行测定。Fe^{3+}离子含量的计算公式为：

$$\text{mg/L } Fe^{3+} = \text{mg/L 总铁} - \text{mg/L } Fe^{3+} \quad (5-7)$$

注意

- pH 的范围应该在 1~4，如果有必要，使用醋酸钠或硫酸调整 pH。
- 如果在反应时间之后将试纸插入容器，重新按下开始按钮可能会产生一个错误的结果。
- 如果测量值超过测量范围（仪器显示器上显示『HI』），需要使用蒸馏水稀释样本溶液到可测量范围，最终的分析结果由式（5－5）计算得到。
- 用完立即盖住包含试纸的玻璃管；在每个工作日结束时，使用蒸馏水或者乙醇彻底清洗条形适配器。

5.5.5 注意事项

① 仪器是精密仪器，使用时不要让待测物等溅到仪器上，平时保存要注意防尘。

② 仪器本身不能完成各类测定，需要与测试条配合使用。

③ 测试条有使用期限，有些还需要在低温下存储，购买时须查看说明书，按要求存储。

5.6　全站仪

全站仪见图5-21。

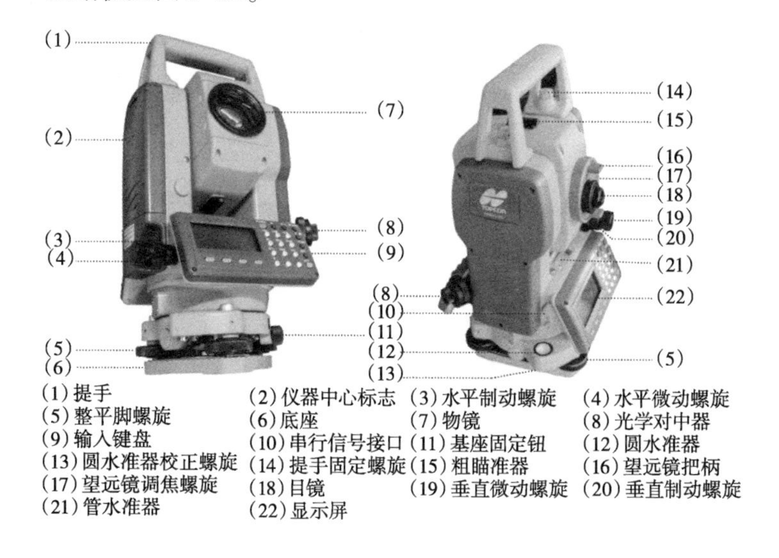

图5-21　全站仪

5.6.1　仪器部件

5.6.1.1　显示屏

显示屏采用液晶显示(Liquid Crystal Display，LCD)，屏幕能同时显示4行信息，每行显示的字符数为20个，一般情况下，前3行显示测量数据信息，第4行为随着测量模式调整的按键功能显示信息(图5-22)。

显示功能键上：①「V」——垂直角度；②「HR」——水平角度；③「SD」——斜距；④「HD」——水平距离；⑤「放样」——把图纸上的坐标点放样到实地中去；⑥「N」——北向坐标；⑦「E」——东向

图 5-22　全站仪显示屏

坐标；⑧『Z』——高程。

5.6.1.2　亮度与对比度

显示屏亮度和对比度可以通过按键进行调解，操作“特殊模式”或“星键模式”即可。

5.6.1.3　显示屏自动加热

当仪器周边气温低于 0℃，仪器的内置加热器将自动运行，保持仪器正常使用温度，保证显示屏正常显示。

5.6.2　准备工作

5.6.2.1　安装

使用前，先将全站仪固定在三脚架上，进行整平、对中操作。具体来讲：

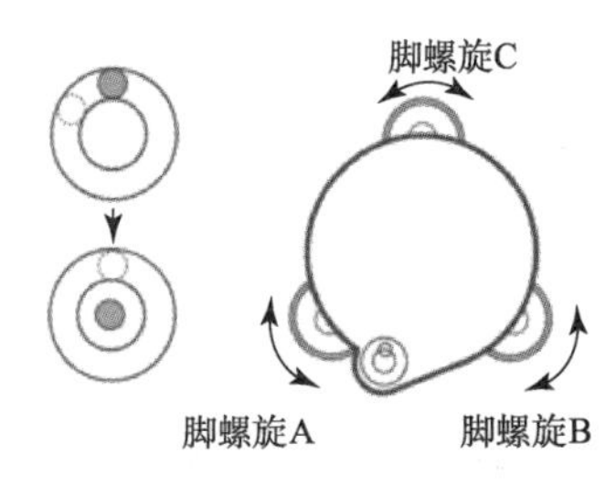

图 5-23　仪器整平螺旋

① 将三脚架调整至适当高度，旋紧三脚架的固定螺丝。

② 将仪器轻轻放置在三脚架上，调整中心连接螺旋，轻移仪器和连接台，直至仪器对准连接台中心，轻轻旋紧连接螺丝。

③ 粗平：通过旋转 A、B 两个螺旋钮，使圆水准器气泡移动至与 A、B 螺旋钮中心连线相垂直的直线

上。此时A、B两个螺旋钮保持不动，旋转C旋钮，使圆气泡居中。

④ 精平：转动仪器，使仪器上的管水准器平行于A、B螺旋的连线上，再旋转A、B钮，使水准器气泡居中。

⑤ 再调整：将仪器旋转90°，再旋转C螺旋，使水准器气泡居中。

⑥ 继续旋转90°，重复①、②步，气泡居中，仪器设置完成。

(1) 开机　打开电源开关『POWER』，查看显示屏信息显示。

(2) 剩余电量显示　通过显示屏右下角电池电量显示符号，能够直观看到仪器剩余电量。

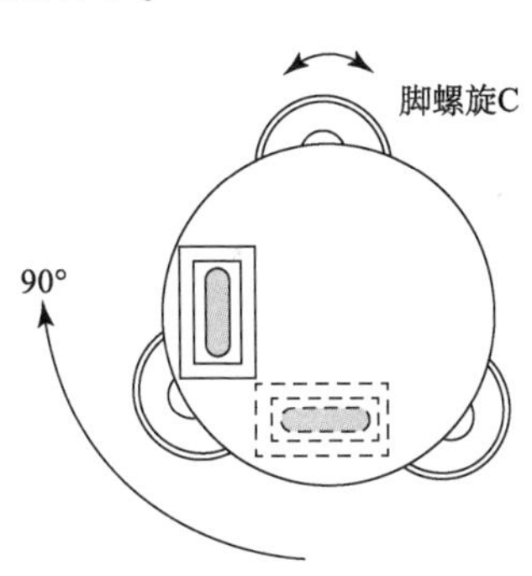

图5-24　水准泡移动方向

5.6.2.2　字母数字输入

(1) 条目的选择　按「↑」和「↓」键，来移动输入条。

(2) 输入字符　按「↑」和「↓」键，将箭头移动到输入条，准备输入具体条目。

点号：
标识符：
仪高：0.000m
输入　查找　记录　测站

按「F1」键，将箭头(→)变为等于号(=)，此时为数字输入模式。

点号：
标识符：
仪高：0.000m
[ALP]　[SPC]　[CLR]　[ENT]

按「F1」→「ALP」键，此时为字母输入模式。

```
点号：
标识符：
仪高：0.000m
[NUM]  [SPC]  [CLR]  [ENT]
```

按字母键，开始输入字母。

按「F1」→「NUM」键，切换到数字输入模式。

按数字键，开始输入数字。

按「F4」→「ENT」键，箭头将下移到新的数据项，按照上述步骤继续输入字符。

注：通过按「←」和「→」键，将箭头移动到待修改字符处，进行修改。

5.6.2.3　数据采集

①「F1」输入文件名→ENT 确定→「F1」测站点输入→点号输入→ENT 确定→「F4」测站→「F3」坐标→「F1」输入测站点坐标→ENT 确定→「F3」记录→「F3」。

②「F2」后视→「F1」输入后视点号→ENT 确定→「F4」后视→「F3」NE/AZ→「F3」AZ→「F1」输入→「F4」ENT 确定→「F3」测量→F1 角度。

③「F2」后视→(F1)输入后视点号→ENT 确定→F4 后视→「F2」调用→找到上一个测站点点号→「F4」回车→「F3」是→「F3」测量→照准棱镜按「F3」坐标。

④（碎步点采集）「F3」前视/侧视→F1 输入起始点号→「F3」测量→「F3」坐标→照准棱镜「F4」。

5.6.2.4　传送数据菜单

「F3」存储管理→「F4」下翻键→选择「F1」数据通讯→「F1」GTS 格式→「F1」发送数据→「F2」坐标数据→「F1」11 位→「F2」调用→选择文件名→「F4」回车→CASS 软件打开→数据→读取全站仪→输入文件名→转换→确定→全站仪按「F3」(是)。

5.6.3 水平角和垂直角测量

首先将显示屏程序调整到角度测量模式。具体过程：

① 首先对第一个目标A进行照准，此时设置A目标的水平角角度为0°0′0″，「F1」置零键→「是」键。

V：90°10′20″
HR：118°28′35″
置零　锁定　锁盘　P1↓

水平角置零
>OK?
—　—　[是]　[否]

V：90°10′20″
HR：0°0′0″
置零　锁定　锁盘　Pl↓

② 继续照准第二个目标B，此时显示B目标的V/H。

V：98°36′20″
HR：150°20′30″
置零　锁定　锁盘　Pl↓

垂直角测量模式：① 程序处于角度测量模式时，按「F4」中「↓」将程序调至下一页，「F3」中「V%」键，进行测量模式变换。

5.6.4 距离测量

将程序调至测角模式：

① 先对准棱镜中心点，进行照准操作；

② 然后按「◢」键，开始进行距离测量，随即显示此刻测量的距离数；

③ 再次按「◢」键，此时显示水平角(HR)、垂直角(V)和斜距(SD)。

HR：115°30′20″
HD* [r]≪m
VD：　m
测量　模式　S/A　P1↓

HR：115°30′20″
HD* 100.000m
VD：6.542m
测量　模式　S/A　P1↓

V：90°10′20″
HR：150°30′20″
SD：145. 215m
测量　模式　S/A　P1↓

5.6.5 坐标测量

测量时，要先设置全站仪相对于原点坐标的位置坐标(图 5-25)。

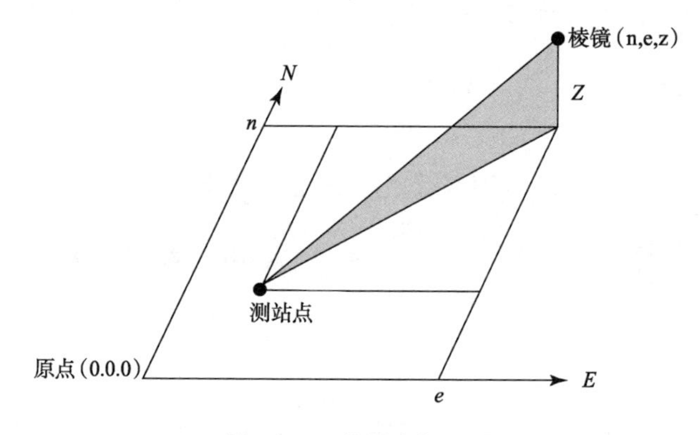

图 5-25　位置坐标设置

将程序调至测量模式：

① 按「F4」中「↓」，将程序调至下一页，按「F3」键，输入 N 点坐标，再输入 E 点和 Z 点坐标，此时，全站仪测站点的坐标设置保存完毕；

② 设置目标 A 的方向角，之后照准目标 B，按「⇙」键开始测量，此时显示屏显示测量结果；

N：52. 268m
E：35. 124m
Z：95. 249m
测量　模式　S/A　P1↓

V：90°30′10″
HR：130°30′30″
置零　锁定　锁盘　P1↓

N*[r]　<< m
E：m
Z：m
测量　模式　S/A　P1↓

N：98.215m
E：45.124m
Z：79.249m
测量　模式　S/A　P1↓

5.6.6　放样

通过“放样”功能，计算出测量显示的距离值和输入放样距离值的差距：

① 菜单→「F2」放样→输入(调用)文件名→「F1」测站点输入→点号输入→ENT 确定→「F4」测站→「F3」坐标→「F1」输入测站点坐标→ENT 确定→F3」记录→F3」是；

② 「F2」后视→「F1」输入后视点号→ENT 确定→「F4」后视→「F1」输入后视点号→ENT 确定→「F4」后视→「F2」调用→找到上一个测站点点号→「F4」回车→「F3」是；

③ 「F3」放样→「F3」坐标→「F1」放样点坐标→「F4」确定→「F1」角度→DHR 归 0→锁定→「F1」距离→查看 DHD 数据基本为 0；

④ 「F3」放样→(调用)→上下键找出调用点号→「F4」确定→「F3」是→「F1」角度→DHR 归 0→锁定→「F1」距离→查看 DHD 数据基本为 0。

HR：115°30′20″
HD*100.000m
VD：6.542m
测量　模式　S/A　P1↓

偏心　放样　m/f/i　P2↓

放样
HD：0.000m
平距 高差 斜距 ——

放样
HD：0.000m
—— —— ［CLR］ ［ENT］

放样
HD：90.000m
输入—— ——回车

HR：115°30′20″
dHD*［r］<<m
VD：m
测量 模式 S/A P1↓

HR：115°30′20″
dHD*［r］25.258m
VD：4.125m
测量 模式 S/A P1↓

5.6.7 菜单使用

选择「MENU」键，程序进入菜单模式，可进行设置、调节、其他测量等程序。

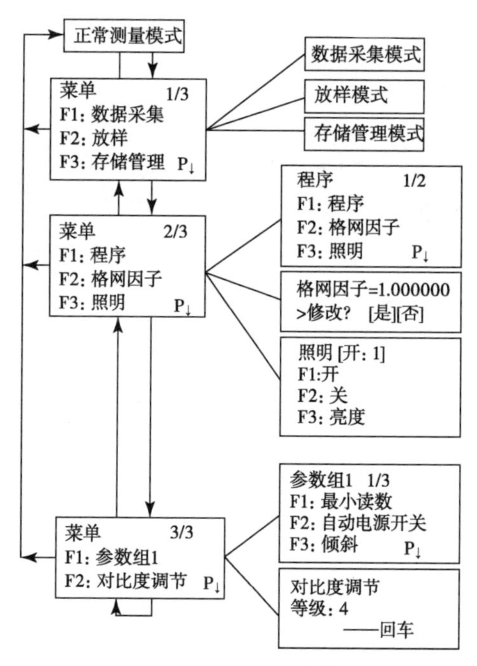

图 5-26 菜单结构

5.6.8 数据存储管理

在此模式下，可对数据进行存储管理：① 查看文件情况：查看存储数据的项目数以及剩余内存大小；②查找已测数据：查看测量记录数据；③文件处理：删除文件、编辑文件名称等；④坐标输入：可输入坐标数据，并进行保存；⑤坐标删除：对坐标数据可进行删除操作；⑥传送数据：可发送测量数据和坐标数据；⑦内存初始化：可对内存进行初始化设置。

5.6.8.1 存储管理菜单

选择「MENU」键，程序进入菜单模式，按「F3」(存储管理)键，进行存储管理操作。

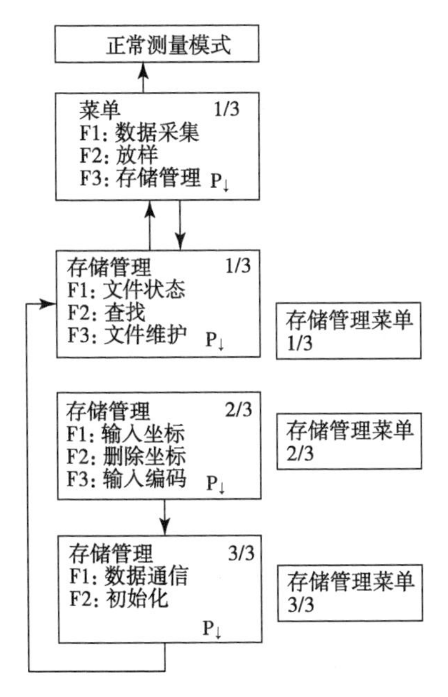

图 5-27 数据存储菜单

5.6.9 偏心测量

程序上设置有 4 种偏心测量模式：角度偏心测量、距离偏心测量、平面偏心测量、圆柱偏心测量。

具体操作：将程序调至距离测量或者坐标测量模式，按「偏心」键，即可进入偏心测量模式。

（1）距离测量

HR：115°30′30″ HD：65.321m VD：8.765m 测量　模式　S/A　P1↓ - - - - - - - - - - - - - - - 偏心　放样　m/f/i　P2↓

N：123.456m E：24.456m Z：87：241m 测量　模式　S/A　P1↓ 镜高　仪高　测站　P2↓ - - - - - - - - - - - - - - - - 偏心　放样　m/f/i　P3↓

（2）偏心测量菜单

偏心测量　1/2 F1：角度偏心 F2：距离偏心 F3：平面偏心 - - - - - - - - - - - - - - - - - - 偏心测量　2/2 F1：圆柱偏心

注意事项

- 如操作人员有轻度近视，则需佩戴眼镜，棱镜手涉及高空作业时需佩戴安全帽系安全带；
- 大风天气下测量误差较大；仪器不可淋雨，可使用附带的雨罩或打雨伞；
- 正常施工前确保全站仪的电量充足；

■ 测量还需要卷尺、喷漆油漆或马克笔等工具，远距离测量带对讲机；
■全站仪为精密仪器，注意保养，轻拿轻放；
■仪器测量的单位是 m，放样过程点距离有仪器测出的坐标精确到 cm，点模式精确到 mm。

5.7　罗盘仪

DQL-12Z 型正像森林罗盘仪构造简单、小巧便于携带，装有 12 倍的望远镜，由物镜、镜筒、转向系统和目镜组成。望远镜有一个垂直旋转的支点，可作上下 50°角的转动，罗盘仪安装搬迁便捷且便于维修，因此在小范围的森林测量工作和林业调查中具有优势，常被用于测量标准地或样地、林地面积，小班或标准地的边界和树高。

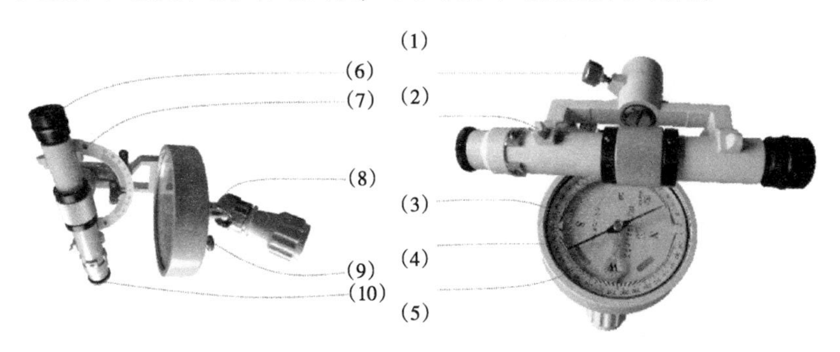

(1) 望远镜制动螺旋　(2) 粗瞄准器　(3) 水平度盘　(4) 磁针
(5) 水准器　(6) 望远镜物镜　(7) 竖直度盘　(8) 球窝轴
(9) 磁针固定螺旋　(10) 望远镜目镜

图 5-28　DQL-12Z 型正像森林罗盘仪

5.7.1　基本结构

5.7.1.1　技术参数

放大倍率：8 倍；鉴别率：15″；最短视距：2m；度盘格值：

1°；重量：0.65kg；尺寸：145mm×145mm×180mm；重量：0.7kg；体积：140×105×190mm^3。

5.7.1.2 检验矫正

在罗盘仪使用之前，应对仪器进行检验校正：① 磁针两端必须平衡；②磁针转动要灵敏；③磁针不应由偏心；④十字丝应在正确的位置；⑤罗差检验与改正。

5.7.2 基本操作

调平。在测量前选定仪器的位置后，先支好三脚架，并将罗盘仪安装在三脚架上，使三脚架上的垂球尖对准地面基准，并将仪器的各可调部位均处于中间状态，利用支腿对仪器的水平度做粗调，利用万向球绞座进行水平度微调，使两水准仪气泡居中。

标定。首先调平罗盘，然后按「SET」键，进入自动标定状态，然后水平缓慢的旋转罗盘两周(每旋转 1 周的时间大于 1min)，最后按「ESC」键，结束标定。

测量。松开罗盘壳下部的紧定螺钉，水平转动罗盘，并上下转动望远镜筒，使望远镜能照准被观测物。

根据眼睛的距离调节旋转望远镜视度圈，使之清晰地看清分划板十字丝，转动仪器，然后调节望远镜粗准照器，大致瞄准目标或标尺，再调节调焦轮，使之清晰地看清目标，即做距离坡角、水平等项测量，放开磁针止动螺钉，望远镜与罗盘配合使用即可对目标的方位作出测量。

5.7.2.1 方位测量

仪器安平后，逆时针旋转磁针止动螺旋放开磁针，转动仪器，使望远镜分划板竖丝对准目标，待磁针静止后，磁针北极(白色)所指磁针度盘上的度数即为该目标的方位值，磁针北极所在方向盘上的区域即为目标所在方向。

5.7.2.2 水平角测量

仪器安平后，将置零旋钮扳至 0→BACK 向上，转动仪器，水平度盘上的“0”刻线自动与水平游标的“0”刻线对正。瞄准目标后，将置零旋钮扳至 FREE 向上，转动仪器，用望远镜瞄准另一目标，从水平度盘上直接读取两目标的水平角，通过游标可以使被测值精确到5′。

5.7.2.3　竖直角测量

仪器安平后，调节望远镜，通过分划板横丝瞄准目标后，可以在竖直度盘上直接读取角度，通过游标可以使被测值精确到5′。

5.7.2.4　距离测量

将标尺放在目标处，调节望远镜，使之清晰地看清标尺刻度，读取上下夹距丝在标尺上所夹刻度数，乘以视距乘常数即得出仪器到标尺之间的距离。在测量时，为读数方便可少量转动横轴微动螺旋，使之其中一横丝处于标尺上整数处亦可。

5.7.3　罗盘在林业中的应用

5.7.3.1　测定方位

测量某样地的方位是野外林业工作者应具备的最基本的技能。在定点时，首先要做的就是测量所在样地位于某地形或地物的方位。测量时打开罗盘盖，悬开制动螺丝，使得磁针自由转动。当被测量的林木较高大时，将罗盘放在胸前，罗盘的长水准器对准被测树木，然后转动反光镜，将物体和长瞄准器都呈现在反光镜中，使得被测树木、长瞄准器上方的短瞄准器的尖部和反光镜的中轴线均处于同一直线上。此时保持罗盘水平状态，耐心等待数秒，待磁针停止摆动时，即可读取刻度盘的数值。

5.7.3.2　面积测定

罗盘仪闭合导线法，是准确快速测量某地形或样地面积的常用做法(图5-29)，具体如下：

① 在布设导线之前，需沿着所测地形或者样地的边界进行踏查，了解测区的范围和基本情况。要保证导线点尽量选在地势开阔、视野较好的位置，并尽量选择相对平坦的位置，有利于架设仪器。

② 相邻导线点之间要视野好，保持通视良好。

③ 导线边长 50~100m 为最佳，各测量边长度不宜相差过大。

④ 在测区任意选取 1 个拐点作为起始点，选取 1 个方向(顺时针或反进针)作为测量前进方向。

⑤ 在起始点安置罗盘仪，两侧拐点分插花杆，仪器整平后，瞄准花杆读取磁方位角、倾斜角，用测绳测量距离并记录。前进方向方位角读北端读数，反方向方位角读南端读数，反方向花杆插定不动，直至测量结束。

⑥ 沿前进方向越过花杆至另一拐点安置罗盘仪，测量身后花杆的反方位角、距离和倾斜角并记录。然后移走花杆，沿前进方向越过罗盘仪至另一拐点插定花杆，读取方位角、倾斜角，测量距离，使罗盘仪和花杆交互越过前进，直至测量到不动花杆为止。

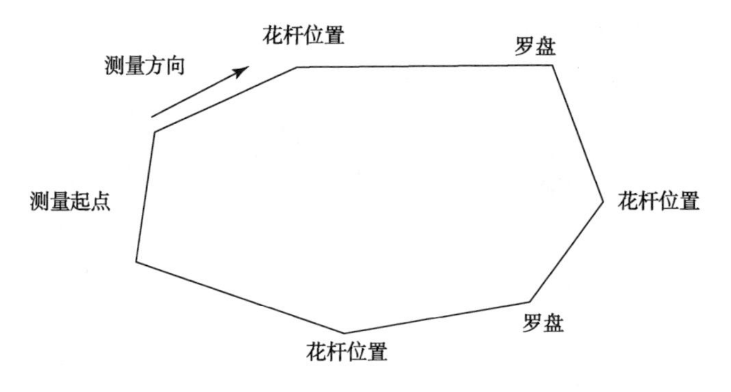

图 5-29　罗盘测量示例图

保养及注意事项

- 仪器应保存在清洁、干燥、无腐蚀性气体及无铁磁物磁场干扰的库房内；
- 仪器在不使用时，应将磁针锁牢，避免轴尖的磨损；
- 仪器的测微机构，纵轴及横轴不可随意折卸；

■ 使用时，严格注意避免磕碰及漏进雨水、灰尘等；
■ 本仪器工作的环境温度为-25～45℃；
■ 未装滤光片不要将仪器直接对准阳光，否则会损坏仪器内部元件；
■ 在需要进行高精度观测时，应采取遮阳措施防止阳光直射仪器和三脚架。

5.8 GPS（卫星定位系统）

G1系列北斗版产品是新一代多星座专业GNSS手持机，支持GPS、北斗、GLONASS卫星。GPS能够快速、高效、准确地提供点、线、面要素的精密坐标，完成森林调查与管理中各种境界线的勘测与放样落界，成为森林资源调查与动态监测的有力工具。林业工作者在野外工作中可以使用手持GPS定位导航仪进行定位、测距、测线、测面积和导向等功能。在确定林区面积、估算木材量、计算可采伐木材面积、确定原始森林道路位置、对森林火灾周边测量和测定地区界线等方面发挥独特的作用(图5-30)。

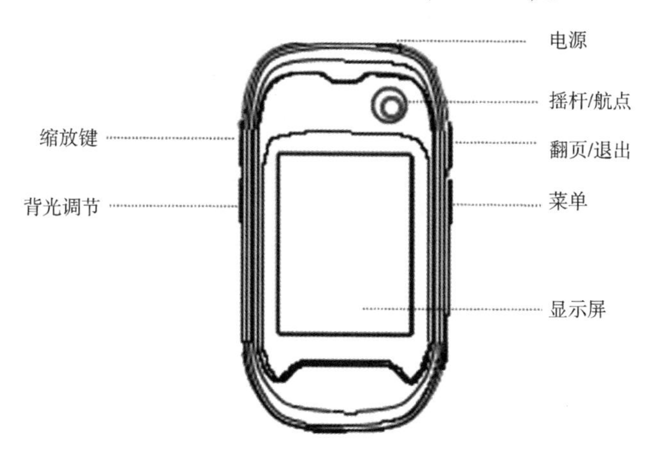

图5-30　GPS正面示意图

5.8.1 按键功能介绍

【电源/截图】长按关机/开机。在打开截图功能下，短按可进行屏幕截图。

【放大缩小/背光调节】在地图界面放大缩小当前地图，在非地图相关界面，按放大缩小键分别是增强和减弱背光功能。

【菜单】在任意界面，点击此键，调出相关菜单选项，双击此键返回主菜单界面。

【翻页/退出】在预设的界面之间进行切换，如进入二级界面，则为退出键。

【摇杆/航点快捷采集】表示向上/下/左/右四个方向移动，短按摇杆中键为确认，长按摇杆中键为航点快捷采集功能。

5.8.2 电池及SD卡的安装

G1系列北斗版产品需要两节AA电池或者专用锂电池供电。并设有备用电池，且更换电池时，存储的数据不会丢失。

将机器后盖的圆形金属扣拉起后逆时针旋转90°，拉起机器后盖，将MicroSD卡插入，按照电池仓内的正负极标志将电池安装进去。合上机器后盖，顺时针旋转圆形金属扣，拧紧机器后盖。电池的电量通过“主界面”右上部的状态信息栏显示。

注：MicroSD卡等同于TF卡。

5.8.3 产品技术参数及配置

接收机：50通道，L1C/A码、BD L1、GLONASSL1天线(内置GNSS天线)。

定位精度：单点定位2~5m(2DRMS)、SBAS1~3m(2DRMS)。

数据封更新：1H。

显示屏：2.4英寸，TFT彩色屏幕，240×320像素，背光可调节。

电源：使用两节AA电池或专用锂电池(选配)，支持外部电源供电(机器装电池状态)，支持供电切换。

工作时间：典型工作状态下，两节 AA 电池可工作 8～9h，锂电池可工作 12h(依据环境的不同，工作时间有所差异)。

尺寸：112mm×68mm×37mm。

重量：132g(不含电池)。

工作温度：-20～60℃ 存储温度：-30～70℃。

电子罗盘：内置电子罗盘气压计。

音频：内置蜂鸣器。

5.8.4 界面说明

开机进入欢迎界面，之后进入主菜单界面，主菜单共有 9 个功能按键，分别是：标定航点、航点管理、航线管理、航迹管理、地图、工具、数据查找、面积测量和设置。使用【摇杆/航点快捷采集】上下左右来选择不同的功能按钮，如图 5-31 所示。

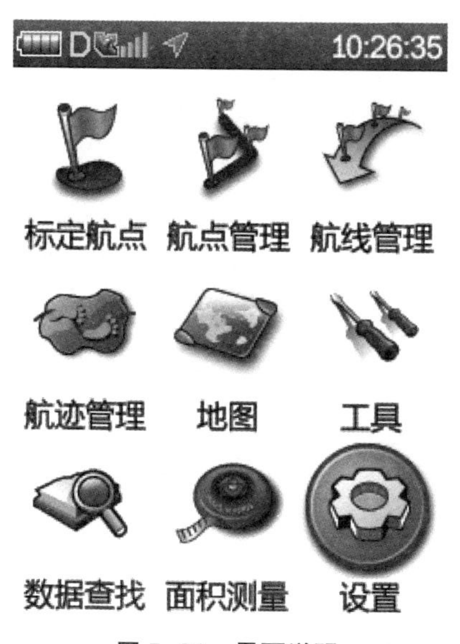

图 5-31 界面说明

信息栏图标依次表示：电池电量、定位状态、方位指针和当前时间。

(1) 电池电量　显示当前剩余电量，如电池前方出现 H 字样，证明使用的是锂电池。

(2) 定位状态　显示红色叉，证明手持机未定位；当显示信号强度时，证明手持机已定位。若信号格前面显示为 D，说明是 SBAS 差分定位。

(3) 方位指针　默认上为北方向，指针指向前进的方向。

当前时间：实时显示当前时间信息。

【翻页/退出】键查看，这两个界面分别是：主菜单和星历。界面的顺序可以通过“主菜单“—”设置“—”界面顺序设置、界面的显示添加或者删减以及界面之间的顺序。可添加多个界面，比如导航、地图、工具、设置等一共 6 个界面。

5.8.5　基本操作

5.8.5.1　标定航点

进行航点信息记录和采集，在标定航点界面，点击右上侧面的【菜单】键，可调出“标定航点菜单”界面。在菜单界面有“导航”“设为警告点”“添加到航线”“设计新航点”功能按钮。

(1) 导航　使用当前标定的航点进行导航作业。

(2) 设为警告点　此功能可将标定的航点转为警告点，可自定义报警范围。

(3) 添加到航线　此功能可实现将标定航点添加到已存的航线当中，或者添加到新建的航线中。

5.8.5.2　航点管理

对已存航点进行浏览、查找、排序、编辑和导航等操作。

(1) 添加航点　标定当前点为航点，等同于标定航点功能，可参考标定航点功能操作。

(2) 编辑航点　可对选择的航点进行图标、名称、备注、坐标和高度的修改。

(3) 设为警告点　可将选中的航点设置为警告点，警告点与航点的区别在于警告点可以设置报警范围。

（4）地图　以选择的航点为中心点，显示在地图上。

（5）导航　使用选中的航点进行导航作业。

（6）按距离排序　将已存的航点按照距离(与当前位置的距离)由近到远的顺序排列。

（7）按名字排序　将已存航点按照默认名称的顺序由小到大排列显示。

（8）删除当前　删除当前选中的航点，删除后数据不能恢复。

（9）删除所有　删除所有已存航点，删除后数据不能恢复。

5.8.5.3　航线管理

管理已存航线，对已存航线进行编辑等操作，同时可以新建航线和进行航线导航。

（1）添加航线　点击“添加航线”，进入新建航线界面，同时，在此界面可调整添加后的航点的顺序，在新建航线界面点击机身右上侧的【菜单】键，弹出“航线编辑菜单”界面，在此界面进行调整航点的顺序等操作。

（2）编辑航线　同上“航线编辑菜单”内容。

（3）地图　查看所选航线在地图上的位置，提供对航线的放大缩小浏览操作。

（4）导航　可对选定的航线进行导航，按照组成航线的顺序，依次导航到每个航点。

（5）反向导航　可以按照航点排列倒序的顺序依次进行每个航点的导航。

（6）拷贝航线　可以完全复制已存的任意一条航线。

（7）删除当前　删除已选的航线，删除后不可恢复，请谨慎操作。

（8）删除所有　删除G1北斗专业手持机全部已存的航线，删除后不可恢复，请谨慎操作。

5.8.5.4　航迹管理

记录航迹之前对航迹记录模式进行预先设置，当机器定位后，就会以所设定的模式自动开始记录航迹。在“航迹”记录页面，按【菜单】键，弹出“航迹菜单”界面，在此界面可以完成对航迹的设置、导航和删除操作。

(1) 设置　将光标移至“设置”上，按【摇杆/航点快捷采集】的确定键，进入到“航迹设置”页面；将光标移至“记录满后是否覆盖”的选项栏，按【摇杆/航点快捷采集】的确定键进行切换。如在前面的“□”内打“√”则表示当航迹存储空间已满时，从最先记录的航迹开始覆盖；记录模式有距离、时间或自动三种供选择。

① 距离。按照设定的距离进行航迹记录，可在下方的“记录间隔设置”选项里选择合适的距离间隔。将光标移至“距离间隔”上，按【摇杆/航点快捷采集】的确定键，通过【左/右】键切换到要更改的数字上，再通过按【上/下】键更改该数字的大小，最后按【摇杆/航点快捷采集】的确定键完成设置。

② 时间。按照设定的时间进行航迹记录，可在下方的“记录间隔设置”选项里选择合适的时间间隔。数字更改方式同上。

③ 自动。按照系统默认模式进行航迹记录。

(2) 导航　对选定的航迹进行导航操作。

(3) 删除当前　在航迹列表中选取要删除的航迹，按【菜单】键，弹出“菜单”选项，选择“删除当前”，按【摇杆/航点快捷采集】的确定键，机器提示“确定删除?”，选择“确定”删除该航迹，选择“取消”取消删除操作；

(4) 删除所有　在航迹列表中，按【菜单】键，弹出“菜单”选项，选择“删除所有”，按【摇杆/航点快捷采集】的确定键，机器提示“确定要删除?”，选择“确定”将删除已存的所有历史航迹，选择“取消”取消删除操作；

(5) 导出到SD卡　该功能可将航迹另存到SD卡上进行保存。

5.8.6　林业面积测量

① 用于记录面积(注：在面积测量里记录的面积数据无法应用，使用面积测量前需要明确这一点)；点击“面积测量”进入“长度/面积

计算”界面，在此界面可进行已存数据的读取和新面积采集操作。

② 在面积读取界面，显示已存的每个面积信息，可对已存面积进行“查看详情”“删除”“删除全部”和“保存到SD卡”操作。

③ 点击“计算”进入面积采集计算界面，在此界面可以采集新面积，以及显示当前位置。

④ 开始/记录：面积采集开始按钮；当使用手动记点，开始采集按钮变为“开始”按钮，当使用自动记点，开始采集按钮变为“记录”按钮。

⑤ 保存：将采集的面积保存，采集完面积如果不点击“保存”按钮而退出该界面，数据不保存。

注意事项

- 禁止在飞机场、医院、加油站等一切禁止使用该仪器的场所使用本产品；
- 禁止在驾驶车辆时使用本产品；
- 禁止在雷雨天气下使用本产品，不要将本产品长期放在有水或潮湿的地方；
- 请注意本产品的承受温度范围，温度过高或过低都会影响机器的性能和使用寿命；
- 禁止敲击、摔打或剧烈震动本产品及自行拆卸本产品；
- 机器到使用寿命后，请交给专业回收站或单位报废注销，不要随处遗弃，以免给环境造成污染；
- 使用高质量的AA型号正品电池或选配专用的锂电池，更换电池或者使用外接电源时，必须完全关机，才可以拔出电池或者断开外接电源。

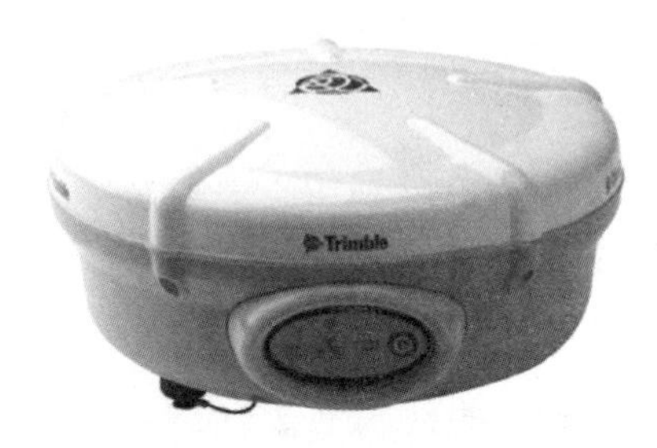

图 5-32　RTK 正面示意图

5.9　RTK

RTK(real－time kinematic)载波相位差分技术，它能够实时地提供测站点在指定坐标系中的三维定位结果，并达到厘米级精度(图 5－32)。在 RTK 作业模式下，基站采集卫星数据，并通过数据链将其观测值和站点坐标信息一起传送给移动站，而移动站通过对所采集到的卫星数据和接收到的数据链进行实时载波相位差分处理，得出厘米级的定位结果。

下面以 Trimble GPS 测量系统为例进行使用方法说明。

5.9.1　接收机部分

5.9.1.1　5700/R7 接收机

5700/R7 接收机在 L1 和 L2 频段上，通过跟踪 GPS 卫星，对陆地测量目标进行精确定位，提供精确的定位数据。接收机在内置的压缩闪存(CF)卡上记录 GPS 数据，所有数据均可通过串口或 USB 端口读取。可以通过内部记录数据单独使用 5700 接收机，或者把它当作 GPS 全站仪 4 ® 5700 系统的一分，从 5700 接收机往运行 Trimble Survey Controller™软件的 Trimble 控制器传送所记录的 GPS 数据。

(1) 5700 接收机特点

① 具有 RTK/OTF 数据的厘米级精度的实时定位功能；

② 用伪距改正实现的亚米级精度实时定位；

③ 具备双频 RTK 引擎；

④ 运动中的自动 OTF(运动中)初始化；

⑤ IPPS(每秒一个脉冲)输出；

⑥ 双事件标记输入；

⑦ 传送数据的 USB 端口；

⑧ 存储数据的 I 类 CF 卡；

⑨ 内置充电电池；

⑩ 三个 RS-232 串口，用于 NMEA 输出、RTCM SC-104 输入和输出、Trimble Format（CMR）输入和输出；

⑪ 与 GPS 和无线电天线连接的两个 TNC 端口。

（2）R7 接收机特点

① Trimble R-track 技术，可以跟踪 L2C；

② 具有 RTK/OTF 数据的厘米级精度的实时定位功能；

③ 用伪距改正实现的亚米级精度实时定位；

④ 具备双频 RTK 引擎；

⑤ 运动中的自动 OTF（运动中）初始化；

⑥ 1PPS（每秒一个脉冲）输出；

⑦ 双事件标记输入；

⑧ 传送数据的 USB 端口。

5.9.1.2　仪器构成

如图 5-33 所示，5700/R7 GPS 接收机的所有操作控制装置、端口和接头全部分布在四个主面板(顶面板、前面板、后面板、底面板)上。

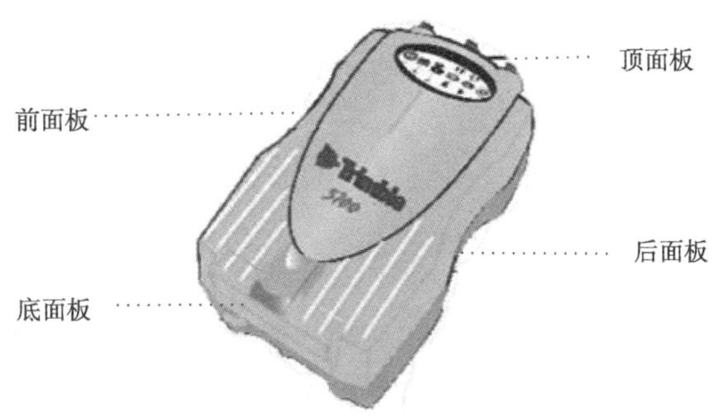

图 5-33　接收机正面示意图

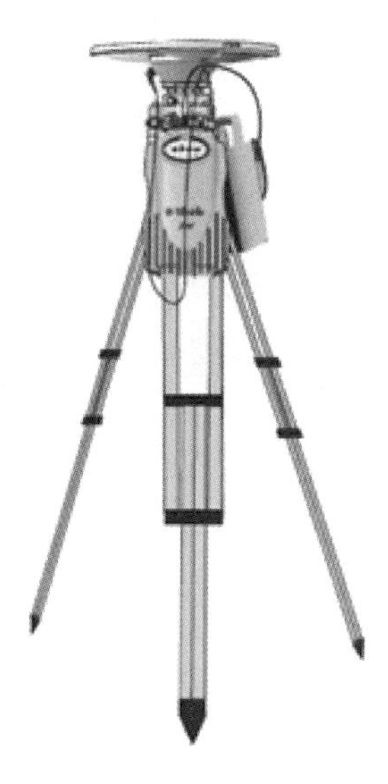
图 5-34　接收机安装图

5.9.1.3　接收机安装

(1) 静态测量安装

① 在待观测点上安置脚架，将基座连接器和接收机进行固定，对中并整平。

② 将相应的 GPS 天线安置在基座上，用 GPS 天线电缆将 GPS 天线和 5700/R7 接收机相连。

③ 确认接收机内安装有内置电池和 CF 存储卡，建议连接外置电池。

④ 按电源按钮启动接收机，当接收机跟踪到 4 颗以上的卫星，按数据记录按钮开始数据记录。

(2) 动态测量安装

① 将接收机固定在背包之内，用电台天线电缆及连接座连接标准电台天线和接收机的电台端口(TNC 头端)；② 将 GPS 天线用电缆和接收机的 GPS 天线端口相连。将 GPS 天线固定在对中杆上；③ 用手簿电缆将测量控制器和接收机的 Port1 端口相连；④ 将测量控制器用手簿托架固定在对中杆上。

5.9.1.4　仪器操作(5700/R7 进行静态测量)

如果我们使用的是 Trimble 5700/R7，则静态测量时需要准备的设备为：① 5700/R7GPS 接收机(含内置电池和数据记录卡)；② 外接电池；③ Zephyr 或 Zephyr Geodetic 天线，或其他类型的双频 GPS 测量天线；④ 相配套的 GPS 天线电缆；⑤ 转接头、脚架和基座、测高尺等。

5.9.1.5　静态测量林业外业操作流程

① 林业样地凹凸不平，在放置脚架时，尽量选择相对平整的地面，进行对中整平，安置好仪器。

② 量取仪器天线高(使用不同的天线类型，其量高的位置通常不一样，需依据实际的天线类型量取合适的天线高，同时记录测量到的位置，如 Zephyr 天线的槽口顶部，Zephyr Geodetic 天线的槽口底部，5800 的护圈中心)。

③ 打开接收机电源。首先按电源按钮启动接收机，接收机开始跟踪卫星，只有当卫星跟踪指示灯开始慢闪时，即接收机跟踪到4颗以上的卫星时，再按数据记录按钮，开始数据记录指示灯恒亮，开始记录静态数据。当过一段时间之后，数据记录指示灯开始慢闪，说明记录了一定的数据。结束时，先按数据记录按钮结束数据记录，此时数据记录指示灯熄灭，再关闭接收机的电源。

④ 对每株林木进行坐标定位，逐一对样地中的所有林木进行精确定位。

⑤ 认真填写外业记录表，将外业数据进行准确记录。

⑥ 结束测量时，先关闭数据记录灯，再关闭接收机电源。

⑦ 再次量取仪器天线高，填写外业记录表。

5.9.1.6 启动仪器

用5700接收机进行数据记录，首先按电源按钮启动接收机，接收机开始跟踪卫星，只有当卫星跟踪指示灯开始慢闪时，即接收机跟踪到4颗以上的卫星时，再按数据记录按钮，数据记录指示灯恒亮，开始记录静态数据。当过一段时间之后，数据记录指示灯开始慢闪，说明记录了一定的数据。结束时，先按数据记录按钮结束数据记录，此时数据记录指示灯熄灭，再关闭接收机的电源。

5.9.2 电池保护和存放

使用之前给所有新电池完全充电。

① 不要让电池放电到5V以下。外业工作时，当第二块电池电量耗尽时，应该结束测量工作，不要强行继续工作。

② 如果不加电源，则不要在接收机或外部充电器中放置电池。

③ 如果必须存放电池，在存放前要完全充电，然后至少每 3 个月充电 1 次。

④ 长期存放电池时，最好存放于通风干燥的环境中，电池置于塑料袋内。

注意事项

- 插上 Lemo 电缆后，要确保接收机端口的红点与电缆接头对齐。千万不要用力插电缆，以防损坏接头的插脚。
- 断开 Lemo 电缆后，用滑动轴环或系索拉住电缆，然后从端口直拔电缆接头，不要扭动接头或拉拽电缆。
- 要安全地连接 TNC 电缆，把电缆接头与接收机插座对齐，再把电缆接头小心地插到插座上，直到完全吻合为止。
- 5700 放入内置电池，让电池正面向着袖珍闪存/USB 的门。电池下侧有一个中间凹槽，此凹槽用来作对齐线，以便把电池准确地插到接收机内。
- 5800 内置电池放到电池舱内时，确保接触点的位置准确地与接收机的接触点对齐。把电池和电池舱作为一个整体滑入到接收机内，直到电池舱安置到位并卡定为止。
- 收起电缆时，一定要把电缆盘成环状，避免电缆的扭折。
- 夏天工作时，尽量避免仪器直接暴晒在阳光下。

5.10 光谱仪

光谱仪在树木生长分析、树种识别、病虫害防治、林业资源调查、伐林造林、土地沙漠化和土壤侵蚀等方面应用。

5.10.1 连接方式

① 利用 5V 电池或输出 5V 的变压器给光谱仪主机供电。

② 通过 USB 电缆将光谱仪主机与电脑连接。

③ 在电脑上运行 SpectraWiz 软件。

5.10.2 设置仪器

5.10.2.1 SpectraWiz 软件安装

通过光盘或 U 盘安装 SpectraWiz 软件，根据不同的电脑操作系统安装不同版本的软件，对于 WindowsXP 用户，请安装 SpectraWiz for Win 2k-NT-XP Ver4.1,Setup。根据提示安装完成后，将光盘上校准文件 sw.ini 和 sw1.icf 复制到程序安装的目录下面。

图 5-35 仪器安装图

5.10.2.2 连接经 Cosine 校准的传感器

用光纤将经 Conine 校准后的传感器与光谱仪主机连接。光纤的一头标有“To spectro”字样，接头连接到光谱仪主机的前面板接口。光纤的另一头连接到经 Conine 校准后的传感器。传感器头部可以通过螺纹从底座卸下，光纤从传感器底座小孔穿过，连接到传感器头部，后将传感器头部与底座拧紧即可，如下页图所示。对于反射测量，也可以不用水平盘(leveling plate)而固定在反射杆上。

5.10.2.3 USB 连接到电脑

找到连接电缆，电缆一端是 USB 接头，连接到电脑；另一端，25 针接头连接到光谱仪。注意，USB-25 针电缆必须要安装驱动程序后才能工作。

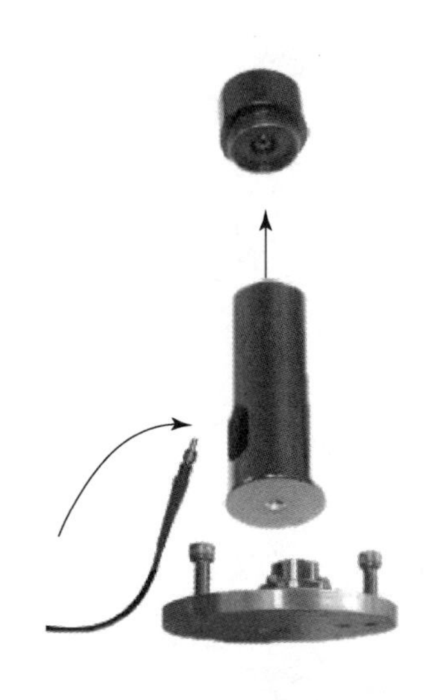

图 5-36　传感器连接图

步骤为：将硬件连接好之后，光谱仪开机，Windows 会出现找到新硬件，安装驱动程序向导提示。将光盘放入电脑光驱，Windows 会自动安装好驱动程序。

5.10.2.4　SpectraWiz 软件设置

运行 SpectraWiz 软件，弹出设置对话框，选中 CCD2048 和 USB2EPP。然后点击 Setup 菜单，选择 Unit Calibration Coefficients，点击 OK。

5.10.2.5　检测器积分时间

使用设置菜单的滑动条来设定检测器的积分时间。积分时间越长越好，但是长时间有可能导致超出量程，这样必须要减少积分时间。

5.10.2.6　暗扫描

把传感器头部完全遮盖后，进行暗扫描。

5.10.3　技术参数

（1）电源　光谱仪必须使用直流电源，电压为 5VDC，超过 5VDC 电压，将损坏仪器。

（2）电池寿命　电池完全充饱后，可以连续测量 5h。使用的是铅酸电池，与汽车电瓶一样。如果维护得当，铅酸电池的使用寿命很长。最好每次使用之后，都给它完全充满电存放。这样是保护铅酸电池最好的方法。铅酸电池与镍氢电池不一样，没有记忆效应。

（3）光纤电缆　尽管光纤电缆外表有一层保护织物，但其内部是玻璃部件，不能像折电线一样折叠光纤。注意保护光纤，如其折断，将导致测量错误。

5.10.4 测量

5.10.4.1 光强/光通量测量

① 设定积分时间，进行暗扫描。

② 确定温度补偿开启，点击 Setup，Temperature Compensation。

③ 根据需要，选择光强单位，Watts、umol 或者 lux，点击 View、Irradiance，选择即可。

④ 在选择的光强单位下，重新设定积分时间。

⑤ 查看给定波长的光强，右击波长使用。

⑥ 点击保存按钮，保存扫描结果。

5.10.4.2 反射率/透射率测量

① 设定积分时间，进行暗扫描。

② 保存白板扫描。根据视野大小，确定传感器对白高度，点击按钮。对于反射系数和透射系数，是通过样品读数除以对白读数来得到的。

③ 查看透射模式，点击 View、Transmittance，此时可以重新输入积分时间。

④ 将传感器置于叶片之上，保存读数即可。注意：传感器到叶片的距离必须与到白板的距离一致。

5.10.4.3 吸光度测量

① 确定积分时间，进行暗扫描。

② 保存对照扫描，如左图示意。

③ 进入 Absorbance 模式，选择 View、Absorbance 菜单，可以改变积分时间。

④ 装入样品后，保存读数即可。

5.10.5 SpectraWiz 软件三个捷径

5.10.5.1 设定光合有效辐射的波长范围

SpectraWiz 软件有一个工具可以来设定光谱的范围，测量光合有效辐射的波长是 400nm 到 700nm。步骤如下，点击 View 菜单，选择 Irradiance, Setup Range for Watt and flux measurement，从400nm 开始至 700nm 结束。此项波长设置会一直保存到下次修改之前。

5.10.5.2 改变进行平均的测量次数

在 Setup 菜单下，选择 number of scans to average，输入扫描的次数。增加进行平均的扫描次数，有助于提高信噪比，但这样会导致测量的时间延长。使用 3 到 10 次扫描值进行平均，适合大部分情况。暗扫描 3 到 10 次，将使仪器获得更准确的零点。

5.10.5.3 管理多个光谱仪的校准文件

每台光谱仪均有 2 个校准文件，sw1. inf、sw. ini。安装软件的时候，必须把这 2 个校准文件复制到 SpectraWiz 的目录下面。

如果用一台计算机连接多台光谱仪，比如一台 UV-PAR，一台 PAR-NIR，使用的时候必须改变校准文件。为了避免混淆校准文件，可以将它们取不同的名字，但是使用的时候，必须要改成 sw1. inf 和 sw. ini，否则，光谱仪将不能识别。

5.10.6 植物反射率测量方法

反射率与透射率都是用 Transmission Mode 测量入射光线的百分比，菜单 view、Transmission。吸光度是用吸收模式，view、Absorbance 测量光密度。

测量的时候，侧变光线会导致误差，如果仅用光线而不经 consine 校准头的话，误差是会被传导的。光线的视角为 30°，测量的时候，如果光线与叶片接近，侧光不会影响。一个反射率很高的白板可以用来减小这种误差。

Transimission 测量的时候，输入信号强的话，也利于提高测量精度。因此，尽可能设定最大的积分时间，但不能使检测器饱和。改变积分时间后，必须要进行新的暗扫描。使用高反射率的白板进行对照扫描，传感器到白板的距离必须和到样品的距离一致。白板扫描的时候，确保其上没有阴影。

注意：不要使检测器在任何光谱范围内达到饱和。500~600nm是最敏感的，饱和后显示一条扁平直线，这时候，要减少积分时间。

反射率测量：传感器到样品的距离应该在2英寸左右，可以根据视角范围和取样面积的大小调整这个距离。

5.10.7　吸光度测量

通常用来测量液体的吸光度，类似用分光光度计测量样品的浓度。软件可以显示多条光谱，打开保存数据的文件夹，用shift或Ctrl键选中多个要打开的文件，右击，打开。每条光谱都显示不同的颜色。也可以在线浏览光谱，步骤为：①计算指定波长内的面积。②右击某条光谱，可以移动。也可以按住峰的左右边界按钮来移动，这样移动的速度较慢，通常用于最后的调整。③选中某条光谱后，可以再次按来计算下一个波峰。

5.10.8　计算指定波长范围的面积

① 单击。

② 移动实线到开始波长处。

③ 右击，实线会变成虚线。

④ 在结束波长处右击，会产生一条虚线。通过再次右击，可以调整波长范围。计算两条虚线之间的面积。

⑤ 起始结束边界选定后，再次点击，会出来一个对话框，点击YES，开始计算。

5.10.9　控制工具条图标详解

移动光标/寻找缝隙。

不管点击哪个按钮，光谱上显示一条垂直的线。在屏幕的底部，同时显示波长与密度。通过两个按钮，可以左右切换，要快速移动光谱较大距离，右键按住不放，移动即可。

保存样品光谱按，单击这个按钮，光谱显示将被冻结，并提示保存光谱。不同光谱其保存文件的后缀名不同，如：SSM光谱模式；ABS 吸收模式，TRM 特设模式，IRR 辐射模式，REF 对照，DRK 暗扫描。通常将文件保存目录设定在 SpectraWiz 目录内，更容易查找。第一次保存文件的时候，会要求确定波长范围与间隔。

测量之前，必须把传感器遮光，进行暗扫描，单击 。暗扫描测量基线信号，每次积分时间改变之后，也需要进行暗扫描，仅仅用手遮住传感器是不行的，有可能漏光，导致错误。暗扫描的时候，确保温度补偿打开。

5.11　土壤水分测定仪

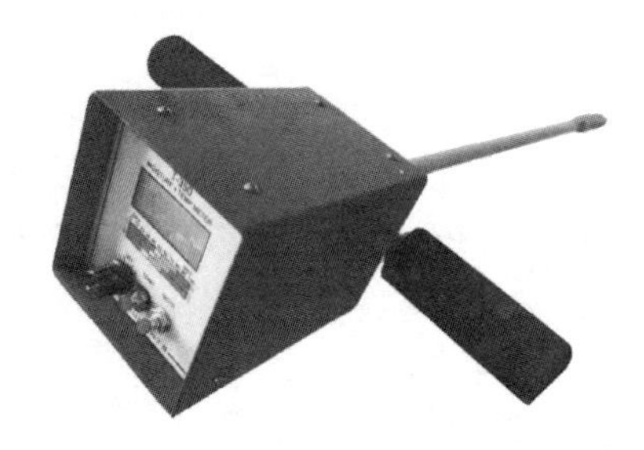

图 5-37　土壤水分测定仪

土壤水分测定仪主要用来测量土壤含水量，土壤含水量有重量含水量和体积含水量两种表示方法(图 5-37)。重量含水量通过取土烘干法测量得到，通过土壤水分传感器测量得到的含水量均为体积含水量。土壤水分传感器就是测量单位土壤总容积中水分所占比例的仪器。一些土壤水分传感器能同时测量土壤的水分含量、土壤温度及土壤中总盐分含量三个参数。以美国生产的 M,T&EC-350 为例，进行使用方法介绍。

5.11.1　参数规格

探头长度：30inches(76.2cm)；探头直径：0.5inch(1.27cm)；探头材质：不锈钢；总长：36inches(91.44cm)；温度范围：0～65.55℃；供电：9V 电池；供电时长：大约 3 个月；重量：5pounds(2.26kg)；电导范围：0～1.999mS 或 0～1999μS；湿度范围：0～100%。

5.11.2　使用安全须知与注意事项

① 不要将探头插入未知环境中，不要将探头强行插入岩石或硬质土中，不要敲击表头，不要让探头切割到植物的根系，不要将

探头留置在土壤中。

② 在灌溉水中校准湿度读数，连续使用时，每 2~4h 需要校准一次。

③ 每次检测之间，要使用毛巾擦拭探头，除去所有附尘。否则会对读数精确性产生影响。

④ 探头前 6inches(15.24cm)，必须与土壤紧密接触。

⑤ 在每个位置采取多点检测，然后计算平均值为最终结果。

5.11.3　首次使用

当首次使用此款设备时，首先对湿度进行校准，然后就可以开始使用了。

① 选择柔软度及湿度适中的区域进行校准。

② 将探头缓慢插入土壤中，6inches(15.24cm)即可。

③ 按下前面板上的“MSTR”或“TEST”按钮，即可得到土壤湿度读数。

④ 按下前面板上的“TEMP”按钮，可以得到土壤温度参数。

⑤ 将湿度校准按钮“W”调至湿度读取，按下“EC”按钮，4s 后，即可得到电导率读数。

⑥ 在每次检测完成后，擦拭探头。

5.11.4　校准湿度功能

校准湿度仅需要几秒钟的时间。每次使用之前对湿度进行校准以及 2~4h 一次的校准可以提高检测数值的准确性。

将探头顶部完全浸入灌溉水中，并保持探头始终在水外。当探头完全浸入水中时，按下“MSTR”按钮，同时旋转“SET”旋钮直至表头读数为 100，此时，湿度检测功能的校准完成。

5.11.5　测量土壤湿度

测量土壤湿度时，有两个注意事项：确保探头与土壤充分接触，以及每个测试地点进行多点测量，取平均数作为测量结果。

① 将探头插入土壤中的合适深度，如果土壤太硬，可以采用

土钻制作预置孔，然后再将探头插入土壤中。插入后，要确保探头与土壤充分接触。

② 按下“MSTR”按钮。表头即可显示出土壤水分数据。

③ 测试完成后，使用毛巾擦拭探头。

④ 评估土壤水分测量结果，表头上的颜色区块作为参考值，并不能代表所有的植物，土壤类型，以及生长阶段。

◇ 蓝色区域：土壤含水量超过饱和含水量；

◇ 墨绿色区域：土壤含水量合适；

◇ 浅绿色区域：土壤含水量接近缺少状态；

◇ 黄色区域：土壤已经缺水，但短期不会影响植物；

◇ 橙色区域：土壤缺水，并可以影响大多数植物生长；

◇ 红色区域：土壤严重缺水，会导致植物死亡。

表头中的“C”“L”“S”表示参考色区，分别代表了黏土、壤土、沙土。

常见问题(土壤水分测量)如下：

① 由于探头摆动，导致无法与土壤紧密接触，读数变化范围大。

解决方法：插入探头，压紧探头周围土壤，然后再次进行测量。

② 读数明显低于或高于预期数值。

解决方法：采用灌溉水重新校准设备。

③ 校准时，读数无法达到100。

解决方法：更换新的9V 电池。

5.11.6 测量土壤电导率

将传感器置于空气中，按下“EC”按钮，等至“EC-ON”指示灯亮起。此时，EC 读数为零。如果读数不为零，则通过左上角的“CAL”旋钮调节至显示为零。

EC-300 可以检测土壤水中的电导率，因此土壤水含量越多，读数结果越精准，所以最佳电导率检测时间为灌溉后的一段时间内。同样，也需要在测量时确保探头与土壤充分接触，以及多点测量。而且在每次测量时需要在探头进入土壤 2~3min 后进行，以确保温度平衡。

① 将探头插入土壤中合适的深度，如果土壤太硬，可以采用土钻制作预置孔，然后再将探头插入土壤中。插入后，要确保探头与土壤充分接触。

② 按下“MSTR”按钮，显示土壤湿度读数。将右上角的湿度补偿旋钮“W”旋转至显示的湿度值。

③ 按下“EC”按钮。大约 4s 后，“EC-ON”指示灯亮起后。表头即可显示以 μS 为单位的电导率值。

5.11.7 测量液体电导率

当测量液体电导率的时候，精度最高的情况为液体浸没探头 10cm 深度。同时要确保探头与被测液体达到温度平衡。

① 将探头浸入被测液体。

② 将湿度校准按钮“W”旋至顺时针满位。按下“EC”按钮，大约 4s 后，“EC-ON”指示灯亮起后。表头即可显示以 μS 为单位的电导率值。

③ 用毛巾擦拭探头。

5.11.7.1 电导率校准

注意，电导率校准为万不得已情况，且其他方法均已尝试过无效后，才可进行。

有两种方法可以对电导率进行校准，第一种方法更加适合在实验室或者可控环境下进行，第二种方法更加适合在野外进行。

校准旋钮“CAL”位于表头左上角，在开始校准前，要确保右侧的“W”旋钮调至顺时针满位。

(1)方法一　① 准备一个可信的标准电导率计，以及水样；

②通过标准电导率计测量得到水样的电导率值，并记下该电导率值；③用待校准设备测量水样电导率；④通过调节"CAL"旋钮，使带校准设备读数与标准电导率计读数相同。

(2)方法二 ① 将探头擦拭干净后置于空气中；②按下"EC"按钮；③当"EC-ON"指示灯亮起时，通过"CAL"旋钮，将显示数值调整至零。

5.11.7.2 **常见问题**(土壤电导率测量)

(1) 电池指示灯亮起

解决方法：更换新的9V电池；

(2) 土壤电导率与灌溉水电导率相同

解决方法：让土壤具有更多平衡时间，不要在灌溉后马上进行测试。

(3) 电导率测量值低于预期值

解决方法：检查土壤水分情况。如果土壤水分低于65%，读数需要通过土壤样品进行校准。

5.11.8 测量土壤温度(华氏摄氏度)

① 此项功能最容易使用，同时也需要探头与土壤充分接触；

② 将探头插入土壤中，直到温度传感器被全部覆盖；

③ 等待传感器稳定2~3min，以确保温度平衡。通常土壤湿度越大，温度平衡越容易达到；

④ 按下"TEMP"按钮，表头即可显示土壤温度；

⑤ 用毛巾擦拭探头。

土壤温度测量问题：传感器读数缓慢变化。

解决方法：由于传感器与土壤的温度平衡需要时间，所以温度读数变化会由快变慢，直至最终稳定。如果还有其他参数需要测量，可以将温度测量放在最后进行。

5.11.9 EC-300 探头保护

在探头保护方面，最重要的就是保持探头清洁。建议每两周对设备做一次清洁，同时在清洁时，不可发生磨损。

参考文献

白林波，吴文友，吴泽民，等，2001. 城市公园乔木树种组成调查方法初探[J]. 西北林学院学报，(02)：28-30.

程瑞春，2014. 林分蓄积量和树种组成计算方法比较[J]. 林业资源管理，(03)：163-166.

崔恒建，王雪峰，1996. 核密度估计及其在直径分布研究中的应用[J]. 北京林业大学学报，(02)：67-72.

邓蕾，上官周平，2011 基于森林资源清查资料的森林碳储量计量方法[J]. 水土保持通报，31(06)：143-147.

狄曙玲，2014. 基于全站仪精准量测树木材积方法初探[J]. 山西林业科技，43(02)：7-9.

高莉平，2019. 基于智能手机的立木高度测量方法研究[D]. 浙江农林大学.

韩海荣，马钦彦，中山典和，等，2000. 太岳山油松基因保护林的研究(Ⅰ)——林分组成与结构的研究[J]. 北京林业大学学报，(04)：35-39.

何克军，林寿明，林中大，2006. 广东红树林资源调查及其分析[J]. 广东林业科技，(02)：89-93.

胡希，等，1919. 测树学[M]. 北京：农业出版社.

胡云龙，1991. 古树年龄的估测法[J]. 华东森林经理，(01)：33-38.

胡云云，亢新刚，高延，等，2011. 天然云冷杉针阔混交林的年龄变动及估测精度分析[J]. 北京林业大学学报，33(04)：22-27.

黄国胜，马炜，王雪军，等，2014. 基于一类清查数据的福建省立地质量评价技术[J]. 北京林业大学学报，36(03)：1-8.

季发秀，1981. 滇西北高山松林分断面积蓄积量标准表的编制[J]. 云南林业调查规划，(01)：13-17.

贾炜玮，李凤日，董利虎，等，2012. 基于相容性生物量模型的樟子松林碳密度与碳储量研究[J]. 北京林业大学学报，34(01)：6-13.

雷相东，等，2020. 森林立地质量定量评价—理论方法应用[M]. 北京：中国林业出版社.

雷相东，符利勇，李海奎，等，2018. 基于林分潜在生长量的立地质量评价方法与应用[J]. 林业科学，54(12)：116-126.

黎建力，方卓林，陈传国，等，2006. 佛山市风水林树种组成调查研究[J]. 广东林业科技，(01)：39-43.
李立存，张淑芬，邢艳秋，2011. 全站仪和测高仪在树高测定上的比较分析[J]. 森林工程，(4)：38-41.
李祥，吴金卓，林文树，等，2019. 一种高郁闭度林分树高的估测方法[J]. 测绘科学，44(07)：128-134.
李玉川，张彦林，2012. 基于全站仪测树技术的立木求积方法研究[J]. 农业与技术，2(7)：46-49.
梁栋，2016. GPS 在林业测量工作中的应用[J]. 现代园艺，(03)：113-114.
梁君瑞，1981. 苏联和国外森林调查作业的统计方法[J]. 林业勘查设计，(03)：61-65+50.
林天维，柴清志，孙子钧，等，2020. 我国红树林的面积变化及其治理[J]. 海洋开发与管理，37(02)：48-52.
刘发林，吕勇，曾思齐，2011. 森林测树仪器使用现状与研究展望[J]. 林业资源管理，(1)：96-99.
刘君然，1994. 密度指数与林分测树因子数学模型及应用[J]. 林业科学，(03)：247-252.
刘君然，1995. 落叶松人工林林分密度标准表及生长过程表编制的研究[J]. 内蒙古林业调查设计，(03)：12-15.
龙时胜，曾思齐，甘世书，等，2019. 基于林木多期直径测定数据的异龄林年龄估计方法Ⅱ[J]. 中南林业科技大学学报，39(06)：23-29+59.
吕家云，1997. 福建柏人工林断面积蓄积量标准表的编制[J]. 林业勘察设计，(01)：40-43.
马梦迪，张浩，张思宇，等，2017. 摄影全站仪在测量林木直径方面的应用研究[J]. 林业科技情报，49(01)：6-9.
孟宪宇，2006. 测树学[M]. 北京：中国林业出版社.
潘正荣，2010. 几种常用森林蓄积量调查方法对比分析[J]. 林业调查规划，35(02)：9-10.
谭伟，王开琳，罗旭，等，2008. 手持 GPS 在不同林分下的定位精度分析[J]. 北京林业大学学报，30(1)：163-167.
唐守正，李希菲，1995. 用全林整体模型计算林分纯生长量的方法及精度分析[J]. 林业科学研究，8(5)：471-476.

唐守正，李希菲，孟昭和，1993. 林分生长模型研究的进展[J]. 林业科学研究，(6)：672-679.

陶国祥，2001. 秃杉断面积、蓄积量标准表的编制[J]. 贵州林业科技，(02)：44-46.

铁永华，2015. 提升 GPS 林业应用精度与水平的方法[J]. 现代园艺，(02)：232-233.

王雪峰，毕于慧，吴春燕，2015. 图像理解基础[M]. 北京：中国林业出版社.

王雪峰，陆元昌，2013. 现代森林测定法[M]. 北京：中国林业出版社.

吴广民，2020. 角规测树在森林经理调查中的应用[J]. 林业勘查设计，49(04)：20-21+28.

吴翊，2005. 应用数理统计[M]. 长沙：国防科技大学出版社.

吴银莲，李景中，杨玉萍，等，2010. 森林自然度评价研究进展[J]. 生态学杂志，29(10)：2065-2071.

武红敢，蒋丽雅，2006. 提升 GPS 林业应用精度与水平的方法[J]. 林业资源管理，(2)：46-50.

夏友福，2006. 手持 GPS 测量面积的精度分析[J]. 西南林学院学报，26(3)：59-61.

谢鸿宇，温志庆，钟世锦，等，2011. 无棱镜全站仪测量树高及树冠的方法研究[J]. 中南林业科技大学学报，31(11)：53-58.

徐罗，2014. 天然林立地质量评价[D]. 北京林业大学.

徐文兵，高飞，杜华强，2009. 几种测量方法在森林资源调查中的应用与精度分析[J]. 浙江林学院学报，26(1)：132-136.

徐文兵，高飞，2010. 天宝 Trimble 5800 单点定位在林业测量中的应用探析[J]. 浙江林学院学报，27(2)：310-315.

徐文兵，李卫国，汤孟平，等，2011. 林区地形条件对 GPS 定位精度的影响[J]. 浙江林业科技，31(3)：54-63.

徐文兵，施拥军，吴承涛，等，2006. GPS. RTK 技术在林区边界测量中的应用[M]. 北京：中国林业出版社.

杨全月，陈志泊，孙国栋，2017. 基于点云数据的测树因子自动提取方法[J]. 农业机械学报，48(08)：179-185.

章雪莲，汤孟平，方国景，等，2008. 一种基于 ArcView 的实现林分可视化的方法[J]. 浙江林学院学报，25(1)：78-82.
曾伟生，王雪军，陈振雄，等，2014. 林分起源对立木生物量模型的影响分析[J]. 林业资源管理，(02)：40-45.
周超凡，张会儒，徐奇刚，等，2019. 基于相邻木关系的林层间结构解析[J]. 北京林业大学学报，41(05)：66-75.
周克瑜，汪云珍，李记，等，2016. 基于 Android 平台的测树系统研究与实现[J]. 南京林业大学学报(自然科学版)，40(04)：95-100.
庄崇洋，黄清麟，马志波，等，2014. 林层划分方法综述[J]. 世界林业研究，27(06)：34-40.
庄崇洋，黄清麟，马志波，等，2017. 中亚热带天然阔叶林林层划分新方法—最大受光面法[J]. 林业科学，53(03)：1-11.
Alparslan Akca Anthonie Van Laar，2007. Forest Mensuration. Netherlands：Springer，248-243.
Ashton P S，Hall P，1992. Comparisons of structure among mixed dipterocarp forests of north-western Borneo[J]. Journal of Ecology，80(3) ：459-481.
Ayrey E，Fraver S，Jr J A K，et al.，2017. Layer Stacking：A Novel Algorithm for Individual Forest TreeSegmentation from LiDAR Point Clouds[J]. Canadian Journal of Remote Sensing，43(1)：16-27.
Bortolota Zachary J，Wynne Randolph H，2005. Estimating forest biomass using small footprint LiDAR data：An individual tree-based approach that incorporates training data. Journal of Photogrammetry&Remote Sensing，(59)：342-360.
Cienciala E，Tomppo E，Snorrason A，Broadmeadow M，Colin A，Dunger K.，et al.，2008. Preparing emission reporting from forests：Use of national forest inventories in European countries[J]. Silva Fennica.(42)：73-88.
Danson F M，Hetherington D，2007. Forest canopy gap fraction from terrestrial laser scanning[J]. Ieee Geoscience and Remote Sensing Letters，4(1)：157-160.
Eetu P，Juha S，Teemu H，et al.，2010. Tree species classification from fused active hyperspectral reflectance and LIDAR measurements[J]. Forest Ecology&Management，260(10)：1843-1852.
Forsman M，Borlin N，2016. Holmgren Photogrammetry with a Camera Rig[J]. Estimation Forests，7(3)：61.
Gables K.&Schadauer K，2007. Some approaches and designs of sample-based na-

tional forest inventories[J]. Austrian Journal of Forest Science, 124, 105-133.

He C, Hong X, Liu K, et al., 2016. An improved technique for non-destructive measurement of the volume of standing wood[J]. Southern Forests A Journal of Forest Science, 78(1): 53-60.

Kitahara F, Mizoue N, Yoshid A S, 2010. Effects of Training for Inexperienced Surveyors on Data Quality of Tree Diameter and Height Measurements. Silva Fennica, 44(4): 657-667.

Latham P A, Zuuring H R, Coble D W, 1998. A method for quantifying vertical forest structure[J]. Forest Ecology and Management, 104(1) : 157-170.

Li Y L, Yang L H, 2008. Design of the automatic spreader con—trol system based on embedded system[J]. Computer and In—formation Science, (1): 72-78.

Liang X, Jaakkola A, Wang Y, et al., 2014, The Use of a Hand-Held Camera for Individual Tree 3D Mapping in Forest Sample Plots[J]. Remote Sensing, 6(7): 6587-6603.

Ling X H, Liu Y C, Wang R, 2009. Dynamic analysis to inventory data of forest resource in Yanchuan County based on"3S"technology[J]. J Northwest For Univ, 24(4): 37-40.

Malambo L, Popescu S C, Murray S C, et al., 2018. Multitemporal field-based plant height estimation using 3D point clouds generated from small unmanned aerial systems high-resolution imagery[J]. International Journal of Applied Earth Observation and Geoinformation, 64: 31-42.

McRoberts R E, Tomppo E O, 2009. Schadauer, K., Vidal, C., Sta0hl, G., Chirici, G, et al. Harmonizing national forest inventories[J]. Journal of Forestry, (107): 179-187.

Milcko V, Eduardo L, Vine L, et al. 2015. Evaluation of a smartphone app for forest sample plot measurements[J]. Forests, 6(4): 1179-1194.

Misir N, 2010, Generalized height-diameter models for Populus tremula L. stands [J]. African Journal of Biotechnology . 9(28): 4348-4355.

Molinier M, Lopez-Sanchez, Carlos, Toivanen T, et a1., 2016. Relasphone-Mobile and Participative In Situ Forest Biomass Measurements Supporting Satellite Image Mapping[J]. Remote Sensing, 8(10).

MontellaRKosta S, Oro D, et al., 2017. Accelerating Linux and Android applications on low-power devices through remote GPGPU offloading[J]. Concurrency&Computation Practice&Experience, (99): 42-86.

Nelson T Y, Boats B, Wulder M, et al., 2004. Predicting Forest Age Classes from High Spatial Resolution Remotely Sensed Imagery Using Voronoi Polygon Aggregation[J]. GeoInformatica, 8: 143-155.

Qiu Z X, Feng Z K, Jiang J Z W, et a1., 2018. Application of a Continuous Terrestrial Photogrammetric Measurement System for Plot Monitoring in the Beijing Songshan National Nature Reserve. Remote Sensing, 10(7), 1080.

Siipilehto J, Lindeman H, Vastaranta, M, et al. 2016. Reliability of the predicted stand structure for clear - cut stands using optional methods: airborne laser scanning-based methods, smartphone-based forest inventory application Trestima and pre-harvest measurement tool EMO[J]. Silva Fennica, 50(3): 1568.

Tomppo E O, Gagliano C, McRoberts R E, et al., 2009. Predicting categorical forest variables using an improved k-nearest neighbour estimator and Landsat imagery[J]. Remote Sensing of Environment, 113: 500-517.

Vdal, C., Lanz, A., Tomppo, E, et al., 2008. Establishing forest inventory reference definitions for forest and growing stock: A study towards common reporting [J]. Silva Fennica, (42): 247-266.

Waring R H, Milner K S, Jolly W M, et al., 2006, Assessment of site index and forest growth capacity across the Pacific and Inland Northwest USA with a MODIS satellite-derived vegetation index[J]. Forest ecology and management, 228(1): 285-291.

Weintraub A, Church R L, Murray A T, et al., 2000. Forest management models and combinatorial algorithms: analysis of state of the art. Annals of Operations Research, 96(1): 271-285.

Wu C Y, Wang X F, 2017. Preliminary research on the identification system for anthracnose and powdery mildew of sandalwood leaf based on image processing[J]. PLoS ONE, 12(7): e0181537.

Yan, F, Mohammad RU, Gong, et al., 2012. Use of a no prism total station for field measurements in Pinus tabulaeformis Carr. stands in China[J]. Biosystems Engineering, 113(3): 259-265.

Zomorodian, A, 2001. Investigation on drying property of thin layer Iranian paddy varieties for determination of equilibrium moisture content[J]. Agricultural Engineering Research Journal, 7: 27-40.

附录：

书中部分关键词英汉对照与页码索引

汉语关键词	关键词英语	页码
白噪声	white noise	185
标准表	the table of full stocked stand	69
标准材积表	standard volume table	81
标准林分	normal stand	69
标准形数	normal form factor	24
布鲁莱斯测高	tree height measurement by brules	242
材积表	tree volume table	29
材积式法	method of volume model	29
超声波测树高	measuring tree height with ultrasonic	247
传感器	sensor	132
纯林	pure stand	95
次林层	substorey	93
单层林	single-storied stand	92
地方材积表	local volume table	81
电荷耦合元件/CCD	charge-coupled device	133
定期平均生长量	periodic annual increment	48
定期生长量	periodic increment	48
对比度	contrast	213
二元材积表	two-entry volume table	81
二元材积式	standard volume model	29
伐倒木	felled full tree	24
非参数核估计	kernel density estimation	108
负离子	negative air oxygen ion	139
复层林	multi-storied stand	92

（续）

汉语关键词	关键词英语	页码
根茎比	root stem ratio	55
根径	root diameter	2
冠幅	crown width	11
冠下高	height under crown	12
冠长	crown length	12
含碳率	carbon content rate	54
红树林	mangrove forest	141
CMOS	complementary metal oxide semiconductor	133
灰度共生矩阵	gray level co-occurrence matrix	211
混交林	mixed stand	95
活立木	living tree	24
激光测距仪测高	measuring tree height with laser rangefinder	251
加权平均高	weighted average height	68
角规	angle gauge	113
进界生长量	ingrowth	49
径阶平均高	mean height of diameter class	67
净初级生产量	net primary production	41
局部二值模式	local binary pattern	214
卷积	convolution	198
绝对同龄林	absolute even-aged stand	98
孔兹干曲线	Kunze trunk curve	28
枯倒木	fallen dead wood	24
枯立木	snag(dead standing tree)	24
枯损量	mortality	49
立地	site	168
立地质量	site quality	169
立木	standing tree	24

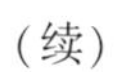

（续）

（续）

汉语关键词	关键词英语	页码
平均生长量	average increment	48
普莱斯勒法	Pressler method	34
区分求积法	sectional measurement	28
熵	entropy	213
生物量	biomass	41
生长曲线	growth curve	48
实验形数	experimental form factor	25
疏密度	density of stocking	70
疏透度	porosity	71
树干解析	stem analysis	56
树干曲线	stem curve	27
树高	tree height	7
树冠	crown of a tree	11
树冠竞争因子	crown competition factor	74
树冠密闭度	crown tightness	40
树木年龄	tree age	18
树木生长方程	tree growth equation	48
树木生长量	tree increment	47
树种组成	species composition	96
数量成熟龄	quantitative mature age	54
算术平均高	arithmetic mean height	65
碳储量	carbon stock	54
条件平均高	condition average high	67
同龄林	even-aged stand	98
同质性	homogeneity	214
图像	image	175
图像分割	image segmentation	187

(续)

（续）

汉语关键词	关键词英语	页码
林分蓄积量	stand volume	79
叶面积	leaf area	35
叶面积指数	leaf area index	38
一元材积表	one-way volume table	29
一元材积表	single entry volume table	81
一元材积式	one-way volume model	29
异龄林	uneven-aged stand	99
优势木平均高	average top height	66
优势树种	dominant species	96
游标卡尺测径	measuring diameter with vernier caliper	4
游标卡尺读数方法	reading method of vernier caliper	5
郁闭度	canopy density	75
噪声	noise	185
枝条材积	branch volume	34
直方图均衡化	histogram flattening/equalization	184
株数密度	number density	68
主林层	main storey	93
主要树种	main tree species	96
自由树	open growing tree	74
总初级生产量	gross primary production	41
总生长量	total increment, gross increment	48